수학이 쉬워지는
완벽한 솔루션

완쏠

개념 라이트

대수

완쏠 개념 라이트 대수

발행일	2024년 3월 8일
펴낸곳	메가스터디(주)
펴낸이	손은진
개발 책임	배경윤
개발	김민, 신상희, 성기은, 오성한, 김현진
디자인	이정숙, 신은지
마케팅	엄재욱, 김세정
제작	이성재, 장병미
주소	서울시 서초구 효령로 304(서초동) 국제전자센터 24층
대표전화	1661-5431(내용 문의 02-6984-6901 / 구입 문의 02-6984-6868,9)
홈페이지	http://www.megastudybooks.com
출판사 신고 번호	제 2015-000159호
출간제안/원고투고	메가스터디북스 홈페이지 <투고 문의> 등록

메가스터디BOOKS

'메가스터디북스'는 메가스터디㈜의 출판 전문 브랜드입니다.

유아/초등 학습서, 중고등 수능/내신 참고서는 물론, 지식, 교양, 인문 분야에서 다양한 도서를 출간하고 있습니다.

수학 기본기를 강화하는
완쏠 개념 라이트는
이렇게 만들었습니다!

새 교육과정에 충실한
중요 개념 선별 & 수록

교과서 수준에 철저히 맞춘
필수 예제와 유제 수록

최신 내신 기출과
수능, 평가원, 교육청 기출문제의
분석과 수록

개념을 빠르게
점검하는 단원 정리

정확한 답과 설명을
건너뛰지 않는 친절한 해설

이 책의 **짜임새**

STEP 1

필수 개념 + 개념 확인하기

단원별로 꼭 알아야 하는 필수 개념과
그 개념을 확인하는 문제로 개념을 쉽게 이해할 수 있다.

STEP 2

교과서 예제로 개념 익히기

개념별로 교과서에 빠지지 않고 수록되는 예제들을
필수 예제로 선정했고, 필수 예제와 같은 유형의 문제를
한번 더 풀어 보며 기본기를 다질 수 있다.

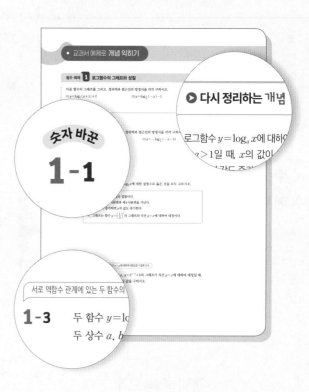

STEP 3

실전 문제로 단원 마무리

단원 전체의 내용을 점검하는 다양한 난이도의 실전 문제로
내신 대비를 탄탄하게 할 수 있고,
수능·평가원·교육청 기출로 수능적 감각을 키울 수 있다.

개념으로 단원 마무리

빈칸&○× 문제로 단원 마무리

개념을 제대로 이해했는지 빈칸 문제로 확인한 후,
○× 문제로 개념에 대한 이해도를 다시 한번
점검할 수 있다.

이 책의 **차례**

01

지수

01

지수

1 거듭제곱

(1) 거듭제곱

임의의 수 a와 자연수 n에 대하여 a를 n번 곱한 것을 a의 n제곱이라 하고, a^n으로 나타낸다. 이때 a, a^2, a^3, $\cdots$, a^n, $\cdots$을 통틀어 a의 거듭제곱이라 하고 a^n에서 a를 거듭제곱의 밑, n을 거듭제곱의 **지수**라 한다.

(2) 지수가 자연수일 때의 지수법칙

a, b가 실수이고 m, n이 자연수일 때

① $a^m a^n = a^{m+n}$

② $(a^m)^n = a^{mn}$

③ $(ab)^n = a^n b^n$

④ $\left(\dfrac{a}{b}\right)^n = \dfrac{a^n}{b^n}$ ($b \neq 0$)

⑤ $a^m \div a^n = \begin{cases} a^{m-n} & (m>n) \\ 1 & (m=n)\,(a \neq 0) \\ \dfrac{1}{a^{n-m}} & (m<n) \end{cases}$

> **개념 플러스⁺**
>
> ■ 지수법칙에서 다음에 주의한다.
> ① $a^m + a^n \neq a^{m+n}$
> ② $a^m \times a^n \neq a^{mn}$
> ③ $(a^m)^n \neq a^{m^n}$
> ④ $a^m \div a^m \neq 0$ ($a \neq 0$)

2 거듭제곱근의 뜻과 성질

(1) 거듭제곱근

실수 a와 2 이상의 자연수 n에 대하여 n제곱하여 a가 되는 수, 즉 방정식 $x^n = a$를 만족시키는 x를 a의 n제곱근❶이라 한다. 이때 a의 제곱근, 세제곱근, 네제곱근, $\cdots$을 통틀어 a의 **거듭제곱근**이라 한다.

참고 0이 아닌 실수 a의 서로 다른 n제곱근은 복소수의 범위에서 n개가 있음이 알려져 있다.

> ❶ a의 n제곱근
> ⟺ n제곱하여 a가 되는 수
> ⟺ $x^n = a$를 만족시키는 x

(2) 실수 a의 n제곱근 중 실수인 것의 개수

n이 2 이상의 자연수일 때, 실수 a의 n제곱근 중 실수인 것은 다음과 같다.❷

	$a>0$	$a=0$	$a<0$
n이 짝수	$\sqrt[n]{a}$, $-\sqrt[n]{a}$	0	없다.
n이 홀수	$\sqrt[n]{a}$	0	$\sqrt[n]{a}$

참고 $\sqrt[n]{a}$는 'n제곱근 a'라 읽는다.

예 ① 2의 네제곱근 중 실수인 것은 $\sqrt[4]{2}$, $-\sqrt[4]{2}$이고, -2의 네제곱근 중 실수인 것은 존재하지 않는다.

② 3의 세제곱근 중 실수인 것은 $\sqrt[3]{3}$이고, -3의 세제곱근 중 실수인 것은 $\sqrt[3]{-3}$이다.

> ❷ 실수 a의 n제곱근 중 실수인 것은 함수 $y=x^n$의 그래프와 직선 $y=a$의 교점의 x좌표와 같다.
> ① n이 짝수일 때
>
>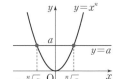
>
>
>
> ② n이 홀수일 때
>
>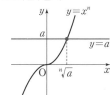

(3) 거듭제곱근의 성질

$a>0$, $b>0$이고 m, n이 2 이상의 자연수일 때

① $(\sqrt[n]{a})^n = a$

② $\sqrt[n]{a}\,\sqrt[n]{b} = \sqrt[n]{ab}$

③ $\dfrac{\sqrt[n]{a}}{\sqrt[n]{b}} = \sqrt[n]{\dfrac{a}{b}}$

④ $(\sqrt[n]{a})^m = \sqrt[n]{a^m}$

⑤ $\sqrt[m]{\sqrt[n]{a}} = \sqrt[mn]{a}$

⑥ $\sqrt[np]{a^{mp}} = \sqrt[n]{a^m}$ (p는 자연수)

❸ 지수의 확장

(1) 지수가 0 또는 음의 정수인 경우❸

$a \neq 0$이고 n이 양의 정수일 때

① $a^0 = 1$　　　　　　　② $a^{-n} = \dfrac{1}{a^n}$

참고 0^0은 정의하지 않는다.

(2) 지수가 유리수인 경우❹

$a > 0$이고 m, n이 2 이상의 정수일 때

① $a^{\frac{m}{n}} = \sqrt[n]{a^m}$　　　　　　② $a^{\frac{1}{n}} = \sqrt[n]{a}$

(3) 지수가 실수일 때의 지수법칙

$a > 0$, $b > 0$이고 x, y가 실수일 때

① $a^x a^y = a^{x+y}$　　　　　　② $a^x \div a^y = a^{x-y}$

③ $(a^x)^y = a^{xy}$　　　　　　④ $(ab)^x = a^x b^x$

참고 지수법칙이 성립하기 위한 지수의 범위에 따른 밑의 조건을 표로 나타내면 다음과 같다.

지수	자연수	정수	유리수	실수
밑의 조건	모든 실수	(밑)$\neq 0$	(밑)>0	(밑)>0

개념 플러스⁺

❸ 지수가 정수일 때의 지수법칙

$a \neq 0$, $b \neq 0$이고 m, n이 정수일 때

① $a^m a^n = a^{m+n}$

② $a^m \div a^n = a^{m-n}$

③ $(a^m)^n = a^{mn}$

④ $(ab)^n = a^n b^n$

❹ 지수가 유리수일 때의 지수법칙

$a > 0$, $b > 0$이고 r, s가 유리수일 때

① $a^r a^s = a^{r+s}$

② $a^r \div a^s = a^{r-s}$

③ $(a^r)^s = a^{rs}$

④ $(ab)^r = a^r b^r$

교과서 개념 확인하기

정답 및 해설 10쪽

1 다음 식을 간단히 하시오. (단, $a \neq 0$, $b \neq 0$)

(1) $a^3 b \times a^2 b^3$　　　　　　(2) $(ab^2)^3$

(3) $\left(\dfrac{a^2}{b^3}\right)^5$　　　　　　　(4) $a^8 b^4 \div a^5 b^2$

2 다음 거듭제곱근을 구하시오.

(1) -8의 세제곱근　　　　　　(2) 16의 네제곱근

3 다음 식을 간단히 하시오.

(1) $\sqrt[3]{9} \times \sqrt[3]{3}$　　　　　　(2) $\dfrac{\sqrt[6]{128}}{\sqrt[6]{2}}$

(3) $\left(\sqrt[4]{25}\right)^2$　　　　　　(4) $\sqrt[5]{\sqrt{1024}}$

4 다음 값을 구하시오.

(1) $(-2)^0$　　　　　　(2) 3^{-2}

(3) $32^{\frac{3}{5}}$　　　　　　(4) $256^{0.25}$

5 다음 식을 간단히 하시오. (단, $a > 0$, $b > 0$)

(1) $a^{\sqrt{8}} \times a^{\sqrt{2}}$　　　　　　(2) $a^{\sqrt{3}} \div a^{\sqrt{12}}$

(3) $\left(a^{4\sqrt{5}}\right)^{\frac{\sqrt{5}}{2}}$　　　　　　(4) $\left(a^{\sqrt{2}} b^{\sqrt{6}}\right)^{\sqrt{2}}$

필수 예제 1 거듭제곱근

다음 거듭제곱근 중에서 실수인 것을 구하시오.

(1) -1의 세제곱근

(2) 81의 네제곱근

▶ 다시 정리하는 개념

실수 a의 n제곱근
➡ 방정식 $x^n = a$의 해

숫자 바꾼

1-1 다음 거듭제곱근 중에서 실수인 것을 구하시오.

(1) 64의 세제곱근

(2) -256의 네제곱근

1-2 -10의 세제곱근 중 실수인 것의 개수를 m, 6의 네제곱근 중 실수인 것의 개수를 n이라 할 때, $m+n$의 값을 구하시오.

1-3 -27의 세제곱근은 모두 a개이고, 이 중에서 실수인 것은 b이다. 또한, 네제곱근 625는 c이다. 이때 $a+b+c$의 값을 구하시오.

필수 예제 2 거듭제곱근의 계산

다음 식을 간단히 하시오. (단, $a>0$)

(1) $\sqrt[3]{6}\times\sqrt[3]{288}$

(2) $\sqrt{\sqrt{27}}\times\sqrt[3]{\sqrt{729}}\div\sqrt[3]{81}$

(3) $\sqrt[5]{\sqrt[3]{a^{10}}}\times\sqrt[6]{a}$

(4) $\sqrt[4]{\dfrac{\sqrt[3]{a}}{\sqrt{a}}}\times\sqrt{\dfrac{\sqrt{a}}{\sqrt[6]{a}}}$

> **문제 해결 tip**
>
> 근호가 여러 개인 거듭제곱근은 $\sqrt[m]{\sqrt[n]{\ }}$를 $\sqrt[mn]{\ }$로 변형하여 계산한다. (단, m, n은 2 이상의 자연수이다.)

숫자 바꾼

2-1 다음 식을 간단히 하시오. (단, $a>0$)

(1) $\sqrt[3]{\sqrt[3]{64}}\times\sqrt{\sqrt[3]{256}}$

(2) $\sqrt[4]{32}\times\sqrt[4]{28}\times\sqrt[8]{196}$

(3) $\sqrt[6]{\sqrt{a^5}}\div\sqrt[4]{\sqrt{a^3}}\times\sqrt[4]{\sqrt[3]{a^2}}$

(4) $\sqrt{\dfrac{\sqrt[4]{a}}{\sqrt[3]{a}}}\times\sqrt[4]{\dfrac{\sqrt[3]{a}}{\sqrt{a}}}\times\sqrt[3]{\dfrac{\sqrt{a}}{\sqrt[4]{a}}}$

2-2 $(\sqrt[4]{9}+\sqrt[4]{4})(\sqrt[4]{9}-\sqrt[4]{4})$를 간단히 하면?

① 1 ② $\sqrt[4]{2}$ ③ 3 ④ $4\sqrt[4]{3}$ ⑤ 5

2-3 $a>0$, $b>0$일 때, $\sqrt{a^2b}\times\sqrt[4]{a^3b^3}\div\sqrt[3]{a^5b^2}=\sqrt[p]{ab^q}$이다. 이때 두 자연수 p, q에 대하여 $p-q$의 값을 구하시오.

필수 예제 **3** 지수의 확장

다음 식을 간단히 하시오.

(1) $(2^{\frac{5}{6}})^3 \times 2^{\frac{3}{2}}$

(2) $5^{\sqrt{27}} \div 5^{\sqrt{12}} \times 5^{\sqrt{3}}$

(3) $3^{-3} \times (9^{-4} \div 3^{-5})^{-2}$

(4) $\{(-5)^4\}^{\frac{1}{2}} - 4^{-\frac{3}{2}} \times 64^{\frac{2}{3}}$

> **● 빠지기 쉬운 함정**
>
> 밑이 음수인 경우에는 밑을 양수로 만든 후 지수법칙을 이용한다.

숫자 바꾼

3-1 다음 식을 간단히 하시오.

(1) $9^{\frac{3}{4}} \div 3^{\frac{5}{2}}$

(2) $(6^{\frac{2}{3}} \times 6^{-2})^{-\frac{3}{2}}$

(3) $8^{-3} \div (2^{-6} \div 2^{-2})^3$

(4) $5^{\sqrt{6}-2} \div (5^{\sqrt{3}})^{2\sqrt{2}} \times 5^{\sqrt{6}+3}$

3-2 $\left\{ \left(-\dfrac{1}{4} \right)^6 \right\}^{-0.75} \times \left(\dfrac{\sqrt[3]{2}}{\sqrt{8}} \right)^6$을 간단히 하시오.

> 두 자연수 m, n에 대하여 $2^{\frac{m}{n}}$이 자연수가 되려면 n은 m의 약수이어야 함을 이용해 보자.

3-3 $64^{\frac{1}{n}}$이 자연수가 되도록 하는 모든 자연수 n의 값의 합을 구하시오.

필수 예제 **4** 복잡한 거듭제곱근의 계산

다음을 만족시키는 유리수 k의 값을 구하시오. (단, $a>0$, $a \neq 1$)

(1) $a\sqrt{a\sqrt{a\sqrt{a}}} = a^k$

(2) $\sqrt[3]{a \times \sqrt[5]{a^2}} = a^k$

> **● 다시 정리하는 개념**
>
> $a>0$이고 m, n은 2 이상의 자연수일 때
> ① $\sqrt[n]{a^m} = a^{\frac{m}{n}}$
> ② $\sqrt[m]{\sqrt[n]{a}} = \sqrt[mn]{a} = a^{\frac{1}{mn}}$

숫자 바꿘

4-1 다음을 만족시키는 유리수 k의 값을 구하시오.

(1) $\sqrt[5]{\sqrt{3} \times \sqrt[4]{3^3}} = 3^k$

(2) $\sqrt{8\sqrt[3]{4\sqrt{2}}} = 2^k$

4-2 다음 식을 간단히 하여 지수가 유리수인 꼴로 나타내시오. (단, $a>0$, $b>0$)

(1) $\sqrt{\dfrac{\sqrt[6]{a} \times \sqrt{a^5}}{\sqrt[3]{a^4}}}$

(2) $\sqrt{\sqrt{a^2 b^3} \div \sqrt[4]{a^3 b}}$

4-3 $a>0$, $a \neq 1$일 때, $\sqrt{a \times \sqrt{a^3 \times \sqrt[4]{a}}} = \sqrt{\sqrt{\sqrt{a^m}}}$ 을 만족시키는 자연수 m의 값을 구하시오.

필수 예제 5 **지수가 유리수인 식의 계산**

● **단원 밖의 공식**

곱셈 공식
① $(a+b)(a-b)=a^2-b^2$
② $(a+b)(a^2-ab+b^2)$
  $=a^3+b^3$
  $(a-b)(a^2+ab+b^2)$
  $=a^3-b^3$

다음 식을 간단히 하시오. (단, $a>0$, $b>0$)

(1) $(a^{\frac{1}{4}}-b^{\frac{1}{4}})(a^{\frac{1}{4}}+b^{\frac{1}{4}})(a^{\frac{1}{2}}+b^{\frac{1}{2}})$

(2) $(a^{\frac{1}{3}}+b^{\frac{1}{3}})(a^{\frac{2}{3}}-a^{\frac{1}{3}}b^{\frac{1}{3}}+b^{\frac{2}{3}})$

숫자 바꿈

5-1 다음 식의 값을 구하시오.

(1) $(5^{\frac{1}{2}}-5^{-\frac{1}{2}})^2+(5^{\frac{1}{2}}+5^{-\frac{1}{2}})(5^{\frac{1}{2}}-5^{-\frac{1}{2}})$

(2) $(3^{\frac{2}{3}}+3^{-\frac{1}{3}})^3+(3^{\frac{2}{3}}-3^{-\frac{1}{3}})^3$

5-2 $a=8$일 때, $(a^{\frac{1}{3}}+a^{-\frac{1}{3}})^2+(a^{\frac{1}{3}}-a^{-\frac{1}{3}})^2$의 값을 구하시오.

($(a-b)(a+b)=a^2-b^2$임을 이용하여 주어진 식을 정리해 보자.)

5-3 $x=\sqrt{2}$일 때, 다음 식의 값을 구하시오.

$$(1-x^{\frac{1}{8}})(1+x^{\frac{1}{8}})(1+x^{\frac{1}{4}})(1+x^{\frac{1}{2}})(1+x)$$

• 정답 및 해설 12쪽

필수 예제 **6** $a^x + a^{-x}$ 꼴의 식의 값

$a^{\frac{1}{2}} + a^{-\frac{1}{2}} = 4$일 때, 다음 식의 값을 구하시오. (단, $a > 0$)

(1) $a + a^{-1}$

(2) $a^{\frac{3}{2}} + a^{-\frac{3}{2}}$

> **○ 단원 밖의 공식**
>
> ① $(a+b)^2 = a^2 + 2ab + b^2$
> $(a-b)^2 = a^2 - 2ab + b^2$
> ② $(a+b)^3$
> $= a^3 + 3a^2b + 3ab^2 + b^3$
> $(a-b)^3$
> $= a^3 - 3a^2b + 3ab^2 - b^3$

숫자 바꾼

6-1 $a^{\frac{1}{2}} - a^{-\frac{1}{2}} = 3$일 때, 다음 식의 값을 구하시오. (단, $a > 0$)

(1) $a + a^{-1}$

(2) $a^{\frac{3}{2}} - a^{-\frac{3}{2}}$

6-2 $2^x + 2^{-x} = 5$일 때, $8^x + 8^{-x}$의 값을 구하시오.

필수 예제 **7** 밑이 서로 다른 식이 주어졌을 때의 식의 값

다음을 구하시오.

(1) $2^x = 5^y = 10$일 때, $\dfrac{1}{x} + \dfrac{1}{y}$의 값

(2) $12^x = 8$, $3^y = 2$일 때, $\dfrac{3}{x} - \dfrac{1}{y}$의 값

> **○ 문제 해결 tip**
>
> $a^x = b^y = k\,(k > 0)$ 꼴이 주어진 경우
> ➡ $a = k^{\frac{1}{x}}$, $b = k^{\frac{1}{y}}$임을 이용하여 밑을 k로 통일한다.

숫자 바꾼

7-1 다음을 구하시오.

(1) $3^x = 12^y = \dfrac{1}{16}$일 때, $\dfrac{1}{x} - \dfrac{1}{y}$의 값

(2) $5^x = 9$, $135^y = 27$일 때, $\dfrac{2}{x} - \dfrac{3}{y}$의 값

7-2 $3^x = 6^y = 8^z = 12$일 때, $\dfrac{1}{x} + \dfrac{1}{y} + \dfrac{1}{z}$의 값을 구하시오.

| 필수 예제 01 |

01 다음 중 옳은 것은?

① 8의 세제곱근 중에서 실수인 것은 1개이다.

② -125의 세제곱근 중에서 실수인 것은 없다.

③ 16의 네제곱근 중에서 실수인 것은 없다.

④ -81의 네제곱근 중에서 실수인 것은 -3이다.

⑤ -49의 네제곱근 중에서 실수인 것은 $\sqrt{7}$, $-\sqrt{7}$이다.

| 필수 예제 02 |

02 $(\sqrt[3]{2}+\sqrt[3]{3})(\sqrt[3]{4}-\sqrt[3]{6}+\sqrt[3]{9})$를 간단히 하면?

① -1　　② 1　　③ $2\sqrt[3]{2}$　　④ $2\sqrt[3]{3}$　　⑤ 5

$(a+b)(a^2-ab+b^2)=a^3+b^3$
임을 이용한다.

| 필수 예제 03 |

03 $2^{-\frac{5}{4}} \times \left(3^{-\frac{1}{3}} \times 2^{\frac{3}{2}}\right)^{-\frac{1}{2}} \times 3^{\frac{4}{3}}$의 값을 구하시오.

| 필수 예제 04 |

04 $\sqrt[3]{\dfrac{\sqrt{5}}{\sqrt[6]{5}}}={}^{18}\!\sqrt{5^k}$을 만족시키는 자연수 k의 값을 구하시오.

거듭제곱근을 지수가 유리수인 꼴로
나타낸 후 지수법칙을 이용한다.

| 필수 예제 05 |

05 $a=\dfrac{1}{3}$일 때, $\dfrac{1}{1-a^{\frac{1}{8}}}+\dfrac{1}{1+a^{\frac{1}{8}}}+\dfrac{2}{1+a^{\frac{1}{4}}}+\dfrac{4}{1+a^{\frac{1}{2}}}$의 값을 구하시오.

주어진 식의 분모를 차례로 통분하
여 간단히 한 후 a의 값을 대입한다.

📖 NOTE

| 필수 예제 06 |

06 $x>0$이고 $x^{\frac{1}{2}}+x^{-\frac{1}{2}}=\sqrt{10}$일 때, $x-x^{-1}$의 값이 될 수 있는 것은?

① $4\sqrt{3}$　　② $2\sqrt{13}$　　③ $2\sqrt{14}$　　④ $2\sqrt{15}$　　⑤ 8

| 필수 예제 06 |

07 $a^{2x}=4$일 때, $\dfrac{a^x-a^{-x}}{a^x+a^{-x}}$의 값을 구하시오. (단, $a>0$)

구하는 식의 분모와 분자에 a^x을 곱하여 a^{2x}을 포함한 식으로 변형한다.

| 필수 예제 07 |

08 세 실수 x, y, z에 대하여 $a^x=b^y=7^z$이고, $\dfrac{1}{x}+\dfrac{1}{y}=\dfrac{2}{z}$일 때, ab의 값을 구하시오.

(단, $a>0$, $b>0$)

$a^x=b^y=7^z=k\,(k>0)$라고 밑을 k로 통일한다.

| 필수 예제 01 |

09 **평가원 기출**　자연수 n이 $2\le n\le 11$일 때, $-n^2+9n-18$의 n제곱근 중에서 음의 실수가 존재하도록 하는 모든 n의 값의 합은?

① 31　　② 33　　③ 35　　④ 37　　⑤ 39

$-n^2+9n-18$이 양수, 0, 음수인 경우로 나누어 생각한다.

| 필수 예제 03 |

10 **교육청 기출**　2 이상의 자연수 n에 대하여 $\left(\sqrt{3^n}\right)^{\frac{1}{2}}$과 $\sqrt[n]{3^{100}}$이 모두 자연수가 되도록 하는 모든 n의 값의 합을 구하시오.

거듭제곱근을 지수가 유리수인 꼴로 나타낸 후 주어진 수가 자연수가 될 조건을 생각한다.

• 정답 및 해설 14쪽

1 다음 ☐ 안에 알맞은 것을 쓰시오.

(1) 실수 a와 2 이상의 자연수 n에 대하여 n제곱하여 a가 되는 수, 즉 방정식 $x^n=a$를 만족시키는 x를 a의 ☐ 이라 한다.

(2) 실수 a의 n제곱근 중 실수인 것은 다음과 같다.

	$a>0$	$a=0$	$a<0$
n이 짝수	$\sqrt[n]{a}$, ☐	0	없다.
n이 홀수	$\sqrt[n]{a}$	0	☐

(3) $a>0$, $b>0$이고 m, n이 2 이상의 자연수일 때

① $\sqrt[n]{a}\,\sqrt[n]{b}=$ ☐

② $\dfrac{\sqrt[n]{a}}{\sqrt[n]{b}}=\sqrt[n]{\dfrac{a}{b}}$

③ $(\sqrt[n]{a})^m=\sqrt[n]{\boxed{}}$

④ $\sqrt[m]{\sqrt[n]{a}}=\sqrt[\boxed{}]{a}$

(4) ① 지수가 0 또는 음의 정수인 경우는 다음과 같이 정의한다.

$$a\neq 0\text{이고 }n\text{이 양의 정수일 때, }a^0=\boxed{},\ a^{-n}=\dfrac{1}{a^n}$$

② 지수가 유리수인 경우는 다음과 같이 정의한다.

$$a>0\text{이고 }m,\ n\text{이 2 이상의 정수일 때, }a^{\frac{m}{n}}=\boxed{},\ a^{\frac{1}{n}}=\sqrt[n]{a}$$

(5) $a>0$, $b>0$이고 x, y가 실수일 때

① $a^x a^y=a^{x+y}$

② $a^x \div a^y=$ ☐

③ $(a^x)^y=$ ☐

④ $(ab)^x=$ ☐

2 다음 문장이 옳으면 ○표, 옳지 않으면 ×표를 ( ) 안에 쓰시오.

(1) 0의 세제곱근 중 실수인 것은 없다. ( )

(2) n이 홀수일 때, 3의 n제곱근 중 실수인 것은 오직 1개이다. ( )

(3) 네제곱근 16은 -2, 2이다. ( )

(4) $\{(-3)^2\}^{\frac{3}{2}}=(-3)^3=-27$이다. ( )

(5) $2^{\sqrt{5}+1}\times 2^{\sqrt{5}-1}=2^{2\sqrt{5}}$이다. ( )

02

로그

02 로그

1 로그의 뜻과 성질

(1) 로그의 뜻

$a>0$, $a\neq1$일 때, 양수 N에 대하여 $a^x=N$을 만족시키는 실수 x는 오직 하나 존재한다. 이 수 x를 $\log_a N$**[1]**과 같이 나타내고, a를 **밑**으로 하는 N의 **로그**라 한다. 이때 N을 $\log_a N$의 **진수**라 한다.

따라서 $a>0$, $a\neq1$, $N>0$일 때

$$a^x=N \iff x=\log_a N$$

참고 $\log_a N$이 정의되기 위한 조건
① 밑의 조건: 밑 a는 1이 아닌 양수이어야 한다. ➡ $a>0$, $a\neq1$
② 진수의 조건: 진수 N은 항상 양수이어야 한다. ➡ $N>0$

(2) 로그의 성질

$a>0$, $a\neq1$, $M>0$, $N>0$일 때

① $\log_a 1=0$, $\log_a a=1$

② $\log_a MN=\log_a M+\log_a N$

③ $\log_a \dfrac{M}{N}=\log_a M-\log_a N$

④ $\log_a M^k=k\log_a M$ (단, k는 실수)

2 로그의 밑의 변환

(1) 로그의 밑의 변환

$a>0$, $a\neq1$, $b>0$일 때

① $\log_a b=\dfrac{\log_c b}{\log_c a}$ (단, $c>0$, $c\neq1$)

② $\log_a b=\dfrac{1}{\log_b a}$ (단, $b\neq1$)

참고 ①에서 밑은 아래(분모)로, 진수는 위(분자)로 이동한다고 기억하면 쉽다.

예 ① $\log_4 32=\dfrac{\log_2 32}{\log_2 4}=\dfrac{\log_2 2^5}{\log_2 2^2}=\dfrac{5}{2}$

   ② $\log_9 3=\dfrac{\log_3 3}{\log_3 9}=\dfrac{1}{\log_3 3^2}=\dfrac{1}{2}$

(2) 로그의 밑의 변환에 의한 성질

$a>0$, $a\neq1$, $b>0$, $b\neq1$, $c>0$, $c\neq1$일 때

① $\log_a b\times\log_b a=1$, $\log_a b\times\log_b c\times\log_c a=1$

② $\log_{a^m} b^n=\dfrac{n}{m}\log_a b$ (단, m, n은 실수, $m\neq0$)

③ $a^{\log_a b}=b$

④ $a^{\log_c b}=b^{\log_c a}$

참고 ②에서 밑의 지수는 아래(분모)로, 진수의 지수는 위(분자)로 이동한다고 기억하면 쉽다.
④는 a와 b의 위치가 바뀐다고 기억하면 쉽다.

개념 플러스⁺

[1] log는 logarithm의 약자이다.

■ 앞으로 특별한 언급이 없더라도 $\log_a N$이 주어지면 $a>0$, $a\neq1$, $N>0$인 것으로 본다.

■ 로그의 계산에서 다음에 주의한다.
① $\log_a(M+N)$
   $\neq\log_a M+\log_a N$
② $\log_a M\times\log_a N$
   $\neq\log_a M+\log_a N$
③ $\log_a(M-N)$
   $\neq\log_a M-\log_a N$
④ $\dfrac{\log_a M}{\log_a N}\neq\log_a M-\log_a N$
⑤ $\log_a M^k\neq(\log_a M)^k$

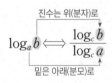

3 상용로그

(1) **상용로그**

양수 N에 대하여 $\log_{10} N$과 같이 10을 밑으로 하는 로그를 **상용로그**라 하고, 상용로그 $\log_{10} N$은 보통 밑 10을 생략하여 $\log N$과 같이 나타낸다.

예 $\log 100=\log_{10} 10^2=2$ ❷

(2) **상용로그표**

상용로그표는 0.01의 간격으로 1.00에서 9.99까지의 수에 대한 상용로그의 값을 반올림하여 소수점 아래 넷째 자리까지 나타낸 것이다.

예 $\log 3.41$의 값을 구할 때, 3.4의 가로줄과 1의 세로줄이 만나는 곳의 수 0.5328을 찾으면 된다. 즉, $\log 3.41=0.5328$이다.

수	0	1	2	…	9
⋮	⋮	⋮	⋮	…	⋮
3.3	.5185	.5198	.5211	…	.5302
3.4	.5315	.5328	.5340	…	.5428
3.5	.5441	.5453	.5465	…	.5551
⋮	⋮	⋮	⋮	…	⋮

개념 플러스+

❷ n이 실수일 때, $\log 10^n=n$

※ 상용로그표에 있는 상용로그의 값은 어림한 값이지만 편의상 등호를 사용하여 나타낸다.

교과서 개념 확인하기

정답 및 해설 15쪽

1 다음 등식을 $x=\log_a N$ 꼴로 나타내시오.

(1) $5^2=25$

(2) $\left(\frac{1}{2}\right)^{-3}=8$

2 다음 값을 구하시오.

(1) $\log_5 1$

(2) $\log_4 10+\log_4 \frac{8}{5}$

(3) $\log_6 30-\log_6 5$

(4) $\log_3 \frac{1}{81}$

3 다음 값을 구하시오.

(1) $\frac{\log_2 27}{\log_2 3}$

(2) $\frac{1}{\log_{64} 4}$

4 다음 값을 구하시오.

(1) $\log_3 5\times\log_5 3$

(2) $\log_4 32$

(3) $5^{\log_5 10}$

(4) $27^{\log_3 2}$

5 다음 값을 구하시오.

(1) $\log 10000$

(2) $\log 0.01$

6 오른쪽 상용로그표를 이용하여 다음 상용로그의 값을 구하시오.

(1) $\log 2.44$

(2) $\log 2.62$

수	0	1	2	3	4
2.4	.3802	.3820	.3838	.3856	.3874
2.5	.3979	.3997	.4014	.4031	.4048
2.6	.4150	.4166	.4183	.4200	.4216

필수 예제 1 로그의 정의

다음 등식을 만족시키는 x의 값을 구하시오.

(1) $\log_3 x = 2$

(2) $\log_{\frac{1}{4}} x = -3$

(3) $\log_x 32 = \dfrac{5}{3}$

> ◐ **다시 정리하는 개념**
>
> $a > 0, a \neq 1, N > 0$일 때,
> $a^x = N \Longleftrightarrow x = \log_a N$

숫자 바꿈

1-1 다음 등식을 만족시키는 x의 값을 구하시오.

(1) $\log_5 x = -2$

(2) $\log_8 x = \dfrac{4}{3}$

(3) $\log_x \sqrt{13} = \dfrac{1}{2}$

1-2 $\log_a 27 = \dfrac{3}{5}$, $\log_{\sqrt{3}} b = -6$일 때, ab의 값을 구하시오.

1-3 $x = \log_3 5$일 때, $3^x - 3^{-x}$의 값을 구하시오.

필수 예제 2 로그의 밑과 진수의 조건

다음이 정의되도록 하는 실수 x의 값의 범위를 구하시오.

(1) $\log_x (5-2x)$

(2) $\log_{x-3} (7-x)$

다시 정리하는 개념

$\log_{f(x)} g(x)$가 정의되려면 $f(x) > 0$, $f(x) \neq 1$, $g(x) > 0$ 이어야 한다.

숫자 바꾼

2-1 다음이 정의되도록 하는 실수 x의 값의 범위를 구하시오.

(1) $\log_{x+1} (3-x)$

(2) $\log_{4x-7} (8-x)$

2-2 $\log_{x-2} (-x^2+5x+14)$가 정의되도록 하는 모든 정수 x의 값의 합을 구하시오.

모든 실수 x에 대하여 이차부등식 $ax^2+bx+c > 0$이 성립하려면 $a > 0$, $b^2-4ac < 0$이어야 함을 이용해 보자.

2-3 모든 실수 x에 대하여 $\log_k (x^2+2kx+10k)$가 정의되도록 하는 정수 k의 개수를 구하시오.

필수 예제 **3** 로그의 성질

다음 값을 구하시오.

(1) $\log_3 75 + 2\log_3 \dfrac{3}{5}$

(2) $\log_6 3\sqrt{2} - \dfrac{1}{2}\log_6 3$

(3) $4\log_2 \sqrt{10} - \log_2 5 + \log_2 \dfrac{1}{40}$

(4) $\log_5 (\log_2 32)$

◐ 다시 정리하는 개념

① $\log_a MN$
$= \log_a M + \log_a N$

② $\log_a \dfrac{M}{N}$
$= \log_a M - \log_a N$

③ $\log_a M^k = k\log_a M$
(단, k는 실수)

숫자 바꾼

3-1 다음 값을 구하시오.

(1) $\log_2 36 - 2\log_2 3$

(2) $\dfrac{1}{3}\log_5 4 - \log_5 \sqrt[3]{20}$

(3) $\log_3 6\sqrt{2} + \log_3 18 - \dfrac{5}{2}\log_3 2$

(4) $\log_2 (\log_3 81)$

3-2 $\log_5 2 = a$, $\log_5 3 = b$일 때, $\log_5 72$를 a, b에 대한 식으로 나타내면?

① $-3a + 2b$　② $3a - 2b$　③ $3a + 2b$　④ $2a + 3b$　⑤ $2a - 3b$

이차방정식의 근과 계수의 관계를 이용하여 식을 세워 보자.

3-3 이차방정식 $x^2 - 2x - 5 = 0$의 두 근이 $\log_3 \alpha$, $\log_3 \beta$일 때, $\alpha\beta$의 값을 구하시오.

• 정답 및 해설 16쪽

필수 예제 **4** 로그의 밑의 변환 공식

다음 값을 구하시오.

(1) $\log_2 9 \times \log_3 25 \times \log_5 16$

(2) $\log_2 24 - \dfrac{1}{\log_6 2}$

(3) $(\log_3 25 - \log_9 5)(\log_5 27 + \log_{25} 9)$

(4) $6^{2\log_6 3 + \log_6 10 - \log_6 5}$

> **다시 정리하는 개념**
>
> $a>0,\ a\neq 1,\ b>0,\ b\neq 1$일 때
>
> ① $\log_a b = \dfrac{\log_c b}{\log_c a}$
> (단, $c>0,\ c\neq 1$)
>
> ② $\log_a b = \dfrac{1}{\log_b a}$
>
> ③ $\log_{a^m} b^n = \dfrac{n}{m}\log_a b$
> (단, $m,\ n$은 실수, $m\neq 0$)
>
> ④ $a^{\log_a b} = b$

숫자 바꾼

4-1 다음 값을 구하시오.

(1) $\log_5 4 \times \log_2 100 \times \log_{10} 125$

(2) $\dfrac{1}{\log_3 6} + \dfrac{1}{\log_{12} 6}$

(3) $(\log_4 3 + \log_2 81)(\log_3 8 + \log_9 64)$

(4) $8^{2\log_2 5 + \log_{\sqrt{2}} 3 + \log_{\frac{1}{2}} 45}$

4-2 $\log_5 2 = a$, $\log_5 3 = b$일 때, $\log_{18} 2$를 a, b로 나타낸 것은?

① $\dfrac{a}{a+b}$
② $\dfrac{b}{a+b}$
③ $\dfrac{a}{2a+b}$
④ $\dfrac{a}{a+2b}$
⑤ $\dfrac{b}{a+2b}$

4-3 1이 아닌 세 양수 a, b, c에 대하여 $\log_b a = 3$, $\log_c a = 6$일 때, $\log_{bc} a$의 값을 구하시오.

$\log 7.09 = 0.8506$임을 이용하여 다음 값을 구하시오.

(1) $\log 70.9$ (2) $\log 7090$ (3) $\log 0.0709$

> ● **문제 해결 tip**
>
> 양수 A에 대하여 $\log A = k$이고 n이 실수일 때
> ① $\log A^n = n \log A = nk$
> ② $\log(10^n \times A)$
> $= \log 10^n + \log A = n + k$

숫자 바꿈

5-1 $\log 5 = 0.6990$임을 이용하여 다음 값을 구하시오.

(1) $\log 500$ (2) $\log 0.0005$ (3) $\log 2$

5-2 오른쪽 상용로그표를 이용하여 $\log \sqrt[4]{12.6}$의 값을 구하시오.

수	4	5	6	7	8
1.1	.0569	.0607	.0645	.0682	.0719
1.2	.0934	.0969	.1004	.1038	.1072
1.3	.1271	.1303	.1335	.1367	.1399

5-3 $\log 4.93 = 0.6928$일 때, $\log 493 = a$, $\log b = -0.3072$이다. 이때 $a - b$의 값을 구하시오.

필수 예제 **6** 상용로그의 실생활에의 활용

별의 등급 m과 별의 밝기 I 사이에는 다음과 같은 관계식이 성립한다고 한다.

$$m=-\frac{5}{2}\log I+C \,(C\text{는 상수})$$

이때 5등급인 별의 밝기는 10등급인 별의 밝기의 몇 배인지 구하시오.

● 문제 해결 tip

실생활에의 활용 문제에 주어진 관계식에서 로그의 밑이 생략된 경우에는 밑이 10인 상용로그임을 생각한다.

숫자 바꿈
6-1 규모가 M인 지진의 에너지의 크기를 E라 하면 다음과 같은 관계식이 성립한다고 한다.

$$\log E=11.8+1.5M$$

이때 규모가 6인 지진의 에너지는 규모가 4인 지진의 에너지의 몇 배인지 구하시오.

6-2 디지털 사진을 압축할 때 원본 사진과 압축한 사진의 다른 정도를 나타내는 지표인 최대 신호 대 잡음비를 P, 원본 사진과 압축한 사진의 평균 제곱오차를 E라 하면 다음과 같은 관계식이 성립한다고 한다.

$$P=20\log 255-10\log E \,(E>0)$$

두 원본 사진 A, B를 압축했을 때, 최대 신호 대 잡음비를 각각 P_A, P_B라 하고, 평균 제곱오차를 각각 $E_A(E_A>0)$, $E_B(E_B>0)$라 하자. $\dfrac{E_B}{E_A}=10\sqrt{10}$일 때, P_A-P_B의 값을 구하시오.

올해의 인구수가 A이고 매년 $a\,\%$씩 증가하여 k년 후에 m배가 되면 $A\left(1+\dfrac{a}{100}\right)^k=mA$가 성립함을 이용하여 식을 세워 보자.

6-3 어느 도시의 인구수가 매년 일정한 비율로 증가하여 10년 만에 첫 해 인구수의 2배가 되었다. 10년 동안 이 도시의 인구수는 매년 몇 %씩 증가했는지 구하시오.

(단, $\log 1.07=0.03$, $\log 2=0.3$으로 계산한다.)

| 필수 예제 01 |

01 $\log_a 2 = \dfrac{4}{3}$일 때, a^{12}의 값을 구하시오.

📖 **NOTE**

| 필수 예제 02 |

02 $\log_x (x^2 - 2x)$와 $\log_{8-x} |8-x|$가 모두 정의되도록 하는 정수 x의 개수를 구하시오.

로그가 정의되기 위한 조건은 (밑)>0, (밑)≠1, (진수)>0임을 이용한다.

| 필수 예제 03 |

03 $\log_2 4\sqrt{3} + \log_2 6 - \dfrac{3}{2}\log_2 3$의 값은?

① $\dfrac{3}{2}$ ② 2 ③ $\dfrac{5}{2}$ ④ 3 ⑤ $\dfrac{7}{2}$

| 필수 예제 03 |

04 다음 식을 간단히 하시오.

$$\log_2 \frac{1}{2} + \log_2 \frac{2}{3} + \log_2 \frac{3}{4} + \cdots + \log_2 \frac{15}{16}$$

| 필수 예제 04 |

05 $\left(\log_2 5 + \log_4 \dfrac{1}{5}\right)\left(\log_5 2 + \log_{25} \dfrac{1}{2}\right)$의 값을 구하시오.

| 필수 예제 04 |

06

$\log_2 3 = a$, $\log_3 5 = b$일 때, $\log_{12} 60$을 a, b로 나타낸 것은?

① $\dfrac{ab+a}{a+1}$　　　　② $\dfrac{ab+a+1}{a+2}$　　　　③ $\dfrac{ab+a+2}{a+2}$

④ $\dfrac{ab+a+1}{a+3}$　　　　⑤ $\dfrac{ab+a+2}{a+3}$

NOTE

$\log_{12} 60$을 밑이 3인 로그를 사용하여 나타낸다.

| 필수 예제 04 |

07

이차방정식 $x^2 - 2x - 1 = 0$의 두 근이 $\log_2 a$, $\log_2 b$일 때, $\log_a b + \log_b a$의 값을 구하시오.

이차방정식의 근과 계수의 관계를 이용한다.

| 필수 예제 05 |

08

$\log 2 = 0.3010$일 때, 다음 중 옳지 <u>않은</u> 것은?

① $\log \dfrac{1}{2} = -0.3010$　　　② $\log 4 = 0.6020$　　　③ $\log 50 = 1.7525$

④ $\log 8 = 0.9030$　　　⑤ $\log 200 = 2.3010$

| 필수 예제 04 |

09
수능 기출

1보다 큰 두 실수 a, b에 대하여
$$\log_{\sqrt{3}} a = \log_9 ab$$
가 성립할 때, $\log_a b$의 값은?

① 1　　　　② 2　　　　③ 3　　　　④ 4　　　　⑤ 5

주어진 등식에서 로그의 밑을 3으로 같게 하여 a, b 사이의 관계식을 구한다.

| 필수 예제 06 |

10
평가원 기출

세대당 종자의 평균 분사거리가 D이고 세대당 종자의 증식률이 R인 나무의 10세대 동안 확산에 의한 이동거리를 L이라 하면 다음과 같은 관계식이 성립한다고 한다.
$$L^2 = 100 D^2 \times \log_3 R$$
세대당 종자의 평균 분사거리가 각각 20, 30인 A나무와 B나무의 세대당 종자의 증식률을 각각 R_A, R_B라 하고 10세대 동안 확산에 의한 이동거리를 각각 L_A, L_B라 하자. $\dfrac{R_A}{R_B} = 27$이고 $L_A = 400$일 때, L_B의 값은? (단, 거리의 단위는 m이다.)

① 200　　　② 300　　　③ 400　　　④ 500　　　⑤ 600

• 정답 및 해설 19쪽

1 다음 ☐ 안에 알맞은 것을 쓰시오.

(1) $a>0$, $a\neq1$, $N>0$일 때

$$a^x=N \Longleftrightarrow x=\boxed{}$$

(2) $a>0$, $a\neq1$, $M>0$, $N>0$일 때

① $\log_a 1=0$, $\log_a a=\boxed{}$ ② $\log_a MN=\log_a M+\log_a N$

③ $\log_a \dfrac{M}{N}=\boxed{}$ ④ $\log_a M^k=k\log_a M$ (단, k는 실수)

(3) $a>0$, $a\neq1$, $b>0$일 때

① $\log_a b=\dfrac{\log_c b}{\boxed{}}$ (단, $c>0$, $c\neq1$)   ② $\log_a b=\dfrac{1}{\boxed{}}$ (단, $b\neq1$)

(4) $a>0$, $a\neq1$, $b>0$일 때

① $\log_{a^m} b^n=\boxed{}\log_a b$ (단, m, n은 실수, $m\neq0$)   ② $a^{\log_a b}=\boxed{}$

(5) 10을 밑으로 하는 로그를 $\boxed{}$라 하고, 보통 밑 10을 생략하여 $\log N$과 같이 나타낸다.

(6) $\boxed{}$는 0.01의 간격으로 1.00에서 9.99까지의 수에 대한 상용로그의 값을 반올림하여 소수점 아래 넷째 자리까지 나타낸 것이다.

2 다음 문장이 옳으면 ○표, 옳지 않으면 ×표를 ( ) 안에 쓰시오.

(1) 로그가 정의되려면 밑은 1이 아닌 양수, 진수는 양수이어야 한다. ( )

(2) $a>0$, $a\neq1$, $M>N>0$일 때, $\log_a(M-N)=\log_a M-\log_a N$이다. ( )

(3) $(\log_3 27)^2=2\log_3 27=2\log_3 3^3=2\times3=6$이다. ( )

(4) $a>0$, $a\neq1$, $b>0$, $b\neq1$, $c>0$, $c\neq1$일 때, $\log_a b\times\log_b c\times\log_c a=1$이다. ( )

(5) $\log 6.35=0.8028$임을 이용하여 $\log 635$의 값을 구하면 2.8028이다. ( )

03

지수함수

03 지수함수

1 지수함수의 뜻과 그래프

(1) 지수함수의 뜻

정의역이 실수 전체의 집합인 함수 $y=a^x$ $(a>0,\ a\neq1$❶$)$을 a를 밑으로 하는 **지수함수**라 한다.

(2) 지수함수 $y=a^x$ $(a>0,\ a\neq1)$의 그래프와 성질

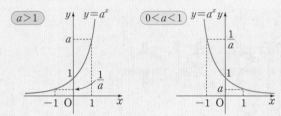

① 정의역은 실수 전체의 집합이고, 치역은 양의 실수 전체의 집합이다. ❷

② 일대일함수이다. ❸

③ $a>1$일 때, x의 값이 증가하면 y의 값도 증가한다.

 $0<a<1$일 때, x의 값이 증가하면 y의 값은 감소한다. ❹

④ 그래프는 점 $(0,\ 1)$을 지나고, 점근선은 x축이다.

(3) 지수함수의 그래프의 평행이동과 대칭이동

지수함수 $y=a^x$ $(a>0,\ a\neq1)$의 그래프를

① x축의 방향으로 m만큼, y축의 방향으로 n만큼 평행이동한 그래프의 식

 ➡ $y=a^{x-m}+n$

② x축에 대하여 대칭이동한 그래프의 식 ➡ $y=-a^x$

③ y축에 대하여 대칭이동한 그래프의 식 ➡ $y=\left(\dfrac{1}{a}\right)^x$

④ 원점에 대하여 대칭이동한 그래프의 식 ➡ $y=-\left(\dfrac{1}{a}\right)^x$

참고 지수함수 $y=a^{x-m}+n$의 정의역은 실수 전체의 집합, 치역은 $\{y\,|\,y>n\}$이고, 그래프의 점근선은 직선 $y=n$이다.

2 지수함수의 최대·최소

정의역이 $\{x\,|\,m\leq x\leq n\}$일 때, 지수함수 $f(x)=a^x$ $(a>0,\ a\neq1)$은

(1) $a>1$이면 $x=n$일 때 최댓값 $f(n)$, $x=m$일 때 최솟값 $f(m)$을 갖는다.

(2) $0<a<1$이면 $x=m$일 때 최댓값 $f(m)$, $x=n$일 때 최솟값 $f(n)$을 갖는다.

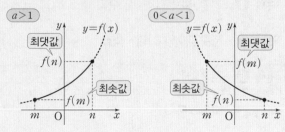

개념 플러스⁺

❶ $y=a^x$에서 $a=1$이면 $y=1$이므로 이 함수는 상수함수이다.

❷ $a>0$, $a\neq1$일 때, 모든 실수 x에 대하여 $a^x>0$이다.

❸ $x_1\neq x_2$이면 $a^{x_1}\neq a^{x_2}$이다.

❹ $a>1$일 때,
 $x_1<x_2$이면 $a^{x_1}<a^{x_2}$
 $0<a<1$일 때,
 $x_1<x_2$이면 $a^{x_1}>a^{x_2}$

■ 함수 $y=a^{f(x)}$은
 ① $a>1$이면 $f(x)$가 최대일 때 최댓값, $f(x)$가 최소일 때 최솟값을 갖는다.
 ② $0<a<1$이면 $f(x)$가 최대일 때 최솟값, $f(x)$가 최소일 때 최댓값을 갖는다.

③ 지수방정식과 지수부등식

(1) 지수방정식⑤

① 밑을 같게 할 수 있는 경우

주어진 방정식을 $a^{f(x)}=a^{g(x)}$ 꼴로 변형한 후 다음을 이용한다.

$$a^{f(x)}=a^{g(x)}\,(a>0,\ a\neq1)\Longleftrightarrow f(x)=g(x)$$

② a^x 꼴이 반복되는 경우

$a^x=t$로 치환한 후 t에 대한 방정식을 푼다. 이때 $a^x>0$이므로 $t>0$임에 주의한다.

③ 지수가 같은 경우

$\{h(x)\}^{f(x)}=\{g(x)\}^{f(x)}$ 꼴이면 $h(x)=g(x)$ 또는 $f(x)=0$을 푼다.

$$(\text{단},\ h(x)>0,\ g(x)>0)$$

(2) 지수부등식⑥

① 밑을 같게 할 수 있는 경우

주어진 부등식을 $a^{f(x)}<a^{g(x)}$ 꼴로 변형한 후 다음을 이용한다.

(i) $a>1$일 때, $a^{f(x)}<a^{g(x)}\Longleftrightarrow f(x)<g(x)$

(ii) $0<a<1$일 때, $a^{f(x)}<a^{g(x)}\Longleftrightarrow f(x)>g(x)$

② a^x 꼴이 반복되는 경우

$a^x=t$로 치환한 후 t에 대한 부등식을 푼다. 이때 $a^x>0$이므로 $t>0$임에 주의한다.

개념 플러스⁺

⑤ 지수에 미지수가 있는 방정식을 지수 방정식이라 한다.

▸ 밑과 지수에 모두 미지수가 있는 방정식은
  ① 지수가 같은 경우: 밑이 같거나 지수가 0임을 이용한다.
  ② 밑이 같은 경우: 지수가 같거나 밑이 1임을 이용한다.

⑥ 지수에 미지수가 있는 부등식을 지수 부등식이라 한다.

▸ 밑과 지수에 모두 미지수가 있는 부등식은
  (밑)=1, 0<(밑)<1, (밑)>1
  인 경우로 나누어 푼다.

교과서 개념 확인하기

정답 및 해설 20쪽

1 다음 | 보기 | 중 지수함수인 것을 모두 고르시오.

| 보기 |

ㄱ. $y=4^x$ ㄴ. $y=x^2$ ㄷ. $y=0.3^x$ ㄹ. $y=\dfrac{1}{5^x}$

2 지수함수 $y=2^x$의 그래프를 이용하여 다음 함수의 그래프를 그리시오.

(1) $y=2^{x-1}$

(2) $y=-\left(\dfrac{1}{2}\right)^x$

3 정의역이 $\{x\,|\,-3\leq x\leq2\}$일 때, 다음 함수의 최댓값과 최솟값을 각각 구하시오.

(1) $y=2^x$

(2) $y=\left(\dfrac{1}{3}\right)^x$

4 다음 방정식을 푸시오.

(1) $3^x=\dfrac{1}{27}$

(2) $2^{3x-1}=4^{x+2}$

(3) $2^{2x}-2^x-12=0$

(4) $(x+1)^x=5^x\,(x>-1)$

5 다음 부등식을 푸시오.

(1) $2^x\leq16$

(2) $7^x>49$

(3) $\left(\dfrac{1}{5}\right)^x\geq\dfrac{1}{125}$

(4) $3^{2x}-4\times3^x+3<0$

필수 예제 1 지수함수의 그래프와 성질

다음 함수의 그래프를 그리고, 치역과 점근선의 방정식을 각각 구하시오.

(1) $y = 3^{x+2} - 3$

(2) $y = -\left(\dfrac{1}{3}\right)^{x-1} + 2$

> ● **다시 정리하는 개념**
>
> 지수함수 $y = a^x$에 대하여
> ① $a > 1$일 때, x의 값이 증가하면 y의 값도 증가한다.
> ② $0 < a < 1$일 때, x의 값이 증가하면 y의 값은 감소한다.

숫자 바꾼

1-1 다음 함수의 그래프를 그리고, 치역과 점근선의 방정식을 각각 구하시오.

(1) $y = \left(\dfrac{1}{2}\right)^{-x} + 4$

(2) $y = -2^{x+3} - 1$

1-2 다음 함수의 그래프를 그리고, 치역과 점근선의 방정식을 각각 구하시오.

(1) $y = 3 \times 2^{x-1} - 4$

(2) $y = -5 \times 2^{x+2} + 10$

1-3 다음 | 보기 | 중 함수 $y = \left(\dfrac{1}{5}\right)^x$에 대한 설명으로 옳은 것을 모두 고르시오.

┤ **보기** ├─

ㄱ. 그래프는 제1사분면과 제2사분면을 지난다.

ㄴ. x의 값이 증가하면 y의 값도 증가한다.

ㄷ. 그래프의 점근선의 방정식은 $y = 0$이다.

ㄹ. 그래프는 함수 $y = 5^x$의 그래프와 x축에 대하여 대칭이다.

필수 예제 **2** 지수함수의 그래프의 평행이동과 대칭이동

함수 $y=5^x$의 그래프를 x축의 방향으로 -2만큼, y축의 방향으로 6만큼 평행이동한 후 x축에 대하여 대칭이동하였더니 함수 $y=a \times 5^x + b$의 그래프와 일치하였다. 두 상수 a, b에 대하여 $a+b$의 값을 구하시오.

▶ 단원 밖의 개념

방정식 $f(x, y)=0$이 나타내는 도형을 x축, y축, 원점에 대하여 대칭이동한 도형의 방정식은 각각 $f(x, -y)=0$, $f(-x, y)=0$, $f(-x, -y)=0$이다.

숫자 바꾼

2-1 함수 $y=\left(\dfrac{1}{3}\right)^x$의 그래프를 x축의 방향으로 4만큼, y축의 방향으로 3만큼 평행이동한 후 y축에 대하여 대칭이동하였더니 함수 $y=3^{x+a}+b$의 그래프와 일치하였다. 두 상수 a, b에 대하여 ab의 값을 구하시오.

2-2 함수 $y=a^x$의 그래프를 x축의 방향으로 -5만큼, y축의 방향으로 -10만큼 평행이동한 후 원점에 대하여 대칭이동하면 점 $(3, -6)$을 지난다. 이때 상수 a의 값을 구하시오. (단, $a>1$)

2-3 다음 | 보기 | 중 함수 $y=2^x$의 그래프를 평행이동 또는 대칭이동하여 겹쳐질 수 있는 그래프의 식인 것을 모두 고르시오.

┤ 보기 ├

ㄱ. $y=8 \times 2^x$　　　　ㄴ. $y=\dfrac{2^x}{16}$　　　　ㄷ. $y=\left(\dfrac{1}{4}\right)^x$

ㄹ. $y=2^{-x}+4$　　　　ㅁ. $y=2^{5x}$　　　　ㅂ. $y=\sqrt{2^x}$

필수 예제 3 지수함수를 이용한 수의 대소 비교

지수함수의 성질을 이용하여 다음 두 수의 대소를 비교하시오.

(1) $\sqrt[3]{4}$, $16^{\frac{1}{8}}$

(2) $\sqrt[4]{\dfrac{1}{27}}$, $\sqrt[6]{\dfrac{1}{81}}$

> **◑ 다시 정리하는 개념**
>
> ① $a > 1$일 때
> $x_1 < x_2$이면 $a^{x_1} < a^{x_2}$
> ② $0 < a < 1$일 때
> $x_1 < x_2$이면 $a^{x_1} > a^{x_2}$

숫자 바꾼

3-1 지수함수의 성질을 이용하여 다음 두 수의 대소를 비교하시오.

(1) $125^{\frac{1}{8}}$, $\sqrt[6]{625}$

(2) $\sqrt[3]{0.04}$, $\sqrt[4]{0.008}$

3-2 세 수 $A = \sqrt[6]{32}$, $B = 8^{\frac{1}{4}}$, $C = 0.5^{-\frac{2}{3}}$을 작은 것부터 차례로 나열하시오.

> 먼저 주어진 범위에서 a와 a^a의 대소를 비교해 보자.

3-3 $0 < a < 1$일 때, 두 수 5^a, 5^{a^a}의 대소를 비교하시오.

필수 예제 **4** 지수함수의 최대·최소

주어진 범위에서 다음 함수의 최댓값과 최솟값을 각각 구하시오.

(1) $y=3^{x+3}-4\ (-1\leq x\leq 1)$

(2) $y=\left(\dfrac{1}{2}\right)^{x-2}+1\ (-2\leq x\leq 4)$

다시 정리하는 개념

정의역이 $\{x\,|\,m\leq x\leq n\}$일 때, 지수함수
$f(x)=a^x\,(a>0,\,a\neq 1)$은
① $a>1$일 때
　최댓값: $f(n)$, 최솟값: $f(m)$
② $0<a<1$일 때
　최댓값: $f(m)$, 최솟값: $f(n)$

숫자 바꾼

4-1 주어진 범위에서 다음 함수의 최댓값과 최솟값을 각각 구하시오.

(1) $y=2^{-x+1}+5\ (-3\leq x\leq 2)$

(2) $y=7^x\times 5^{-x}\ (-2\leq x\leq 1)$

4-2 정의역이 $\{x\,|\,-1\leq x\leq 2\}$일 때, 함수 $y=5^{x^2-2x-1}$의 최댓값과 최솟값을 각각 구하시오.

$a^x=t\ (t>0)$로 치환하여 t에 대한 이차함수의 최댓값과 최솟값을 각각 구해 보자.

4-3 정의역이 $\{x\,|\,0\leq x\leq 2\}$인 함수 $y=4^x-2^{x+2}+6$의 최댓값을 M, 최솟값을 m이라 할 때, $M+m$의 값을 구하시오.

필수 예제 **5** 지수방정식

다음 방정식을 푸시오.

(1) $2^{x^2-x}=8^{x+4}$

(2) $\left(\dfrac{2}{3}\right)^{x^2+6}=\left(\dfrac{3}{2}\right)^{2-6x}$

(3) $9^x+3^{x+1}-18=0$

(4) $\left(\dfrac{1}{25}\right)^x+4\times\left(\dfrac{1}{5}\right)^x-5=0$

> **◉ 문제 해결 tip**
>
> ① 밑을 같게 할 수 있는 지수방정식
> ➡ 밑을 같게 한 후 지수에 대한 방정식을 세운다.
> ② a^x 꼴이 반복되는 지수방정식
> ➡ $a^x=t$로 치환한다. 이때 $t>0$임에 주의한다.

숫자 바꿔

5-1 다음 방정식을 푸시오.

(1) $9^{x^2+x}=\sqrt{27}$

(2) $5^{x^2-1}=\left(\dfrac{1}{25}\right)^{x-1}$

(3) $10^{2x+1}-11\times10^x+1=0$

(4) $2\times\left(\dfrac{1}{4}\right)^x-9\times\left(\dfrac{1}{2}\right)^x+4=0$

5-2 다음 방정식을 푸시오.

(1) $x^{3x-2}=x^{6-x}\,(x>0)$

(2) $(3x+4)^{2x}=(x+3)^{2x}\left(x>-\dfrac{4}{3}\right)$

5-3 어떤 호수에서 수면에서의 빛의 세기가 $A\,\mathrm{W/m^2}$일 때, 수심이 $h\,\mathrm{m}$인 곳에서의 빛의 세기를 $y\,\mathrm{W/m^2}$라 하면 다음과 같은 관계식이 성립한다고 한다.

$$y=A\times\left(\dfrac{1}{2}\right)^{\frac{h}{4}}$$

이 호수에서 빛의 세기가 $\dfrac{A}{64}\,\mathrm{W/m^2}$인 곳의 수심은 몇 m인지 구하시오.

필수 예제 **6** 지수부등식

다음 부등식을 푸시오.

(1) $3^{x^2-7x} \leq 9^{1-3x}$

(2) $\left(\dfrac{1}{8}\right)^x > \left(\dfrac{1}{2}\right)^{x^2-4}$

(3) $2^{2x+1} - 5 \times 2^x + 2 < 0$

(4) $\left(\dfrac{1}{25}\right)^x - 2 \times \left(\dfrac{1}{5}\right)^x - 15 \geq 0$

● 문제 해결 tip

① 밑을 같게 할 수 있는 지수부등식
➡ 밑을 같게 한 후 지수에 대한 부등식을 세운다.
② a^x 꼴이 반복되는 지수부등식
➡ $a^x = t$로 치환한다. 이때 $t > 0$임에 주의한다.

숫자 바꾼

6-1 다음 부등식을 푸시오.

(1) $25^{x^2} > 5^{x+15}$

(2) $\left(\dfrac{1}{3}\right)^{2x^2+x} \geq \left(\dfrac{1}{27}\right)^{x^2+2x-2}$

(3) $2^{2x+3} - 9 \times 2^x + 1 < 0$

(4) $\left(\dfrac{1}{49}\right)^x - 8 \times \left(\dfrac{1}{7}\right)^x + 7 \leq 0$

6-2 다음 부등식을 푸시오.

(1) $x^{3x-1} < x^{x+4} \, (x>0)$

(2) $x^{x^2+2x} \leq x^{4x+8} \, (x>0)$

> 빛의 처음의 양을 a라 하고 필름을 x장 붙인 유리를 통과한 빛의 양에 대한 부등식을 세워 보자.

6-3 유리에 어떤 필름을 한 장 붙일 때마다 빛은 통과하기 전 양의 40 %만큼 차단된다고 한다. 유리를 통과한 빛의 양이 처음의 양의 $\dfrac{27}{125}$ 이하가 되도록 하려면 이 필름을 최소 몇 장 붙여야 하는지 구하시오.

| 필수 예제 01 |

01 다음 중 함수 $y=5^{x-1}-3$에 대한 설명으로 옳지 <u>않은</u> 것을 모두 고르면? (정답 2개)

① x의 값이 증가하면 y의 값도 증가한다.

② 그래프는 함수 $y=5^x$의 그래프를 x축의 방향으로 -1만큼, y축의 방향으로 -3만큼 평행이동한 것이다.

③ 그래프는 함수 $y=-\left(\dfrac{1}{5}\right)^{x+1}+3$의 그래프를 원점에 대하여 대칭이동한 것이다.

④ 그래프는 모든 사분면을 지난다.

⑤ 치역은 $\{y|y>-3\}$이다.

| 필수 예제 02 |

02 함수 $y=\left(\dfrac{1}{2}\right)^x$의 그래프를 x축의 방향으로 m만큼, y축의 방향으로 n만큼 평행이동한 그래프가 두 점 $(-2, 5)$, $\left(0, \dfrac{7}{2}\right)$을 지날 때, $m+n$의 값을 구하시오.

| 필수 예제 03 |

03 다음 세 수 A, B, C의 대소 관계를 바르게 나타낸 것은?

$$A=\frac{1}{3^2}, \quad B=\frac{1}{\sqrt[3]{3}}, \quad C=\sqrt[4]{\frac{1}{3}}$$

① $A<B<C$ ② $A<C<B$ ③ $B<A<C$

④ $B<C<A$ ⑤ $C<A<B$

주어진 수를 밑이 $\dfrac{1}{3}$인 거듭제곱의 꼴로 나타낸 후 대소를 비교한다.

| 필수 예제 04 |

04 정의역이 $\{x|1\leq x\leq 4\}$일 때, 함수 $y=\left(\dfrac{1}{3}\right)^{x^2-4x}$의 최댓값을 M, 최솟값을 m이라 하자. 이때 Mm의 값을 구하시오.

주어진 범위에서 지수의 최대·최소를 먼저 구한다.

| 필수 예제 04 |

05 함수 $y=4^x-2^{x+4}+k$가 $x=\alpha$에서 최솟값 -34를 가질 때, $k+\alpha$의 값을 구하시오. (단, k는 상수이다.)

$2^x=t$라 하고 주어진 함수를 t에 대한 식으로 나타낸다. 이때 $t>0$임에 주의한다.

| 필수 예제 05 |

06 방정식 $27^{x^2} = 81^{4x+3}$의 모든 실근의 곱을 구하시오.

| 필수 예제 06 |

07 부등식 $0.2^{3-x} \leq 5^{7-x}$을 만족시키는 자연수 x의 개수를 구하시오.

| 필수 예제 06 |

08 부등식 $9^{x+1} - 28 \times 3^x + 3 \geq 0$을 만족시키는 자연수 x의 최솟값을 구하시오.

| 필수 예제 02 |

09 평가원 기출

함수 $f(x) = -2^{4-3x} + k$의 그래프가 제2사분면을 지나지 않도록 하는 자연수 k의 최댓값은?

① 10　　② 12　　③ 14　　④ 16　　⑤ 18

| 필수 예제 05 |

10 수능 기출

어느 금융상품에 초기자산 W_0을 투자하고 t년이 지난 시점에서의 기대자산 W가 다음과 같이 주어진다고 한다.

$$W = \frac{W_0}{2} 10^{at}(1 + 10^{at}) \text{ (단, } W_0 > 0, \ t \geq 0 \text{이고, } a \text{는 상수이다.)}$$

이 금융상품에 초기자산 w_0을 투자하고 15년이 지난 시점에서의 기대자산은 초기자산의 3배이다. 이 금융상품에 초기자산 w_0을 투자하고 30년이 지난 시점에서의 기대자산이 초기자산의 k배일 때, 실수 k의 값은? (단, $w_0 > 0$)

① 9　　② 10　　③ 11　　④ 12　　⑤ 13

NOTE

밑을 같게 한 후 지수에 대한 방정식을 세운다.

주어진 함수의 그래프의 개형을 그린 후 그래프가 제2사분면을 지나지 않을 조건을 찾는다.

주어진 두 상황에 맞는 수 또는 문자를 관계식에 대입하여 등식을 세우고, 미지수의 값을 구한다.

• 정답 및 해설 26쪽

1 다음 ☐ 안에 알맞은 것을 쓰시오.

(1) 지수함수 $y=a^x$ $(a>0,\ a\neq1)$의 성질은 다음과 같다.

　① 정의역은 실수 전체의 집합이고, 치역은 ☐☐☐☐ 전체의 집합이다.

　② $a>1$일 때, x의 값이 증가하면 y의 값도 증가한다.

　　$0<a<1$일 때, x의 값이 증가하면 y의 값은 ☐☐한다.

　③ 그래프는 점 $(0,\ 1)$을 지나고, 점근선은 ☐축이다.

(2) 지수함수 $y=a^x$ $(a>0,\ a\neq1)$의 그래프를

　① x축의 방향으로 m만큼, y축의 방향으로 n만큼 평행이동한 그래프의 식 ➡ $y=a^{x-m}+n$

　② x축에 대하여 대칭이동한 그래프의 식 ➡ ☐☐☐☐

　③ y축에 대하여 대칭이동한 그래프의 식 ➡ $y=\left(\dfrac{1}{a}\right)^x$

　④ 원점에 대하여 대칭이동한 그래프의 식 ➡ ☐☐☐☐

(3) 정의역이 $\{x\,|\,m\leq x\leq n\}$일 때, 지수함수 $f(x)=a^x$ $(a>0,\ a\neq1)$은

　① $a>1$이면 최댓값 $f(n)$, 최솟값 $f(m)$을 갖는다.

　② $0<a<1$이면 최댓값 ☐☐☐, 최솟값 ☐☐☐을 갖는다.

(4) 밑을 같게 할 수 있는 지수방정식은 각 항의 밑을 같게 한 후 다음을 이용하여 푼다.

　$a>0,\ a\neq1$일 때, $a^{x_1}=a^{x_2}\Longleftrightarrow$ ☐☐☐☐

(5) 밑을 같게 할 수 있는 지수부등식은 각 항의 밑을 같게 한 후 다음을 이용하여 푼다.

　① $a>1$일 때, $a^{x_1}<a^{x_2}\Longleftrightarrow x_1<x_2$

　② $0<a<1$일 때, $a^{x_1}<a^{x_2}\Longleftrightarrow$ ☐☐☐☐

2 다음 문장이 옳으면 ○표, 옳지 않으면 ×표를 ( ) 안에 쓰시오.

(1) $a>0,\ a\neq1$일 때, 두 함수 $y=a^x$과 $y=\left(\dfrac{1}{a}\right)^x$의 그래프는 x축에 대하여 대칭이다. ( )

(2) 함수 $y=2^{x+2}+3$의 그래프는 함수 $y=2^x$의 그래프를 x축의 방향으로 -2만큼, y축의 방향으로

　3만큼 평행이동한 것이다. ( )

(3) 함수 $y=\left(\dfrac{1}{5}\right)^{x-1}+2$의 그래프의 점근선의 방정식은 $y=2$이다. ( )

(4) 함수 $y=a^{f(x)}$ $(0<a<1)$은 $f(x)$가 최대일 때 최댓값을 갖는다. ( )

(5) 부등식 $\left(\dfrac{3}{2}\right)^{f(x)}<\left(\dfrac{3}{2}\right)^{g(x)}$의 해는 부등식 $f(x)<g(x)$의 해와 같다. ( )

04

로그함수

04 로그함수

1 로그함수의 뜻과 그래프

(1) 로그함수의 뜻

지수함수 $y=a^x$ $(a>0,\ a\neq1)$의 역함수 $y=\log_a x$ $(a>0,\ a\neq1)$를 a를 밑으로 하는 **로그함수**라 한다.

> 참고 지수함수 $y=a^x$ $(a>0,\ a\neq1)$은 실수 전체의 집합에서 양의 실수 전체의 집합으로의 일대일대응이므로 역함수를 갖는다.

(2) 로그함수 $y=\log_a x$ $(a>0,\ a\neq1)$의 그래프와 성질

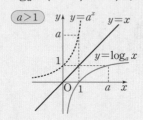 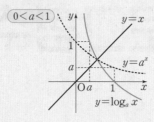

① 정의역은 양의 실수 전체의 집합이고, 치역은 실수 전체의 집합이다.

② 일대일함수이다. ❶

③ $a>1$일 때, x의 값이 증가하면 y의 값도 증가한다.

　$0<a<1$일 때, x의 값이 증가하면 y의 값은 감소한다. ❷

④ 그래프는 점 $(1,\ 0)$을 지나고, 점근선은 y축이다.

(3) 로그함수의 그래프의 평행이동과 대칭이동

로그함수 $y=\log_a x$ $(a>0,\ a\neq1)$의 그래프를

① x축의 방향으로 m만큼, y축의 방향으로 n만큼 평행이동한 그래프의 식

　➡ $y=\log_a (x-m)+n$

② x축에 대하여 대칭이동한 그래프의 식 ➡ $y=-\log_a x$

③ y축에 대하여 대칭이동한 그래프의 식 ➡ $y=\log_a (-x)$

④ 원점에 대하여 대칭이동한 그래프의 식 ➡ $y=-\log_a (-x)$

⑤ 직선 $y=x$에 대하여 대칭이동한 그래프의 식 ➡ $y=a^x$

> 참고 로그함수 $y=\log_a (x-m)+n$의 정의역은 $\{x\,|\,x>m\}$, 치역은 실수 전체의 집합이고, 그래프의 점근선은 직선 $x=m$이다.

2 로그함수의 최대 · 최소

정의역이 $\{x\,|\,m\leq x\leq n\}$일 때, 로그함수 $f(x)=\log_a x$ $(a>0,\ a\neq1)$는

① $a>1$이면 $x=n$일 때 최댓값 $f(n)$, $x=m$일 때 최솟값 $f(m)$을 갖는다.

② $0<a<1$이면 $x=m$일 때 최댓값 $f(m)$, $x=n$일 때 최솟값 $f(n)$을 갖는다.

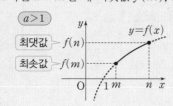 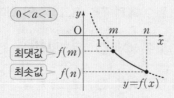

❸ 로그방정식과 로그부등식

(1) 로그방정식❸

① $\log_a f(x) = b$ 꼴인 경우: $\log_a f(x) = b \Longleftrightarrow f(x) = a^b$임을 이용한다.

② 밑을 같게 할 수 있는 경우: 주어진 방정식을 $\log_a f(x) = \log_a g(x)$ 꼴로 변형한 후 다음을 이용한다.

$$\log_a f(x) = \log_a g(x) \Longleftrightarrow f(x) = g(x) \ (\text{단, } a > 0, \ a \neq 1, \ f(x) > 0, \ g(x) > 0)$$

③ $\log_a x$ 꼴이 반복되는 경우: $\log_a x = t$로 치환한 후 t에 대한 방정식을 푼다.

④ 진수가 같은 경우: $\log_{g(x)} f(x) = \log_{h(x)} f(x)$ 꼴이면 $g(x) = h(x)$ 또는 $f(x) = 1$을 푼다. (단, $g(x) > 0$, $g(x) \neq 1$, $h(x) > 0$, $h(x) \neq 1$)

(2) 로그부등식❹

① 밑을 같게 할 수 있는 경우: 주어진 부등식을 $\log_a f(x) < \log_a g(x)$ 꼴로 변형한 후 다음을 이용한다.

(i) $a > 1$일 때, $\log_a f(x) < \log_a g(x) \Longleftrightarrow 0 < f(x) < g(x)$

(ii) $0 < a < 1$일 때, $\log_a f(x) < \log_a g(x) \Longleftrightarrow f(x) > g(x) > 0$

② $\log_a x$ 꼴이 반복되는 경우: $\log_a x = t$로 치환한 후 t에 대한 부등식을 푼다.

개념 플러스⁺

❸ 로그의 진수 또는 밑에 미지수가 있는 방정식을 로그방정식이라 한다.

▪ 지수에 로그가 포함된 방정식은 양변에 로그를 취하여 푼다.

❹ 로그의 진수 또는 밑에 미지수가 있는 부등식을 로그부등식이라 한다.

▪ 지수에 로그가 포함된 부등식은 양변에 로그를 취하여 푼다.

교과서 개념 확인하기
정답 및 해설 26쪽

1 다음 | 보기 | 중 로그함수인 것을 모두 고르시오.

| 보기 |

ㄱ. $y = \log_3 x$　　　　ㄴ. $y = \log_2 8$　　　　ㄷ. $y = \log_{\frac{1}{4}} x$　　　　ㄹ. $y = x \log_4 16$

2 로그함수 $y = \log_2 x$의 그래프를 이용하여 다음 함수의 그래프를 그리시오.

(1) $y = \log_2 x + 1$

(2) $y = -\log_2 (-x)$

3 다음 함수의 최댓값과 최솟값을 각각 구하시오.

(1) $y = \log_5 x \left(\dfrac{1}{5} \leq x \leq 25 \right)$

(2) $y = \log_{\frac{1}{3}} x \, (3 \leq x \leq 81)$

4 다음 방정식을 푸시오.

(1) $\log_3 (x - 1) = 3$

(2) $\log_2 (5x - 2) = \log_2 (2x + 7)$

(3) $(\log_5 x)^2 - 2 \log_5 x = 0$

(4) $\log_6 (x + 3) = \log_3 (x + 3)$

5 다음 부등식을 푸시오.

(1) $\log_2 (3x + 1) > 4$

(2) $\log_{\frac{1}{3}} (x - 6) \geq -2$

(3) $\log_{\frac{1}{10}} (8 - x) \leq \log_{\frac{1}{10}} x$

(4) $(\log_3 x)^2 - 4 \log_3 x + 3 < 0$

필수 예제 1 로그함수의 그래프와 성질

다음 함수의 그래프를 그리고, 정의역과 점근선의 방정식을 각각 구하시오.

(1) $y = \log_3 (x+1) + 2$　　　　　　　(2) $y = \log_{\frac{1}{3}} (-x) - 1$

▶ **다시 정리하는 개념**

로그함수 $y = \log_a x$에 대하여
① $a > 1$일 때, x의 값이 증가하면 y의 값도 증가한다.
② $0 < a < 1$일 때, x의 값이 증가하면 y의 값은 감소한다.

숫자 바꿈

1-1 다음 함수의 그래프를 그리고, 정의역과 점근선의 방정식을 각각 구하시오.

(1) $y = -\log_4 (x-2) + 1$　　　　　　　(2) $y = -\log_{\frac{1}{4}} (-x-3)$

1-2 다음 |보기| 중 함수 $f(x) = \log_3 x$에 대한 설명으로 옳은 것을 모두 고르시오.

┤ 보기 ├
ㄱ. 정의역은 실수 전체의 집합이다.
ㄴ. 그래프는 제1사분면과 제4사분면을 지난다.
ㄷ. x의 값이 증가하면 y의 값도 증가한다.
ㄹ. 그래프는 함수 $y = \left(\dfrac{1}{3}\right)^x$의 그래프와 직선 $y = x$에 대하여 대칭이다.

> 서로 역함수 관계에 있는 두 함수의 그래프는 직선 $y = x$에 대하여 대칭임을 이용해 보자.

1-3 두 함수 $y = \log_5 (x+3) + a$, $y = 5^{x-4} + b$의 그래프가 직선 $y = x$에 대하여 대칭일 때, 두 상수 a, b에 대하여 $a - b$의 값을 구하시오.

필수 예제 2 로그함수의 그래프의 평행이동과 대칭이동

함수 $y=\log_2 x$의 그래프를 x축의 방향으로 -6만큼, y축의 방향으로 4만큼 평행이동한 후 x축에 대하여 대칭이동하였더니 함수 $y=-\log_2(x+a)+b$의 그래프와 일치하였다. 두 상수 a, b에 대하여 $a+b$의 값을 구하시오.

> **○ 단원 밖의 개념**
>
> 방정식 $f(x, y)=0$이 나타내는 도형을 x축, y축, 원점에 대하여 대칭이동한 도형의 방정식은 각각 $f(x, -y)=0, f(-x, y)=0,$ $f(-x, -y)=0$이다.

숫자 바꿈

2-1 함수 $y=\log_{\frac{1}{5}} x$의 그래프를 원점에 대하여 대칭이동한 후 x축의 방향으로 2만큼, y축의 방향으로 3만큼 평행이동하였더니 함수 $y=\log_5(a-x)+b$의 그래프와 일치하였다. 두 상수 a, b에 대하여 ab의 값을 구하시오.

2-2 함수 $y=\log_{\frac{1}{2}} x$의 그래프를 x축의 방향으로 -8만큼, y축의 방향으로 -7만큼 평행이동한 후 y축에 대하여 대칭이동한 그래프가 점 $(4, a)$를 지날 때, a의 값을 구하시오.

2-3 다음 | 보기 | 중 함수 $y=\log_3 x$의 그래프를 평행이동 또는 대칭이동하여 겹쳐질 수 있는 그래프의 식인 것을 모두 고르시오.

┌─| 보기 |─────────────────────────────────┐

ㄱ. $y=\log_{\frac{1}{3}} x$ ㄴ. $y=\log_3 \dfrac{9}{x}$ ㄷ. $y=\log_9 x$

ㄹ. $y=\log_3(x+4)$ ㅁ. $y=\log_3 x^3$ ㅂ. $y=\log_3(-27x)$

└──────────────────────────────────────┘

필수 예제 3 로그함수를 이용한 수의 대소 비교

● **다시 정리하는 개념**

로그함수의 성질을 이용하여 다음 두 수의 대소를 비교하시오.

(1) $\log_2 6,\ 3$

(2) $-1,\ \log_{\frac{1}{5}} \dfrac{13}{2}$

① $a>1$일 때
$x_1<x_2$이면 $\log_a x_1<\log_a x_2$
② $0<a<1$일 때
$x_1<x_2$이면 $\log_a x_1>\log_a x_2$

숫자 바꿘

3-1 로그함수의 성질을 이용하여 다음 두 수의 대소를 비교하시오.

(1) $3\log_3 2,\ \log_9 49$

(2) $2\log_{0.1} 5,\ 5\log_{0.1} 2$

3-2 세 수 $A=\log_{\frac{1}{2}}\sqrt{3},\ B=\log_4 10,\ C=\log_{\frac{1}{4}}\dfrac{1}{6}$ 을 작은 것부터 차례로 나열하시오.

먼저 주어진 범위에서 a와 a^2의 대소를 비교해 보자.

3-3 $0<a<1<b$일 때, 두 수 $\log_b a,\ \log_b a^2$의 대소를 비교하시오.

필수 예제 **4** 로그함수의 최대·최소

주어진 범위에서 다음 함수의 최댓값과 최솟값을 각각 구하시오.

(1) $y=\log_2(x+5)\,(-1\le x\le3)$　　　　(2) $y=\log_{\frac{1}{2}}x-3\,(1\le x\le4)$

다시 정리하는 개념

정의역이 $\{x\,|\,m\le x\le n\}$일 때,
로그함수
$f(x)=\log_a x\,(a>0,\,a\ne1)$는
① $a>1$일 때
　최댓값: $f(n)$, 최솟값: $f(m)$
② $0<a<1$일 때
　최댓값: $f(m)$, 최솟값: $f(n)$

숫자 바꾼

4-1 주어진 범위에서 다음 함수의 최댓값과 최솟값을 각각 구하시오.

(1) $y=\log_3(x-2)+4\,(3\le x\le11)$　　(2) $y=-\log_3(x+15)\,(-6\le x\le12)$

4-2 정의역이 $\{x\,|\,2\le x\le5\}$일 때, 함수 $y=\log_2(x^2-6x+13)$의 최댓값과 최솟값을 각각 구하시오.

$\log_5 x=t$로 치환하여 t에 대한 이차함수의 최댓값과 최솟값을 각각 구해 보자.

4-3 정의역이 $\left\{x\,\middle|\,\dfrac{1}{5}\le x\le25\right\}$인 함수 $y=(\log_5 x)^2-2\log_5 x+4$의 최댓값을 M, 최솟값을 m이라 할 때, Mm의 값을 구하시오.

필수 예제 5 로그방정식

다음 방정식을 푸시오.

(1) $2 \log_3 (x+1) = \log_3 (4x+9)$

(2) $\log_{\frac{1}{4}} (2x+3) = \log_{\frac{1}{2}} x$

(3) $(\log_2 x)^2 - 4 \log_2 x + 3 = 0$

(4) $\log_4 x - \log_x 4 = \frac{3}{2}$

> ● **문제 해결 tip**
>
> ① 밑을 같게 할 수 있는 로그방정식
> ➡ 밑을 같게 한 후 진수에 대한 방정식을 세운다. 이때 (진수)>0임에 주의한다.
> ② $\log_a x$ 꼴이 반복되는 로그방정식
> ➡ $\log_a x = t$로 치환한다.

숫자 바꿈

5-1 다음 방정식을 푸시오.

(1) $\log_{\frac{1}{2}} (2x+1) = \log_2 (2x-1)$

(2) $\log_{\sqrt{5}} (x+4) = \log_5 (3x+10)$

(3) $(\log_3 x - 1)(\log_3 x + 2) = 4$

(4) $\log_5 x - \log_x 25 = 1$

5-2 다음 방정식을 푸시오.

(1) $x^{\log_2 x} = 8x^2$

(2) $x^{\log x} - \frac{100}{x} = 0$

> 먼저 주어진 관계식을 이용하여 상수 k의 값을 구해 보자.

5-3 화재가 발생한 화재실의 온도는 시간에 따라 변한다. 어떤 화재실의 초기 온도를 T_0(℃), 화재가 발생한 지 t분 후의 온도를 T(℃)라 하면 다음과 같은 관계식이 성립한다고 한다.

$$T = T_0 + k \log (8t+1) \ (단, k는 상수)$$

초기 온도가 30℃인 이 화재실에서 화재가 발생한 지 $\frac{9}{8}$분 후의 온도는 390℃이었고 화재가 발생한 지 a분 후의 온도는 750℃이었을 때, a의 값을 구하시오.

필수 예제 **6** 로그부등식

다음 부등식을 푸시오.

(1) $\log_2 (x+5) \leq 2\log_2 (x+3)$

(2) $\log_{\frac{1}{3}} (x-2) + \log_{\frac{1}{3}} (x+6) > -2$

(3) $(\log_5 x)^2 - \log_5 x^2 < 3$

(4) $(\log_{\frac{1}{2}} x)^2 + 9\log_{\frac{1}{2}} x + 18 \leq 0$

> **◯ 문제 해결 tip**
>
> ① 밑을 같게 할 수 있는 로그부등식
> ➡ 밑을 같게 한 후 진수에 대한 부등식을 세운다. 이때 (진수)>0임에 주의한다.
> ② $\log_a x$ 꼴이 반복되는 로그부등식
> ➡ $\log_a x = t$로 치환한다.

숫자 바꾼

6-1 다음 부등식을 푸시오.

(1) $\log_9 (x+6) > \log_3 (x-6)$

(2) $\log (x-1) + \log (x+5) \leq \log (x+13)$

(3) $(\log_2 x)^2 - \log_2 32x^4 \geq 0$

(4) $\log_{\frac{1}{3}} 9x \times \log_{\frac{1}{3}} 27x < 2$

6-2 다음 부등식을 푸시오.

(1) $x^{\log_2 x} < 16$

(2) $x^{\log_3 x} \geq 81x^3$

> 현재의 미세 먼지 농도를 a라 하고 n년 후의 미세 먼지 농도에 대한 부등식을 세워 보자.

6-3 어느 도시의 미세 먼지 농도는 매년 5 %씩 증가한다고 한다. 이와 같은 비율로 미세 먼지 농도가 계속 증가한다고 할 때, 미세 먼지 농도가 현재의 2배 이상이 되는 것은 최소 몇 년 후인지 구하시오. (단, $\log 1.05 = 0.02$, $\log 2 = 0.3$으로 계산한다.)

실전 문제로 **단원 마무리**

| 필수 예제 01 |

01 다음 중 함수 $y=\log_3(x-1)-2$에 대한 설명으로 옳지 <u>않은</u> 것을 모두 고르면?

(정답 2개)

① x의 값이 증가하면 y의 값도 증가한다.

② 함수 $y=\log_3 x$의 그래프를 x축의 방향으로 1만큼, y축의 방향으로 -2만큼 평행이동한 것이다.

③ 정의역은 $\{x|x>1\}$, 치역은 $\{y|y>-2\}$이다.

④ $f(x)=\log_3(x-1)-2$라 할 때, $f(x_1)=f(x_2)$이면 $x_1=x_2$이다.

⑤ 함수 $y=\log_{\frac{1}{3}}(-x+1)+2$의 그래프와 원점에 대하여 대칭이다.

| 필수 예제 02 |

02 함수 $y=\log_2(x+a)+b$의 그래프가 오른쪽 그림과 같을 때, 두 상수 a, b에 대하여 $a-b$의 값을 구하시오.

(단, 직선 $x=-1$은 그래프의 점근선이다.)

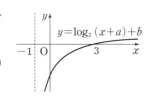

NOTE 먼저 그래프의 점근선의 방정식을 이용하여 a의 값을 구한다.

| 필수 예제 03 |

03 다음 세 수 A, B, C의 대소 관계를 바르게 나타낸 것은?

$$A=3\log_{\frac{1}{3}}2, \quad B=-1, \quad C=\log_{\frac{1}{3}}5$$

① $A<B<C$ ② $A<C<B$ ③ $B<A<C$

④ $B<C<A$ ⑤ $C<A<B$

주어진 수를 밑이 $\frac{1}{3}$인 로그로 나타낸 후 대소를 비교한다.

| 필수 예제 04 |

04 정의역이 $\{x|-1\le x\le 2\}$일 때, 함수 $y=\log_{\frac{1}{2}}(x^2-2x+3)$의 최댓값은?

① $-\log_2 6$ ② -2 ③ $-\log_2 3$ ④ -1 ⑤ 0

| 필수 예제 04 |

05 정의역이 $\left\{x\left|\dfrac{1}{3}\le x\le 27\right.\right\}$인 함수 $y=\log_3\dfrac{x}{9}\times\log_3 3x$의 최댓값과 최솟값의 곱을 구하시오.

로그의 성질을 이용하여 주어진 식을 변형한 후 $\log_3 x=t$라 하고 주어진 함수를 t에 대한 식으로 나타낸다.

| 필수 예제 05 |

06 방정식 $\log_{\sqrt{10}}\sqrt{x}+\log_{10}(x-3)=1$의 해를 α라 할 때, 2^{α}의 값을 구하시오.

📖 **NOTE**

| 필수 예제 05 |

07 방정식 $(\log_5 x)^2-3\log_5 x-6=0$의 두 근을 α, β라 할 때, $\alpha\beta$의 값을 구하시오.

$\log_5 x=t$로 치환하여 t에 대한 이 차방정식의 근과 계수의 관계를 이 용한다.

| 필수 예제 06 |

08 부등식 $\left(\log_2\dfrac{8}{x}\right)\left(\log_2\dfrac{32}{x}\right)<3$을 만족시키는 자연수 x의 최댓값을 구하시오.

| 필수 예제 01, 02 |

09 평가원 기출 함수 $y=\log_3 x$의 그래프를 x축의 방향으로 a만큼, y축의 방향으로 2만큼 평행이동 한 그래프를 나타내는 함수를 $y=f(x)$라 하자. 함수 $f(x)$의 역함수가 $f^{-1}(x)=3^{x-2}+4$일 때, 상수 a의 값은?

① 1   ② 2   ③ 3   ④ 4   ⑤ 5

함수 $y=f(x)$의 역함수는 $y=f(x)$에서 x를 y로 나타낸 후 x와 y를 서로 바꾸어 구한다.

| 필수 예제 06 |

10 수능 기출 x에 대한 부등식

$$\log_5(x-1)\leq\log_5\left(\dfrac{1}{2}x+k\right)$$

를 만족시키는 모든 정수 x의 개수가 3일 때, 자연수 k의 값은?

① 1   ② 2   ③ 3   ④ 4   ⑤ 5

• 정답 및 해설 33쪽

1 다음 ☐ 안에 알맞은 것을 쓰시오.

(1) 로그함수 $y=\log_a x\,(a>0,\ a\neq1)$의 성질은 다음과 같다.

① 정의역은 ☐☐☐☐ 전체의 집합이고, 치역은 실수 전체의 집합이다.

② $a>1$일 때, x의 값이 증가하면 y의 값도 증가한다.

  $0<a<1$일 때, x의 값이 증가하면 y의 값은 ☐☐☐한다.

③ 그래프는 점 $(1,\ 0)$을 지나고, 점근선은 ☐축이다.

(2) 로그함수 $y=\log_a x\,(a>0,\ a\neq1)$의 그래프를

① x축의 방향으로 m만큼, y축의 방향으로 n만큼 평행이동한 그래프의 식 ➡ ☐☐☐☐☐☐☐☐

② x축에 대하여 대칭이동한 그래프의 식 ➡ $y=-\log_a x$

③ y축에 대하여 대칭이동한 그래프의 식 ➡ ☐☐☐☐☐☐

④ 원점에 대하여 대칭이동한 그래프의 식 ➡ $y=-\log_a(-x)$

⑤ 직선 $y=x$에 대하여 대칭이동한 그래프의 식 ➡ ☐☐☐☐

(3) 정의역이 $\{x\,|\,m\leq x\leq n\}$일 때, 로그함수 $f(x)=\log_a x\,(a>0,\ a\neq1)$는

① $a>1$이면 최댓값 ☐☐☐☐, 최솟값 ☐☐☐☐을 갖는다.

② $0<a<1$이면 최댓값 $f(m)$, 최솟값 $f(n)$을 갖는다.

(4) 밑을 같게 할 수 있는 로그방정식은 각 항의 밑을 같게 한 후 다음을 이용하여 푼다.

  $a>0,\ a\neq1$일 때, $\log_a f(x)=\log_a g(x) \Longleftrightarrow$ ☐☐☐☐☐☐☐☐ (단, $f(x)>0,\ g(x)>0$)

(5) 밑을 같게 할 수 있는 로그부등식은 각 항의 밑을 같게 한 후 다음을 이용하여 푼다.

① $a>1$일 때, $\log_a f(x)<\log_a g(x) \Longleftrightarrow$ ☐☐☐☐☐☐☐☐

② $0<a<1$일 때, $\log_a f(x)<\log_a g(x) \Longleftrightarrow f(x)>g(x)>0$

2 다음 문장이 옳으면 ○표, 옳지 않으면 ×표를 ( ) 안에 쓰시오.

(1) $a>0,\ a\neq1$일 때, 두 함수 $y=\log_a x$와 $y=\log_{\frac{1}{a}} x$의 그래프는 y축에 대하여 대칭이다. ( )

(2) 함수 $y=\log_3(x-2)+4$의 그래프는 함수 $y=\log_3 x$의 그래프를 x축의 방향으로 2만큼,

 y축의 방향으로 4만큼 평행이동한 것이다. ( )

(3) 함수 $y=\log_{\frac{1}{2}}(x+1)-3$의 정의역은 $\{x\,|\,x<-1\}$이다. ( )

(4) 함수 $y=\log_a f(x)\,(a>1)$는 $f(x)$가 최대일 때 최댓값을 갖는다. ( )

(5) 부등식 $\log_{\frac{3}{4}} f(x)>\log_{\frac{3}{4}} g(x)$의 해는 부등식 $0<f(x)<g(x)$의 해와 같다. ( )

05

삼각함수

05 삼각함수

1 일반각

(1) 시초선과 동경

오른쪽 그림과 같이 평면 위의 두 반직선 OX와 OP가 ∠XOP를 결정할 때, ∠XOP의 크기는 반직선 OP가 고정된 반직선 OX의 위치에서 점 O를 중심으로 반직선 OP의 위치까지 회전한 양으로 정한다. 이때 반직선 OX를 **시초선**, 반직선 OP를 **동경**이라 한다.

> 참고 동경 OP가 점 O를 중심으로 회전할 때 시곗바늘이 도는 방향과 반대인 방향을 양의 방향, 시곗바늘이 도는 방향을 음의 방향으로 정한다.❶ 이때 양의 방향으로 회전하여 생기는 각의 크기는 양의 부호(＋)를, 음의 방향으로 회전하여 생기는 각의 크기는 음의 부호(－)를 붙여서 나타낸다.❷

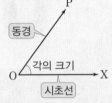

(2) 일반각

일반적으로 시초선 OX와 동경 OP가 나타내는 한 각의 크기를 $a°$라 하면 ∠XOP의 크기는

$$360°×n+a°❸ \ (n은 \ 정수)$$

꼴로 나타낼 수 있고, 이것을 동경 OP가 나타내는 **일반각**이라 한다.

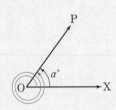

(3) 사분면의 각

좌표평면의 원점 O에서 x축의 양의 부분을 시초선으로 잡을 때❹, 제1사분면, 제2사분면, 제3사분면, 제4사분면에 있는 동경 OP가 나타내는 각을 각각 제1사분면의 각, 제2사분면의 각, 제3사분면의 각, 제4사분면의 각이라 한다.

> 예 $400°=360°×1+40°$이므로 $400°$는 제1사분면의 각이다.

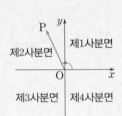

2 호도법

(1) 호도법

반지름의 길이가 r인 원에서 길이가 r인 호에 대한 중심각의 크기는 원의 반지름의 길이와 관계없이 항상 $\dfrac{180°}{\pi}$로 일정하다. 이 일정한 각의 크기를 **1라디안**(radian)❺이라 하고, 이것을 단위로 각의 크기를 나타내는 방법을 **호도법**이라 한다.

(2) 호도법과 육십분법의 관계

$$1라디안=\dfrac{180°}{\pi}, \ 1°=\dfrac{\pi}{180}라디안$$

(3) 부채꼴의 호의 길이와 넓이

반지름의 길이가 r, 중심각의 크기가 θ(라디안)인 부채꼴의 호의 길이를 l, 넓이를 S라 하면

$$l=r\theta, \ S=\dfrac{1}{2}r^2\theta=\dfrac{1}{2}rl$$

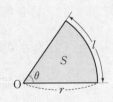

개념 플러스⁺

❶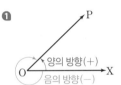

❷ 양의 부호(＋)는 보통 생략한다.

❸ 일반적으로 $a°$는 $0°≤a°<360°$인 것을 택한다.

❹ 좌표평면에서 시초선은 보통 원점에서 x축의 양의 방향으로 정한다.

▣ 동경 OP가 좌표축 위에 있을 때에는 어느 사분면에도 속하지 않는다.

▣ 원의 둘레를 360등분하여 각 호에 대한 중심각의 크기를 1도(°), 1도의 $\dfrac{1}{60}$을 1분(′), 1분의 $\dfrac{1}{60}$을 1초(″)로 정의하여 각의 크기를 나타내는 방법을 육십분법이라 한다.

❺ 1라디안을 육십분법으로 나타내면 약 $57°17′45″$이다.

❸ 삼각함수

(1) 삼각함수

좌표평면에서 각 θ를 나타내는 동경 OP와 중심이 원점이고 반지름의 길이가 r인 원의 교점을 $\mathrm{P}(x,\ y)$라 할 때, θ에 대한 **사인함수, 코사인함수, 탄젠트함수**를 다음과 같이 정의한다.

$$\sin\theta=\frac{y}{r},\ \cos\theta=\frac{x}{r},\ \tan\theta=\frac{y}{x}\ (x\neq0)$$ ❻

이와 같은 함수들을 통틀어 θ에 대한 **삼각함수**라 한다.

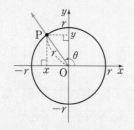

(2) 삼각함수의 값의 부호

삼각함수의 값의 부호는 각 θ가 나타내는 동경이 위치한 사분면에 따라 다음과 같이 결정된다.

[$\sin\theta$의 값의 부호]　　　[$\cos\theta$의 값의 부호]　　　[$\tan\theta$의 값의 부호]

(3) 삼각함수의 사이의 관계

① $\tan\theta=\dfrac{\sin\theta}{\cos\theta}$　　　　　② $\sin^2\theta+\cos^2\theta=1$

참고　$(\sin\theta)^2$, $(\cos\theta)^2$, $(\tan\theta)^2$은 각각 $\sin^2\theta$, $\cos^2\theta$, $\tan^2\theta$로 나타낸다.

개념 플러스⁺

❻ sin, cos, tan는 각각 sine, cosine, tangent의 약자이다.

■ 각 사분면에서 삼각함수의 값의 부호가 ＋인 것을 나타내면 다음 그림과 같다.

이것을 제1사분면부터 차례로 읽어서 얼(all) 싸(sin) 안(tan) 코(cos)로 기억한다.

교과서 개념 확인하기

정답 및 해설 34쪽

1 크기가 다음과 같은 각의 동경이 나타내는 일반각을 $360°\times n+\alpha°$ 꼴로 나타내고 제몇 사분면의 각인지 말하시오.

(단, n은 정수이고, $0°\leq\alpha°<360°$)

(1) $390°$　　　　　(2) $940°$　　　　　(3) $-250°$　　　　　(4) $-420°$

2 다음 각의 크기를 육십분법은 호도법으로, 호도법은 육십분법으로 나타내시오.

(1) $135°$　　　　　(2) $-210°$　　　　　(3) $\dfrac{4}{3}\pi$　　　　　(4) $-\dfrac{13}{6}\pi$

3 반지름의 길이가 6이고 중심각의 크기가 $\dfrac{\pi}{3}$인 부채꼴의 호의 길이 l과 넓이 S를 각각 구하시오.

4 원점 O와 점 $\mathrm{P}(-3,\ 4)$를 지나는 동경 OP가 나타내는 각의 크기 중 하나를 θ라 할 때, $\sin\theta$, $\cos\theta$, $\tan\theta$의 값을 각각 구하시오.

5 다음 각 θ에 대하여 $\sin\theta$, $\cos\theta$, $\tan\theta$의 값의 부호를 각각 구하시오.

(1) $200°$　　　　　(2) $-570°$　　　　　(3) $\dfrac{9}{4}\pi$　　　　　(4) $-\dfrac{7}{3}\pi$

6 θ가 제4사분면의 각이고 $\cos\theta=\dfrac{1}{3}$일 때, $\sin\theta$, $\tan\theta$의 값을 각각 구하시오.

교고서 예제로 **개념 익히기**

다음 중 각을 나타내는 동경이 70°를 나타내는 동경과 일치하는 것을 모두 고르면? (정답 2개)

① −650°   ② −240°   ③ 530°

④ 770°   ⑤ 1150°

> **▶ 문제 해결 tip**
>
> $\theta° = 360° \times n + \alpha°$
> (n은 정수, $0° \le \alpha° < 360°$)
> 이면 두 각 $\theta°$, $\alpha°$가 나타내는 동경은 일치한다.

숫자 바꿘

1-1 다음 중 각을 나타내는 동경이 240°를 나타내는 동경과 일치하는 것을 모두 고르면?

(정답 2개)

① −1300°   ② −600°   ③ −120°

④ 600°   ⑤ 980°

1-2 다음 각의 크기를 $360° \times n + \alpha°$ (n은 정수, $0° \le \alpha° < 360°$) 꼴로 나타낼 때, α의 값이 가장 작은 것은?

① −910°   ② −220°   ③ 450°

④ 630°   ⑤ 1140°

> 두 각 α, β를 나타내는 두 동경이 일치하면
> $\alpha - \beta = 360° \times n$ (n은 정수)임을 이용하여 식을 세워 보자.

1-3 각 θ를 나타내는 동경과 각 4θ를 나타내는 동경이 일치할 때, 각 θ의 크기를 구하시오.

(단, $0° < \theta < 180°$)

• 정답 및 해설 34쪽

필수 예제 **2** 호도법

다음 중 옳은 것을 모두 고르면? (정답 2개)

① $30° = \dfrac{\pi}{6}$

② $140° = \dfrac{2}{3}\pi$

③ $\dfrac{5}{2}\pi = 400°$

④ $\dfrac{11}{9}\pi = 240°$

⑤ $-\dfrac{5}{6}\pi = -150°$

▶ 다시 정리하는 개념

1라디안 $= \dfrac{180°}{\pi}$

$1° = \dfrac{\pi}{180}$ 라디안

숫자 바꾼

2-1 다음 | 보기 | 중 옳은 것을 모두 고르시오.

┤ 보기 ├

ㄱ. $100° = \dfrac{4}{9}\pi$ ㄴ. $330° = \dfrac{11}{6}\pi$ ㄷ. $\dfrac{7}{3}\pi = 350°$ ㄹ. $-\dfrac{3}{10}\pi = -54°$

2-2 다음 중 각을 나타내는 동경이 존재하는 사분면이 나머지 넷과 <u>다른</u> 하나는?

① $-930°$

② $1180°$

③ $-\dfrac{13}{9}\pi$

④ $\dfrac{17}{6}\pi$

⑤ $\dfrac{16}{3}\pi$

필수 예제 **3** 부채꼴의 호의 길이와 넓이

중심각의 크기가 $\dfrac{\pi}{4}$ 이고 호의 길이가 π 인 부채꼴의 넓이를 구하시오.

▶ 다시 정리하는 개념

반지름의 길이가 r, 중심각의 크기가 θ 인 부채꼴에 대하여
① (호의 길이 l) $= r\theta$
② (넓이 S) $= \dfrac{1}{2}r^2\theta = \dfrac{1}{2}rl$

숫자 바꾼

3-1 중심각의 크기가 $\dfrac{5}{6}\pi$ 이고 넓이가 60π 인 부채꼴의 호의 길이를 구하시오.

원뿔의 전개도에서 옆면인 부채꼴의 호의 길이는 밑면인 원의 둘레의 길이와 같음을 이용해 보자.

3-2 밑면인 원의 반지름의 길이가 2이고 모선의 길이가 6인 원뿔의 겉넓이를 구하시오.

필수 예제 4 삼각함수의 값

$\theta = \dfrac{2}{3}\pi$일 때, $\sin\theta$, $\cos\theta$, $\tan\theta$의 값을 각각 구하시오.

◉ 단원 밖의 개념

삼각형 ABC에 대하여 다음이 성립한다.

$a = b\sin A, c = b\cos A$

숫자 바꾼

4-1 $\theta = \dfrac{5}{4}\pi$일 때, $\sin\theta$, $\cos\theta$, $\tan\theta$의 값을 각각 구하시오.

4-2 원점 O와 점 P$(8, -6)$을 지나는 동경 OP가 나타내는 각의 크기를 θ라 할 때, $\sin\theta + \cos\theta$의 값을 구하시오.

필수 예제 5 삼각함수의 값의 부호

$\sin\theta < 0$, $\cos\theta > 0$일 때, 각 θ는 제몇 사분면의 각인지 구하시오.

◉ 다시 정리하는 개념

각 사분면에서 삼각함수의 값의 부호가 +인 것은 다음과 같다.

숫자 바꾼

5-1 $\sin\theta > 0$, $\tan\theta < 0$일 때, 각 θ는 제몇 사분면의 각인지 구하시오.

5-2 $\pi < \theta < \dfrac{3}{2}\pi$일 때, $\sqrt{(\sin\theta + \cos\theta)^2} - |\cos\theta|$를 간단히 하시오.

• 정답 및 해설 35쪽

필수 예제 **6** 삼각함수 사이의 관계

각 θ가 제2사분면의 각이고 $\sin\theta = \dfrac{4}{5}$일 때, $5\cos\theta - 6\tan\theta$의 값을 구하시오.

▶ 다시 정리하는 개념

① $\tan\theta = \dfrac{\sin\theta}{\cos\theta}$

② $\sin^2\theta + \cos^2\theta = 1$

숫자 바꾼

6-1 $\dfrac{3}{2}\pi < \theta < 2\pi$이고 $\cos\theta = \dfrac{1}{2}$일 때, $4\sin\theta + \tan\theta$의 값을 구하시오.

6-2 다음 식을 간단히 하시오.

(1) $(\sin\theta + \cos\theta)^2 + (\sin\theta - \cos\theta)^2$

(2) $\dfrac{\cos\theta}{1+\sin\theta} - \dfrac{\cos\theta}{1-\sin\theta}$

(3) $\cos\theta \tan\theta - \dfrac{\cos^2\theta}{1-\sin\theta}$

주어진 등식의 양변을 제곱하고, $\sin^2\theta + \cos^2\theta = 1$임을 이용하여 식을 변형해 보자.

6-3 $\sin\theta + \cos\theta = \dfrac{1}{3}$일 때, 다음 식의 값을 구하시오.

(1) $\sin\theta\cos\theta$

(2) $\dfrac{\cos\theta}{\sin\theta} + \dfrac{\sin\theta}{\cos\theta}$

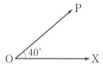

| 필수 예제 01 |

01 시초선 OX와 동경 OP의 위치가 오른쪽 그림과 같을 때, 다음 중 동경 OP가 나타내는 각이 될 수 <u>없는</u> 것은?

① $-680°$　　　② $-400°$　　　③ $-320°$

④ $400°$　　　⑤ $760°$

| 필수 예제 01 |

02 각 θ가 제4사분면의 각일 때, 각 $\dfrac{\theta}{2}$를 나타내는 동경이 존재할 수 있는 사분면을 모두 구하시오.

각 θ의 크기의 범위를 일반각으로 나타낸 후 각 $\dfrac{\theta}{2}$의 크기의 범위를 구한다.

| 필수 예제 02 |

03 다음 중 제2사분면의 각을 모두 고르면? (정답 2개)

① $-550°$　　　　② $200°$　　　　③ $-\dfrac{5}{8}\pi$

④ $\dfrac{13}{5}\pi$　　　　⑤ $\dfrac{31}{6}\pi$

| 필수 예제 03 |

04 호의 길이가 2π이고 넓이가 8π인 부채꼴의 중심각의 크기는?

① $\dfrac{\pi}{5}$　　② $\dfrac{\pi}{4}$　　③ $\dfrac{\pi}{3}$　　④ $\dfrac{2}{3}\pi$　　⑤ $\dfrac{3}{4}\pi$

| 필수 예제 04 |

05 원점 O와 점 $P(-5, -12)$를 지나는 동경 OP가 나타내는 각의 크기를 θ라 할 때, $13(\sin\theta-\cos\theta)-5\tan\theta$의 값을 구하시오.

| 필수 예제 05 |

06 다음 중 $\sin\theta\cos\theta<0$, $\cos\theta\tan\theta<0$을 동시에 만족시키는 θ의 값이 될 수 있는 것은?

① $\dfrac{\pi}{4}$　　　② $\dfrac{2}{3}\pi$　　　③ $\dfrac{3}{4}\pi$　　　④ $\dfrac{5}{4}\pi$　　　⑤ $\dfrac{5}{3}\pi$

| 필수 예제 06 |

07 $\dfrac{\pi}{2}<\theta<\pi$이고 $\dfrac{\sin\theta}{1-\cos\theta}+\dfrac{1-\cos\theta}{\sin\theta}=3$일 때, $\cos\theta$의 값을 구하시오.

$1-\cos^2\theta=\sin^2\theta$임을 이용하여 분모를 통분한다.

| 필수 예제 06 |

08 이차방정식 $2x^2-\sqrt{2}x+k=0$의 두 근이 $\sin\theta$, $\cos\theta$일 때, 상수 k의 값을 구하시오.

이차방정식의 근과 계수의 관계를 이용한다.

| 필수 예제 03 |

09 그림과 같이 길이가 12인 선분 AB를 지름으로 하는 반원 이 있다. 반원 위에서 호 BC의 길이가 4π인 점 C를 잡고 점 C에서 선분 AB에 내린 수선의 발을 H라 하자. $\overline{\mathrm{CH}}^2$ 의 값을 구하시오.

[교육청 기출]

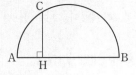

$\overarc{\mathrm{BC}}$를 포함하는 부채꼴을 만들어 $\overarc{\mathrm{BC}}$에 대한 중심각의 크기를 구한 다.

| 필수 예제 06 |

10 $\sin\theta+\cos\theta=\dfrac{1}{2}$일 때, $\dfrac{1+\tan\theta}{\sin\theta}$의 값은?

[교육청 기출]

① $-\dfrac{7}{3}$　　　② $-\dfrac{4}{3}$　　　③ $-\dfrac{1}{3}$　　　④ $\dfrac{2}{3}$　　　⑤ $\dfrac{5}{3}$

• 정답 및 해설 38쪽

1 다음 ☐ 안에 알맞은 것을 쓰시오.

(1) 시초선 OX와 동경 OP가 나타내는 한 각의 크기를 $a°$라 하면

$$\angle XOP = 360° \times n + a° \,(n은\ 정수)$$

꼴로 나타낼 수 있고, 이것을 동경 OP가 나타내는 ☐이라 한다.

(2) 반지름의 길이가 r인 원에서 길이가 r인 호에 대한 중심각의 크기를 1☐이라 하고,

이것을 단위로 각의 크기를 나타내는 방법을 ☐이라 한다.

➡ 1 라디안 $= \dfrac{180°}{\pi}$, $1° = $ ☐ 라디안

(3) 반지름의 길이가 r, 중심각의 크기가 θ인 부채꼴의 호의 길이를 l, 넓이를 S라 하면

① $l = $ ☐   ② $S = \dfrac{1}{2} r^2 \theta = $ ☐

(4) 좌표평면에서 각 θ를 나타내는 동경과 원점 O를 중심으로 하고 반지름의 길이가 r인 원의 교

점을 $P(x, y)$라 하면

$$\sin\theta = \boxed{},\ \cos\theta = \boxed{},\ \tan\theta = \dfrac{y}{x}\,(x \neq 0)$$

이들 함수를 차례로 θ에 대한 사인함수, 코사인함수, ☐라 한다.

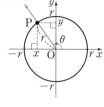

(5) 삼각함수 사이의 관계

① $\tan\theta = \dfrac{\boxed{}}{\cos\theta}$ ② $\sin^2\theta + \cos^2\theta = $ ☐

2 다음 문장이 옳으면 ○표, 옳지 않으면 ×표를 ( ) 안에 쓰시오.

(1) 각 θ를 나타내는 동경이 제2사분면에 있으면 $360° \times n + 180° < \theta < 360° \times n + 270°$이다.   (   )

(2) $315°$를 호도법으로 나타내면 $\dfrac{7}{4}\pi$이다.   (   )

(3) 반지름의 길이가 12, 중심각의 크기가 $\dfrac{\pi}{6}$인 부채꼴의 호의 길이는 2π, 넓이는 12π이다.   (   )

(4) 각 θ를 나타내는 동경과 원점 O를 중심으로 하는 원의 교점이 $P(1, -\sqrt{3})$이면

$\sin\theta = -\dfrac{1}{2}$, $\cos\theta = \dfrac{\sqrt{3}}{2}$이다.   (   )

(5) 각 θ를 나타내는 동경이 제4사분면에 있으면 $\sin\theta < 0$, $\cos\theta > 0$, $\tan\theta < 0$이다.   (   )

06

삼각함수의 그래프

06 삼각함수의 그래프

1 삼각함수의 그래프

(1) 함수 $y=\sin x$, $y=\cos x$의 그래프와 성질

① 정의역은 실수 전체의 집합이고, 치역은 $\{y\,|-1\leq y\leq1\}$ 이다.

② 함수 $y=\sin x$의 그래프는 원점에 대하여 대칭❶이고, 함수 $y=\cos x$의 그래프는 y축에 대하여 대칭❷이다.

③ **주기가 2π인 주기함수❸**이다.❹

> 참고 함수 $y=\cos x$의 그래프는 함수 $y=\sin x$의 그래프를 x축의 방향 으로 $-\dfrac{\pi}{2}$만큼 평행이동한 것과 같다.

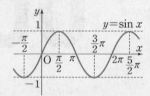

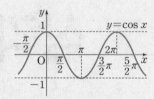

(2) 함수 $y=\tan x$의 그래프와 성질

① 정의역은 $n\pi+\dfrac{\pi}{2}$ (n은 정수)를 제외한 실수 전체의 집합 이고, 치역은 실수 전체의 집합이다.

② 그래프는 원점에 대하여 대칭이다.❺

③ 주기가 π인 주기함수이다.❻

④ 그래프의 점근선은 직선 $x=n\pi+\dfrac{\pi}{2}$ (n은 정수)이다.

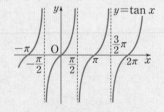

2 삼각함수의 치역, 최댓값, 최솟값, 주기

삼각함수	치역	최댓값	최솟값	주기
$y=a\sin(bx+c)+d$❼	$\{y\,|-|a|+d\leq y\leq|a|+d\}$	$|a|+d$	$-|a|+d$	$\dfrac{2\pi}{|b|}$
$y=a\cos(bx+c)+d$	$\{y\,|-|a|+d\leq y\leq|a|+d\}$	$|a|+d$	$-|a|+d$	$\dfrac{2\pi}{|b|}$
$y=a\tan(bx+c)+d$	실수 전체의 집합	없다.	없다.	$\dfrac{\pi}{|b|}$

3 삼각함수의 성질

(1) $2n\pi+x$ (n은 정수)의 삼각함수

$\sin(2n\pi+x)=\sin x$, $\cos(2n\pi+x)=\cos x$, $\tan(2n\pi+x)=\tan x$

(2) $-x$의 삼각함수

$\sin(-x)=-\sin x$, $\cos(-x)=\cos x$, $\tan(-x)=-\tan x$

(3) $\pi\pm x$의 삼각함수

$\sin(\pi+x)=-\sin x$, $\cos(\pi+x)=-\cos x$, $\tan(\pi+x)=\tan x$

$\sin(\pi-x)=\sin x$, $\cos(\pi-x)=-\cos x$, $\tan(\pi-x)=-\tan x$

(4) $\dfrac{\pi}{2}\pm x$의 삼각함수

$\sin\left(\dfrac{\pi}{2}+x\right)=\cos x$, $\cos\left(\dfrac{\pi}{2}+x\right)=-\sin x$, $\tan\left(\dfrac{\pi}{2}+x\right)=-\dfrac{1}{\tan x}$

$\sin\left(\dfrac{\pi}{2}-x\right)=\cos x$, $\cos\left(\dfrac{\pi}{2}-x\right)=\sin x$, $\tan\left(\dfrac{\pi}{2}-x\right)=\dfrac{1}{\tan x}$

개념 플러스⁺

❶ $\sin(-x)=-\sin x$

❷ $\cos(-x)=\cos x$

❸ 함수 $y=f(x)$의 정의역에 속하는 모 든 실수 x에 대하여
$$f(x+p)=f(x)$$
를 만족시키는 0이 아닌 상수 p가 존 재할 때, 함수 $y=f(x)$를 주기함수 라 하고, 상수 p 중에서 최소인 양수를 그 함수의 주기라 한다.

❹ $\sin(2n\pi+x)=\sin x$,
$\cos(2n\pi+x)=\cos x$
　　　　　　　(단, n은 정수)

❺ $\tan(-x)=-\tan x$

❻ $\tan(n\pi+x)=\tan x$ (단, n은 정수)

❼ $y=a\sin(bx+c)+d$
$=a\sin b\left(x+\dfrac{c}{b}\right)+d$
의 그래프는 $y=a\sin bx$의 그래프를 x축의 방향으로 $-\dfrac{c}{b}$만큼, y축의 방 향으로 d만큼 평행이동한 것이다.

◼ 삼각함수의 변형 방법

❶ 각을 $\dfrac{n}{2}\pi\pm x$ (n은 정수) 꼴로 나타 낸다.

❷ n이 짝수이면 그대로, n이 홀수이면 $\sin\Rightarrow\cos$, $\cos\Rightarrow\sin$, $\tan\Rightarrow\dfrac{1}{\tan}$ 로 고친다.

❸ x를 예각으로 생각하여 $\dfrac{n}{2}\pi\pm x$를 나타내는 동경이 존재하는 사분면 에서 처음 주어진 삼각함수의 부호 가 양이면 $+$, 음이면 $-$를 붙인다.

4 삼각방정식과 삼각부등식

(1) **삼각방정식⑧의 풀이**

삼각방정식은 다음과 같은 순서로 푼다.

❶ 주어진 방정식을 $\sin x = k$ (또는 $\cos x = k$ 또는 $\tan x = k$) 꼴로 나타낸다.

❷ 좌표평면 위에 함수 $y = \sin x$ (또는 $y = \cos x$ 또는 $y = \tan x$)의 그래프와 직선 $y = k$를 각각 그린다.

❸ 주어진 범위에서 삼각함수의 그래프와 직선의 교점의 x좌표를 찾아 방정식의 해를 구한다. ⑨

(2) **삼각부등식⑩의 풀이**

삼각부등식은 다음과 같이 푼다.

① $\sin x > k$ (또는 $\cos x > k$ 또는 $\tan x > k$) 꼴의 부등식의 해

함수 $y = \sin x$ (또는 $y = \cos x$ 또는 $y = \tan x$)의 그래프가 직선 $y = k$보다 위쪽에 있는 x의 값의 범위를 구한다.

② $\sin x < k$ (또는 $\cos x < k$ 또는 $\tan x < k$) 꼴의 부등식의 해

함수 $y = \sin x$ (또는 $y = \cos x$ 또는 $y = \tan x$)의 그래프가 직선 $y = k$보다 아래쪽에 있는 x의 값의 범위를 구한다.

개념 플러스⁺

⑧ 각의 크기가 미지수인 삼각함수를 포함하는 방정식을 삼각방정식이라 한다.

⑨ 방정식 $f(x) = g(x)$의 실근은 두 함수 $y = f(x)$, $y = g(x)$의 그래프의 교점의 x좌표와 같다.

⑩ 각의 크기가 미지수인 삼각함수를 포함하는 부등식을 삼각부등식이라 한다.

교과서 개념 확인하기 정답 및 해설 38쪽

1 다음 | 보기 | 중 함수 $y = \sin x$의 성질로 옳은 것을 모두 고르시오.

┤ 보기 ├

ㄱ. 정의역은 실수 전체의 집합이다.　　　　ㄴ. 치역은 양의 실수 전체의 집합이다.

ㄷ. 주기가 π인 주기함수이다.　　　　　　ㄹ. 그래프는 원점에 대하여 대칭이다.

2 다음 함수의 그래프를 그리고, 최댓값, 최솟값, 주기를 각각 구하시오.

(1) $y = 3\sin x$　　　　　　　(2) $y = \cos 2x$　　　　　　　(3) $y = \tan \dfrac{x}{3}$

3 다음 삼각함수의 값을 구하시오.

(1) $\sin \dfrac{7}{3}\pi$　　　　　　　(2) $\cos\left(-\dfrac{\pi}{4}\right)$　　　　　　　(3) $\tan \dfrac{5}{6}\pi$

4 $0 \le x < 2\pi$일 때, 다음 방정식을 푸시오.

(1) $\sin x = \dfrac{1}{2}$　　　　　　　(2) $\cos x = -\dfrac{\sqrt{2}}{2}$　　　　　　　(3) $\tan x = \sqrt{3}$

5 $0 \le x < 2\pi$일 때, 다음 부등식을 푸시오.

(1) $\sin x < -\dfrac{\sqrt{3}}{2}$　　　　　　　(2) $\cos x \ge \dfrac{1}{2}$　　　　　　　(3) $\tan x > 1$

필수 예제 **1** **삼각함수의 그래프**

다음 함수의 그래프를 그리고, 최댓값, 최솟값, 주기를 각각 구하시오.

(1) $y=2\sin 4x$ 　　　　(2) $y=-\cos\dfrac{x}{2}$ 　　　　(3) $y=3\tan 2x$

> ● **다시 정리하는 개념**
>
> 함수 $y=a\sin bx\,(a>0,\,b>0)$
> 의 그래프
> ➡ 함수 $y=\sin x$의 그래프를 x축
> 의 방향으로 $\dfrac{1}{b}$배, y축의 방향
> 으로 a배한 그래프이다.

숫자 바꾼

1-1 다음 함수의 그래프를 그리고, 최댓값, 최솟값, 주기를 각각 구하시오.

(1) $y=-\dfrac{1}{2}\sin 2x$ 　　　(2) $y=2\cos 4x$ 　　　(3) $y=-\tan\dfrac{3}{2}x$

1-2 함수 $y=\dfrac{1}{3}\cos\pi x$의 최댓값을 M, 최솟값을 m, 주기를 p라 할 때, $Mm+p$의 값을 구하시오.

1-3 다음 | 보기 | 중 함수 $y=2\tan\dfrac{x}{4}$의 성질로 옳은 것을 모두 고르시오.

> ┤ 보기 ├
>
> ㄱ. 주기는 4π이다.
> ㄴ. 최댓값은 2이다.
> ㄷ. 그래프는 원점을 지난다.
> ㄹ. 그래프의 점근선의 방정식은 $x=4n\pi+\pi\,(n$은 정수)이다.

필수 예제 **2** 삼각함수의 평행이동

다음 함수의 그래프를 그리고, 최댓값, 최솟값, 주기를 각각 구하시오.

(1) $y=\sin\left(x+\dfrac{\pi}{2}\right)$ (2) $y=3\cos x-1$ (3) $y=\tan(2x-\pi)$

◐ 다시 정리하는 개념

함수 $y=a\sin(bx+c)+d$의 그래프
➡ 함수 $y=a\sin bx$의 그래프를 x축의 방향으로 $-\dfrac{c}{b}$만큼, y축의 방향으로 d만큼 평행이동한 그래프이다.

숫자 바꾼

2-1 다음 함수의 그래프를 그리고, 최댓값, 최솟값, 주기를 각각 구하시오.

(1) $y=2\sin(x-\pi)$ (2) $y=\cos\left(\dfrac{x}{2}-\dfrac{\pi}{4}\right)$ (3) $y=\tan\left(x+\dfrac{\pi}{4}\right)+1$

2-2 함수 $y=3\sin\left(2\pi x+\dfrac{\pi}{2}\right)+2$의 최댓값을 M, 최솟값을 m, 주기를 p라 할 때, $M+m+p$의 값을 구하시오.

2-3 다음 | 보기 | 중 함수 $y=\dfrac{1}{2}\cos\left(4x-\dfrac{\pi}{2}\right)$와 주기가 같은 함수인 것을 모두 고르시오.

| 보기 |

ㄱ. $y=\sin(4x+\pi)$ ㄴ. $y=2\cos\left(2x-\dfrac{\pi}{4}\right)$

ㄷ. $y=\tan\left(4x+\dfrac{\pi}{2}\right)-1$ ㄹ. $y=\dfrac{1}{4}\tan(2x-\pi)+3$

필수 예제 **3** 삼각함수의 미정계수의 결정

필수 예제 **3** 삼각함수의 미정계수의 결정

● **문제 해결 tip**

함수 $f(x)=a\sin bx+c$의 최댓값이 4, 주기가 π이고 $f\left(\dfrac{\pi}{12}\right)=1$일 때, 세 상수 a, b, c에 대하여 $a-b-c$의 값을 구하시오. (단, $a>0$, $b>0$)

함수 $y=a\sin bx+c$에서
① a, c: 최댓값, 최솟값, 함숫값을 이용하여 결정
② b: 주기를 이용하여 결정

숫자 바꾼

3-1 함수 $f(x)=a\cos bx+c$의 최솟값이 -3, 주기가 $\dfrac{\pi}{3}$이고 $f\left(\dfrac{\pi}{3}\right)=5$일 때, 세 상수 a, b, c에 대하여 $a+b+c$의 값을 구하시오. (단, $a>0$, $b>0$)

3-2 함수 $y=\tan(ax+b)+3$의 주기는 2π이고 그래프의 점근선의 방정식이 $x=2n\pi$ (n은 정수)일 때, 두 상수 a, b에 대하여 $\dfrac{b}{a}$의 값을 구하시오.

(단, $a>0$, $0<b<\pi$)

주어진 그래프로부터 최댓값, 최솟값, 주기를 구하고 이를 이용하여 미정계수를 구해 보자.

3-3 함수 $y=a\cos bx$의 그래프가 오른쪽 그림과 같을 때, 두 양수 a, b에 대하여 $a+b$의 값을 구하시오.

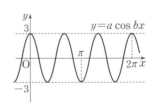

필수 예제 **4** 삼각함수의 성질

다음 식의 값을 구하시오.

(1) $\sin \dfrac{4}{3}\pi - \cos \dfrac{13}{6}\pi$

(2) $\sin(-60°) \times \tan 750°$

◐ 문제 해결 tip

주어진 각의 크기를

$90° \times n \pm x$ 또는 $\dfrac{\pi}{2} \times n \pm x$

(n은 정수)

꼴로 변형한다.

숫자 바꾼

4-1 다음 식의 값을 구하시오.

(1) $\cos\left(-\dfrac{13}{3}\pi\right) + \tan\dfrac{3}{4}\pi$

(2) $\sin 135° \times \cos(-1125°)$

4-2 다음 식을 간단히 하시오.

(1) $\sin^2(\pi - \theta) + \sin^2\left(\dfrac{3}{2}\pi + \theta\right)$

(2) $\sin^2(2\pi - \theta) - \cos^2\left(\dfrac{\pi}{2} - \theta\right)$

$\tan(90° - a°) = \dfrac{1}{\tan a°}$ 임을 이용하여 식을 변형해 보자.

4-3 $\tan 1° \times \tan 2° \times \cdots \times \tan 88° \times \tan 89°$ 의 값을 구하시오.

필수 예제 **5** 삼각방정식

$0 \leq x < 2\pi$일 때, 다음 방정식을 푸시오.

(1) $2 \sin x = -\sqrt{2}$

(2) $2 \cos x - 1 = 0$

> ◑ **다시 정리하는 개념**
>
> 방정식 $\sin x = k$의 해
> ➡ 함수 $y = \sin x$의 그래프와
>   직선 $y = k$의 교점의 x좌표

숫자 바꾼

5-1 $0 \leq x < 2\pi$일 때, 다음 방정식을 푸시오.

(1) $2 \cos x = -\sqrt{3}$

(2) $3 \tan x - \sqrt{3} = 0$

5-2 $0 \leq x < 2\pi$일 때, 다음 방정식을 푸시오.

(1) $2 \sin\left(x + \dfrac{\pi}{6}\right) = -1$

(2) $\tan \dfrac{x}{2} + \sqrt{3} = 0$

> 삼각함수 사이의 관계를 이용하여 주어진 삼각함수를 한 종류로 통일한 후 인수분해하여 방정식을 풀어 보자.

5-3 $0 \leq x < 2\pi$일 때, 다음 방정식을 푸시오.

(1) $2 \sin^2 x + 3 \cos x = 0$

(2) $2 \cos^2 x - \sin x - 1 = 0$

• 정답 및 해설 42쪽

필수 예제 **6** 삼각부등식

● **다시 정리하는 개념**

부등식 $\sin x > k$의 해
➡ 함수 $y = \sin x$의 그래프가
직선 $y = k$보다 위쪽에 있는
x의 값의 범위

$0 \leq x < 2\pi$일 때, 다음 부등식을 푸시오.

(1) $2\sin x \geq 1$

(2) $2\cos x + \sqrt{2} < 0$

숫자 바꿘

6-1 $0 \leq x < 2\pi$일 때, 다음 부등식을 푸시오.

(1) $2\sin x > -\sqrt{2}$

(2) $\sqrt{3}\tan x - 1 \leq 0$

6-2 $0 \leq x < 2\pi$일 때, 다음 부등식을 푸시오.

(1) $\cos\left(x + \dfrac{\pi}{3}\right) < -\dfrac{1}{2}$

(2) $\tan\dfrac{x}{4} - \sqrt{3} \geq 0$

> 삼각함수 사이의 관계를 이용하여 주어진 삼각함수를 한 종류로 통일한 후 인수분해하여 부등식을 풀어 보자.

6-3 $0 \leq x < 2\pi$일 때, 다음 부등식을 푸시오.

(1) $2\sin^2 x + 5\cos x - 4 < 0$

(2) $2\cos^2 x + \sin x - 1 \geq 0$

| 필수 예제 01 |

01 함수 $y=\cos x$에 대하여 다음 중 옳지 <u>않은</u> 것은?

① 정의역은 실수 전체의 집합이다.

② 치역은 $\{y \mid -1 \leq y \leq 1\}$이다.

③ $\cos(-x)=\cos x$

④ $\cos(x+2\pi)=\cos x$

⑤ $0<x<\dfrac{\pi}{2}$에서 x의 값이 증가하면 y의 값도 증가한다.

| 필수 예제 02 |

02 함수 $y=3\sin\dfrac{1}{4}x$의 그래프를 x축의 방향으로 $-\dfrac{\pi}{2}$만큼, y축의 방향으로 5만큼 평행이동한 그래프가 나타내는 함수의 최댓값을 M, 최솟값을 m이라 할 때, Mm의 값을 구하시오.

| 필수 예제 02 |

03 다음 | 보기 | 중 두 함수의 그래프가 평행이동에 의하여 겹쳐질 수 있는 것을 모두 고르시오.

┤ 보기 ├

ㄱ. $y=2\sin\pi x+1$, $y=2\sin\left(\pi x-\dfrac{\pi}{2}\right)+3$

ㄴ. $y=\cos 3\pi(x-1)$, $y=\cos 3\pi x-4$

ㄷ. $y=\tan\dfrac{\pi}{2}x-1$, $y=\tan\dfrac{x}{2}+4$

| 필수 예제 03 |

04 함수 $y=a\sin(bx-c)$의 그래프가 오른쪽 그림과 같을 때, 세 상수 a, b, c에 대하여 abc의 값을 구하시오.

(단, $a>0$, $b>0$, $0<c<\pi$)

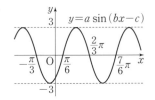

주어진 그래프에서 최댓값, 최솟값, 주기, 그래프가 지나는 점을 구한 후 이를 이용하여 미정계수를 결정한다.

| 필수 예제 04 |

05 오른쪽 삼각함수표를 이용하여 $\sin 140°+\tan 220°$의 값을 구하시오.

각	sin	cos	tan
40°	0.6428	0.7660	0.8391
50°	0.7660	0.6428	1.1918

삼각함수의 성질을 이용하여 주어진 삼각함수를 40° 또는 50°의 각에 대한 삼각함수로 나타낸다.

| 필수 예제 04 |

06 $\sin^2 1° + \sin^2 2° + \cdots + \sin^2 90°$의 값을 구하시오.

📖 **NOTE**

$\sin(90°-x)=\cos x$임을 이용한다.

| 필수 예제 05 |

07 $0 \leq x < 2\pi$일 때, 방정식 $\sqrt{3}\sin x = \cos x$를 만족시키는 x의 값을 α, β라 하자. $\alpha - \beta$의 값을 구하시오. (단, $\alpha > \beta$)

$\cos x \neq 0$일 때와 $\cos x = 0$일 때로 나누어 생각한다.

| 필수 예제 06 |

08 $0 \leq x < 2\pi$일 때, 부등식 $\cos x > \dfrac{1}{2}$을 만족시키는 x의 값의 범위가 $0 \leq x < \alpha$ 또는 $\beta < x < 2\pi$이다. $\sin(\beta - \alpha)$의 값을 구하시오.

| 필수 예제 01 |

09 좌표평면에서 곡선 $y = 4\sin\dfrac{\pi}{2}x \,(0 \leq x \leq 2)$ 위의 점 중 y좌표가 정수인 점의 개수를 구하시오.

교육청 기출

| 필수 예제 06 |

10 $0 \leq \theta < 2\pi$일 때, x에 대한 이차방정식

$$6x^2 + (4\cos\theta)x + \sin\theta = 0$$

수능 기출 이 실근을 갖지 않도록 하는 모든 θ의 값의 범위는 $\alpha < \theta < \beta$이다. $3\alpha + \beta$의 값은?

① $\dfrac{5}{6}\pi$ ② π ③ $\dfrac{7}{6}\pi$ ④ $\dfrac{4}{3}\pi$ ⑤ $\dfrac{3}{2}\pi$

이차방정식 $ax^2 + bx + c = 0$이 실근을 갖지 않으려면 $b^2 - 4ac < 0$이어야 함을 이용한다.

・정답 및 해설 46쪽

1 다음 ☐ 안에 알맞은 것을 쓰시오.

(1) 함수 $y=\sin x$, $y=\cos x$의 성질

　① 정의역은 실수 전체의 집합이고, 치역은 $\{y\,|\,\boxed{}\}$이다.

　② $y=\sin x$의 그래프는 원점, $y=\cos x$의 그래프는 $\boxed{}$에 대하여 각각 대칭이다.

　③ 주기가 $\boxed{}$인 주기함수이다.

(2) 함수 $y=\tan x$의 성질

　① 정의역은 $\boxed{}$가 아닌 실수 전체의 집합이고, 치역은 실수 전체의 집합이다.

　② 그래프는 $\boxed{}$에 대하여 대칭이다.

　③ 주기가 $\boxed{}$인 주기함수이다.

　④ 그래프의 점근선은 직선 $x=n\pi+\boxed{}$ (n은 정수)이다.

(3)

삼각함수	최댓값	최솟값	주기
$y=a\sin(bx+c)+d$	$|a|+d$	$\boxed{}$	$\dfrac{2\pi}{|b|}$
$y=a\cos(bx+c)+d$	$\boxed{}$	$-|a|+d$	$\dfrac{2\pi}{|b|}$
$y=a\tan(bx+c)+d$	없다.	없다.	$\boxed{}$

(4) ① $\sin(\pi+x)=\boxed{}$, $\cos(\pi+x)=-\cos x$, $\tan(\pi+x)=\tan x$

　　$\sin(\pi-x)=\sin x$, $\cos(\pi-x)=-\cos x$, $\tan(\pi-x)=\boxed{}$

　② $\sin\left(\dfrac{\pi}{2}+x\right)=\cos x$, $\cos\left(\dfrac{\pi}{2}+x\right)=\boxed{}$, $\tan\left(\dfrac{\pi}{2}+x\right)=-\dfrac{1}{\tan x}$

　　$\sin\left(\dfrac{\pi}{2}-x\right)=\boxed{}$, $\cos\left(\dfrac{\pi}{2}-x\right)=\sin x$, $\tan\left(\dfrac{\pi}{2}-x\right)=\dfrac{1}{\tan x}$

2 다음 문장이 옳으면 ○표, 옳지 않으면 ×표를 ( ) 안에 쓰시오.

(1) 함수 $y=\cos x$의 그래프는 함수 $y=\sin x$의 그래프를 x축의 방향으로 $-\dfrac{\pi}{2}$만큼 평행이동한 것과 같다. 　(　)

(2) 함수 $y=a\sin bx$의 그래프는 함수 $y=\sin x$의 그래프를 x축의 방향으로 $|b|$배하고, y축의 방향으로 $|a|$배한 것이다. 　(　)

(3) $\sin\dfrac{10}{6}\pi=\sin\left(\dfrac{\pi}{2}\times3+\dfrac{\pi}{6}\right)=\cos\dfrac{\pi}{6}=\dfrac{\sqrt{3}}{2}$이다. 　(　)

(4) 부등식 $\cos x>k$의 해는 함수 $y=\cos x$의 그래프가 직선 $y=k$보다 위쪽에 있는 x의 값의 범위이다. 　(　)

07

삼각함수의 활용

07 삼각함수의 활용

1 사인법칙

(1) 사인법칙

삼각형 ABC의 외접원의 반지름의 길이를 R라 하면

$$\frac{a}{\sin A}=\frac{b}{\sin B}=\frac{c}{\sin C}=2R$$

가 성립하고, 이것을 **사인법칙**이라 한다.

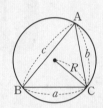

(2) 사인법칙의 변형

삼각형 ABC의 외접원의 반지름의 길이를 R라 하면

① $\sin A=\dfrac{a}{2R}$, $\sin B=\dfrac{b}{2R}$, $\sin C=\dfrac{c}{2R}$

② $a=2R\sin A$, $b=2R\sin B$, $c=2R\sin C$

③ $\sin A : \sin B : \sin C=a : b : c$ ❶

2 코사인법칙

(1) 코사인법칙 ❷

삼각형 ABC에서

$$a^2=b^2+c^2-2bc\cos A$$
$$b^2=c^2+a^2-2ca\cos B$$
$$c^2=a^2+b^2-2ab\cos C$$

가 성립하고, 이것을 **코사인법칙**이라 한다.

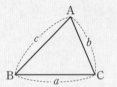

(2) 코사인법칙의 변형 ❸

삼각형 ABC에서

$$\cos A=\frac{b^2+c^2-a^2}{2bc}, \quad \cos B=\frac{c^2+a^2-b^2}{2ca}, \quad \cos C=\frac{a^2+b^2-c^2}{2ab}$$

3 삼각형의 넓이

(1) 두 변의 길이와 그 끼인각의 크기가 주어졌을 때

삼각형 ABC의 넓이를 S라 하면

$$S=\frac{1}{2}bc\sin A=\frac{1}{2}ca\sin B=\frac{1}{2}ab\sin C$$

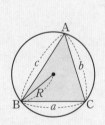

(2) 세 변의 길이와 외접원의 반지름의 길이가 주어졌을 때

삼각형 ABC의 넓이를 S, 외접원의 반지름의 길이를 R라 하면

$$S=\frac{abc}{4R}=2R^2\sin A\sin B\sin C$$

> **참고** 사인법칙에서 $\sin A=\dfrac{a}{2R}$이므로 $S=\dfrac{1}{2}bc\sin A=\dfrac{1}{2}bc\times\dfrac{a}{2R}=\dfrac{abc}{4R}$
>
> 또한, $b=2R\sin B$, $c=2R\sin C$이므로
>
> $S=\dfrac{1}{2}bc\sin A=\dfrac{1}{2}\times 2R\sin B\times 2R\sin C\times\sin A=2R^2\sin A\sin B\sin C$

개념 플러스⁺

▨ 삼각형 ABC의 세 각 ∠A, ∠B, ∠C 의 크기를 각각 A, B, C로 나타내고, 이들의 대변 BC, CA, AB의 길이를 각각 a, b, c로 나타낸다.

❶ $a : b : c$
$=2R\sin A : 2R\sin B : 2R\sin C$
$=\sin A : \sin B : \sin C$

❷ 삼각형의 두 변의 길이와 그 끼인각의 크기를 알 때, 나머지 한 변의 길이를 구할 수 있다.

❸ 삼각형의 세 변의 길이를 알 때, 세 각 의 크기를 구할 수 있다.

4 사각형의 넓이

(1) 평행사변형의 넓이

평행사변형 ABCD에서 이웃하는 두 변의 길이가 각각 a, b이고, 그 끼인각의 크기가 θ일 때, 평행사변형 ABCD의 넓이 S는

$$S = ab \sin \theta \ \text{❹}$$

(2) 사각형의 넓이

사각형 ABCD에서 두 대각선의 길이가 각각 a, b이고, 두 대각선이 이루는 각의 크기가 θ일 때, 사각형 ABCD의 넓이 S는

$$S = \frac{1}{2} ab \sin \theta$$

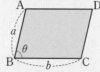

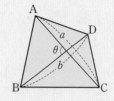

개념 플러스⁺

❹ $S = \triangle ABC + \triangle CDA$
$= 2 \times \triangle ABC$
$= 2 \times \frac{1}{2} ab \sin \theta$
$= ab \sin \theta$

교과서 개념 확인하기

정답 및 해설 46쪽

1 삼각형 ABC에서 $a = 2\sqrt{3}$, $A = 60°$, $B = 45°$일 때, 다음을 구하시오.

(1) b의 값

(2) 삼각형 ABC의 외접원의 반지름의 길이 R

2 삼각형 ABC의 외접원의 반지름의 길이를 R라 할 때, 다음을 구하시오.

(1) $a = 3$, $R = 6$일 때, $\sin A$의 값

(2) $B = 30°$, $R = 4$일 때, b의 값

3 삼각형 ABC에서 다음을 구하시오.

(1) $a = 4$, $c = 3\sqrt{2}$, $B = 45°$일 때, b의 값

(2) $b = \sqrt{3}$, $c = 2\sqrt{3}$, $A = 120°$일 때, a의 값

4 삼각형 ABC에서 $a = 4$, $b = 3$, $c = 2$일 때, $\cos C$의 값을 구하시오.

5 다음과 같은 삼각형 ABC의 넓이를 구하시오.

(1) $a = 5$, $b = 4$, $C = 30°$

(2) $a = 2$, $b = \sqrt{10}$, $c = 3\sqrt{2}$이고, 외접원의 반지름의 길이가 $\sqrt{5}$

6 다음 사각형 ABCD의 넓이를 구하시오.

(1)
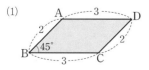

(2)
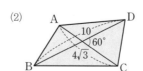

필수 예제 1 사인법칙

삼각형 ABC에서 다음을 구하시오.

(1) $a=2\sqrt{6}$, $A=60°$, $C=75°$일 때, b의 값과 외접원의 반지름의 길이 R

(2) $a=4$, $b=4\sqrt{2}$, $B=45°$일 때, A의 크기

> **◐ 다시 정리하는 개념**
>
> 삼각형 ABC의 외접원의 반지름의 길이를 R라 하면
>
> $$\frac{a}{\sin A}=\frac{b}{\sin B}=\frac{c}{\sin C}=2R$$

숫자 바꾼

1-1 삼각형 ABC에서 다음을 구하시오.

(1) $b=8$, $A=105°$, $B=45°$일 때, c의 값과 외접원의 반지름의 길이 R

(2) $a=3\sqrt{6}$, $b=6$, $A=120°$일 때, B의 크기

1-2 삼각형 ABC에서 다음을 구하시오.

(1) $A:B:C=1:2:3$일 때, $a:b:c$

(2) $\sin A:\sin B:\sin C=5:4:3$일 때, $ab:bc:ca$

1-3 오른쪽 그림과 같이 60 m 떨어진 두 지점 A, B에서 배가 있는 C지점을 바라본 각의 크기가 각각 45°, 75°이었다. 이때 두 지점 B, C 사이의 거리를 구하시오.

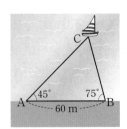

필수 예제 **2** 코사인법칙

삼각형 ABC에서 다음을 구하시오.

(1) $a=\sqrt{3}$, $b=\sqrt{21}$, $B=150°$일 때, c의 값

(2) $a=4$, $c=5$, $B=60°$일 때, b의 값과 외접원의 반지름의 길이 R

▶ **다시 정리하는** 개념

삼각형 ABC에서
$a^2=b^2+c^2-2bc\cos A$
$b^2=c^2+a^2-2ca\cos B$
$c^2=a^2+b^2-2ab\cos C$

숫자 바꾼

2-1 삼각형 ABC에서 다음을 구하시오.

(1) $a=\sqrt{2}$, $c=\sqrt{10}$, $C=135°$일 때, b의 값

(2) $b=2\sqrt{3}$, $c=3$, $A=30°$일 때, a의 값과 외접원의 반지름의 길이 R

2-2 삼각형 ABC에서 $\sin A : \sin B : \sin C = 4 : 5 : 6$일 때, $\cos A$의 값은?

① $\dfrac{\sqrt{6}}{4}$ ② $\dfrac{\sqrt{7}}{4}$ ③ $\dfrac{\sqrt{2}}{2}$ ④ $\dfrac{3}{4}$ ⑤ $\dfrac{\sqrt{10}}{4}$

2-3 오른쪽 그림과 같이 호수의 가장자리에 있는 두 건물 A, B 사이의 거리를 구하기 위하여 C지점에서 측량하였더니 $\overline{AC}=40\,\text{m}$, $\overline{BC}=20\,\text{m}$, $\angle C=120°$이었다. 이때 두 건물 A, B 사이의 거리를 구하시오.

(단, 건물의 크기는 무시한다.)

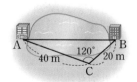

필수 예제 3 삼각형 모양의 결정

삼각형 ABC에서
$$a \sin A = b \sin B + c \sin C$$
가 성립할 때, 이 삼각형은 어떤 삼각형인지 말하시오.

● 단원 밖의 개념

삼각형 ABC에서
① $a = b \Rightarrow$ 이등변삼각형
② $a = b = c \Rightarrow$ 정삼각형
③ $a^2 = b^2 + c^2$
　$\Rightarrow A = 90°$인 직각삼각형

숫자 바꾼

3-1 삼각형 ABC에서
$$b \cos A = a \cos B$$
가 성립할 때, 이 삼각형은 어떤 삼각형인지 말하시오.

3-2 삼각형 ABC에서 $2 \sin A \cos C = \sin B$가 성립할 때, 삼각형 ABC는 어떤 삼각형인가?

① $a = b$인 이등변삼각형 　　　　② $a = c$인 이등변삼각형
③ $A = 90°$인 직각삼각형 　　　　④ $C = 90°$인 직각삼각형
⑤ 정삼각형

3-3 다음 | 보기 | 중 삼각형 ABC에서 $\sin A \cos A = \sin B \cos B$가 성립할 때, 삼각형 ABC의 모양이 될 수 있는 것을 모두 고르시오.

┤ 보기 ├
ㄱ. ∠A = 90°인 직각삼각형 　　　　ㄴ. ∠C = 90°인 직각삼각형
ㄷ. $a = b$인 이등변삼각형 　　　　ㄹ. $b = c$인 이등변삼각형

• 정답 및 해설 48쪽

필수 예제 **4** 삼각형의 넓이

오른쪽 그림과 같이 $\overline{AC}=\sqrt{21}$, $\overline{BC}=4$, $B=60°$인 삼각형 ABC의 넓이를 구하시오.

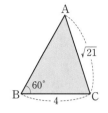

> **다시 정리하는 개념**
>
> 두 변의 길이 a, b와 그 끼인각의 크기 C에 대하여 삼각형의 넓이 S는
>
> $$S=\frac{1}{2}ab\sin C$$

숫자 바꾼

4-1 오른쪽 그림과 같이 $\overline{AB}=3\sqrt{7}$, $\overline{BC}=3$, $C=120°$인 삼각형 ABC의 넓이를 구하시오.

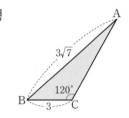

4-2 삼각형 ABC에서 $a=3$, $b=\sqrt{5}$, $c=2$일 때, 다음을 구하시오.

(1) $\sin B$의 값　　　　　　　　　　(2) 삼각형 ABC의 넓이

> 사각형의 넓이를 구하는 공식을 이용하여 식을 세워 보자.

4-3 다음 물음에 답하시오.

(1) $\overline{AB}=5$, $B=45°$인 평행사변형 ABCD의 넓이가 20일 때, 대각선 AC의 길이를 구하시오.

(2) 두 대각선이 이루는 각의 크기가 150°인 사각형 ABCD의 넓이가 8일 때, 두 대각선의 길이의 곱을 구하시오.

| 필수 예제 01 |

01
삼각형 ABC의 외접원의 반지름의 길이가 4이고 $C=60°$, $a=4\sqrt{2}$일 때, B의 크기를 구하시오.

| 필수 예제 01 |

02
반지름의 길이가 3인 원에 내접하는 삼각형 ABC의 둘레의 길이가 12일 때, $\sin A + \sin B + \sin C$의 값을 구하시오.

| 필수 예제 01 |

03
나무의 높이를 구하기 위하여 오른쪽 그림과 같이 20 m 떨어진 두 지점 A, B에서 측량하였더니 $\angle QAB=60°$, $\angle QBA=75°$, $\angle PBQ=30°$이었다. 나무의 높이인 선분 PQ의 길이를 구하시오.

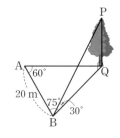

| 필수 예제 02 |

04
세 변의 길이가 3, $2\sqrt{2}$, $\sqrt{5}$인 삼각형 ABC에서 가장 큰 각의 크기가 A일 때, $\cos A$의 값을 구하시오.

| 필수 예제 02 |

05
오른쪽 그림과 같이 삼각형 ABC의 변 BC 위의 점 D에 대하여 $\overline{AB}=7$, $\overline{AC}=5$, $\overline{BD}=3$, $\overline{CD}=6$일 때, 선분 AD의 길이를 구하시오.

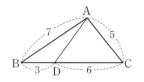

📖 NOTE

| 필수 예제 03 |

06 삼각형 ABC에서 $a \sin A = b \sin B$가 성립할 때, 삼각형 ABC는 어떤 삼각형인가?

① $a = b$인 이등변삼각형   ② $b = c$인 이등변삼각형

③ $A = 90°$인 직각삼각형   ④ $B = 90°$인 직각삼각형

⑤ 정삼각형

| 필수 예제 04 |

07 삼각형 ABC에서 $A = 120°$, $B = 30°$, $a = 6$일 때, 삼각형 ABC의 넓이를 구하시오.

| 필수 예제 04 |

08 오른쪽 그림과 같이 $B = D = 60°$, $\overline{AB} = \overline{AD} = 3$, $\overline{BC} = 4$인 사각형 ABCD의 넓이를 구하시오.

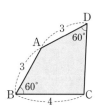

사각형을 두 개의 삼각형으로 나누어 각각의 삼각형의 넓이를 구한다.

| 필수 예제 01, 02 |

09 수능 기출 $\angle A = \dfrac{\pi}{3}$이고 $\overline{AB} : \overline{AC} = 3 : 1$인 삼각형 ABC가 있다. 삼각형 ABC의 외접원의 반지름의 길이가 7일 때, 선분 AC의 길이는?

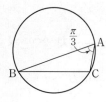

① $2\sqrt{5}$ ② $\sqrt{21}$ ③ $\sqrt{22}$

④ $\sqrt{23}$ ⑤ $2\sqrt{6}$

| 필수 예제 04 |

10 교육청 기출   그림과 같이 길이가 12인 선분 AB를 지름으로 하는 반원의 호 AB 위에 점 C가 있다. 호 CB의 길이가 2π일 때, 두 선분 AB, AC와 호 CB로 둘러싸인 부분의 넓이는?

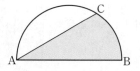

보조선을 그어 넓이를 구하는 부분을 삼각형과 부채꼴로 나눈다.

① $5\pi + 9\sqrt{3}$ ② $5\pi + 10\sqrt{3}$ ③ $6\pi + 9\sqrt{3}$

④ $6\pi + 10\sqrt{3}$ ⑤ $7\pi + 9\sqrt{3}$

• 정답 및 해설 50쪽

1 다음 ☐ 안에 알맞은 것을 쓰시오.

(1) 사인법칙: 삼각형 ABC의 외접원의 반지름의 길이를 R라 하면

$$\frac{a}{\sin A} = \frac{\square}{\sin B} = \frac{c}{\square} = \square$$

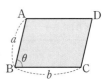

(2) 코사인법칙: 삼각형 ABC에서

$$a^2 = b^2 + c^2 - 2bc \cos A$$
$$b^2 = c^2 + a^2 - \boxed{}$$
$$c^2 = \square^2 + b^2 - 2ab \cos C$$

(3) 삼각형 ABC의 넓이를 S라 하면

$$S = \frac{1}{2}ab \sin C = \frac{1}{2}bc\boxed{} = \frac{1}{2}\boxed{} \sin B$$

(4) 이웃하는 두 변의 길이가 a, b이고 그 끼인각의 크기가 θ인 평행사변형의 넓이를 S라 하면

$$S = \boxed{}$$

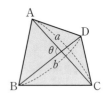

(5) 두 대각선의 길이가 a, b이고 두 대각선이 이루는 각의 크기가 θ인 사각형의 넓이를 S라 하면

$$S = \boxed{}$$

2 다음 문장이 옳으면 ○표, 옳지 않으면 ×표를 ( ) 안에 쓰시오.

(1) $a : b : c = \sin A : \sin B : \sin C$이다. ( )

(2) 삼각형 ABC에서 $a = 2\sqrt{2}$, $A = 30°$, $B = 45°$일 때, $b = 4$이다. ( )

(3) 삼각형 ABC에서 $a = 3$, $b = 4$, $C = 60°$일 때, $c = \sqrt{15}$이다. ( )

(4) 삼각형 ABC에서 $A = 120°$, $b = 10$, $c = 6$일 때, 삼각형 ABC의 넓이는 $15\sqrt{3}$이다. ( )

(5) 두 대각선의 길이가 4, 8이고 두 대각선이 이루는 각의 크기가 30°인 사각형의 넓이는 16이다. ( )

08

등차수열

08 등차수열

1 수열

(1) 수열

차례로 나열한 수의 열을 **수열**이라 하고, 수열을 이루고 있는 각각의 수를 그 수열의 **항**이라 한다.

이때 수열의 각 항을 앞에서부터 차례로 첫째항, 둘째항, 셋째항, …, n째항, … 또는 제1항, 제2항, 제3항, …, 제n항, …이라 한다.

(2) 수열의 일반항

일반적으로 수열을 a_1, a_2, a_3, …, a_n, …과 같이 나타낸다.

이때 수열의 제n항 a_n을 이 수열의 **일반항❶**이라 하고, 일반항이 a_n인 수열을 간단히 $\{a_n\}$과 같이 나타낸다.

2 등차수열

(1) 등차수열

첫째항부터 차례로 일정한 수를 더하여 만든 수열을 **등차수열**이라 하고, 더하는 일정한 수를 **공차**라 한다.

(2) 등차수열의 일반항

첫째항이 a, 공차가 d❷인 등차수열의 일반항 a_n은

$$a_n=a+(n-1)d \text{ (단, } n=1, 2, 3, \cdots)❸$$

[예] 첫째항이 3, 공차가 2인 등차수열의 일반항 a_n은
$$a_n=3+(n-1)\times2=2n+1$$

[참고] 공차가 d인 등차수열 $\{a_n\}$에서 제n항에 d를 더하면 제$(n+1)$항이 되므로
$$a_{n+1}=a_n+d \text{ (단, } n=1, 2, 3, \cdots)$$

(3) 등차중항

세 수 a, b, c가 이 순서대로 등차수열을 이룰 때, b를 a와 c의 **등차중항**이라 한다.

이때 $b-a=c-b$이므로
$$b=\frac{a+c}{2}❹$$

3 등차수열의 합

(1) 등차수열의 합

등차수열의 첫째항부터 제n항까지의 합을 S_n이라 하면

① 첫째항이 a, 제n항이 l일 때, $S_n=\dfrac{n(a+l)}{2}$

② 첫째항이 a, 공차가 d일 때, $S_n=\dfrac{n\{2a+(n-1)d\}}{2}$

[예] ① 첫째항이 3, 제5항이 11인 등차수열의 첫째항부터 제5항까지의 합 S_5는
$$S_5=\frac{5(3+11)}{2}=35$$

② 첫째항이 3, 공차가 2인 등차수열의 첫째항부터 제5항까지의 합 S_5는
$$S_5=\frac{5\{2\times3+(5-1)\times2\}}{2}=35$$

개념 플러스⁺

❶ 수열의 일반항 a_n이 n에 대한 식으로 주어지면 n에 1, 2, 3, …을 차례로 대입하여 수열 $\{a_n\}$의 모든 항을 구할 수 있다.

❷ 공차는 영어로 common difference 이고, 보통 d로 나타낸다.

❸ $a_n=a+(n-1)d$
$\quad\,\,=dn+a-d$
즉, 등차수열의 일반항은
$\quad pn+q\,(p, q$는 상수)
꼴이다.

❹ a와 c의 등차중항 b는 a와 c의 산술평균이다.

(2) **수열의 합과 일반항 사이의 관계⑤**

수열 $\{a_n\}$의 첫째항부터 제n항까지의 합을 S_n이라 하면

$$a_1 = S_1, \quad a_n = S_n - S_{n-1} \ (n \geq 2)$$

[참고] 수열 $\{a_n\}$의 첫째항부터 제n항까지의 합 S_n이

$$S_n = An^2 + Bn + C \ (A, B, C는 상수)$$

일 때

① $C = 0$이면 수열 $\{a_n\}$은 첫째항부터 등차수열을 이룬다.
② $C \neq 0$이면 수열 $\{a_n\}$은 둘째항부터 등차수열을 이룬다.

$$\underbrace{a_1 + a_2 + a_3 + \cdots + \overbrace{a_{n-1} + a_n}^{S_n}}_{S_{n-1}}$$

개념 플러스⁺

⑤ 수열의 합 S_n과 일반항 a_n 사이의 관계는 등차수열뿐만 아니라 모든 수열에서 성립한다.

교과서 개념 확인하기

정답 및 해설 51쪽

1 수열 $\{a_n\}$의 일반항이 다음과 같을 때, 첫째항부터 제4항까지를 구하시오.

(1) $a_n = 3n - 4$ 　　　　　　　　　　　　(2) $a_n = 2^{n-1} + 3$

2 다음 수열의 일반항 a_n을 추측해 보시오.

(1) 5, 10, 15, 20, 25, $\cdots$ 　　　　　　　(2) 1, 4, 9, 16, 25, $\cdots$

(3) $\dfrac{1}{2}, \dfrac{2}{3}, \dfrac{3}{4}, \dfrac{4}{5}, \dfrac{5}{6}, \cdots$ 　　　　　　(4) 9, 99, 999, 9999, 99999, $\cdots$

3 다음 수열이 등차수열을 이룰 때, ☐ 안에 알맞은 수를 쓰시오.

(1) -1, 2, 5, ☐, 11, $\cdots$ 　　　　　　(2) 4, ☐, -8, -14, -20, $\cdots$

4 다음 등차수열의 일반항 a_n을 구하시오.

(1) 첫째항이 -2, 공차가 4인 수열 　　　(2) 1, -2, -5, -8, -11, $\cdots$

5 다음 세 수가 주어진 순서대로 등차수열을 이룰 때, x의 값을 구하시오.

(1) 5, x, 19 　　　　　　　　　　　　　(2) 8, x, -2

6 다음 등차수열의 첫째항부터 제10항까지의 합 S_{10}을 구하시오.

(1) 첫째항이 -5, 공차가 3인 수열 　　　(2) -1, -3, -5, -7, -9, $\cdots$

필수 예제 **1** **등차수열의 일반항**

다음 조건을 만족시키는 등차수열의 일반항 a_n을 구하시오.

(1) 공차가 3, $a_5 = 13$

(2) $a_4 = 7$, $a_{10} = 31$

> **◉ 다시 정리하는 개념**
>
> 첫째항이 a, 공차가 d인 등차수열의 일반항 a_n은
> $$a_n = a + (n-1)d$$

숫자 바꾼

1-1 다음 조건을 만족시키는 등차수열의 일반항 a_n을 구하시오.

(1) 공차가 -2, $a_6 = 5$

(2) $a_3 = 4$, $a_8 = -11$

1-2 등차수열 $\{a_n\}$에 대하여 $a_2 + a_5 = 20$, $a_6 + a_{12} = 42$일 때, 일반항 a_n을 구하시오.

1-3 등차수열 $\{a_n\}$에 대하여 $a_3 = -4$, $a_5 : a_9 = 1 : 7$일 때, 일반항 a_n을 구하시오.

필수 예제 **2** 등차수열의 항

▶ 문제 해결 tip

처음으로 음수가 되는 항은 $a_n < 0$ 을 만족시키는 자연수 n의 최솟값을 구한다.

등차수열 $\{a_n\}$에 대하여 $a_4 = 41$, $a_9 = 16$일 때, 다음 물음에 답하시오.

(1) -19는 제몇 항인지 구하시오.

(2) 처음으로 음수가 되는 항은 제몇 항인지 구하시오.

숫자 바꿈

2-1 등차수열 $\{a_n\}$에 대하여 $a_3 = -46$, $a_{10} = -25$일 때, 다음 물음에 답하시오.

(1) 20은 제몇 항인지 구하시오.

(2) 처음으로 양수가 되는 항은 제몇 항인지 구하시오.

2-2 첫째항이 39, 공차가 -3인 등차수열 $\{a_n\}$에서 처음으로 10보다 작아지는 항은 제몇 항인지 구하시오.

필수 예제 **3** 두 수 사이에 수를 넣어서 만든 등차수열

▶ 문제 해결 tip

두 수 a, b 사이에 n개의 수를 넣어서 만든 등차수열
➡ 첫째항은 a이고
제$(n+2)$항은 b이다.

두 수 5와 33 사이에 3개의 수를 넣어서 만든 수열

$$5, a_1, a_2, a_3, 33$$

이 이 순서대로 등차수열을 이룰 때, 이 수열의 공차를 구하시오.

숫자 바꿈

3-1 두 수 3과 58 사이에 4개의 수를 넣어서 만든 수열

$$3, a_1, a_2, a_3, a_4, 58$$

이 이 순서대로 등차수열을 이룰 때, 이 수열의 공차를 구하시오.

3-2 두 수 10과 -42 사이에 n개의 수를 넣어서 만든 수열

$$10, a_1, a_2, a_3, \cdots, a_n, -42$$

가 이 순서대로 등차수열을 이룬다. 이 수열의 공차가 -4일 때, n의 값을 구하시오.

필수 예제 **4** 등차중항

세 수 2, a, 14가 이 순서대로 등차수열을 이루고, 세 수 a, 6, b도 이 순서대로 등차수열을 이룰 때, $a-b$의 값을 구하시오.

> **● 다시 정리하는 개념**
>
> 세 수 a, b, c가 이 순서대로 등차수열을 이룬다.
> $$\Rightarrow b = \frac{a+c}{2}$$

숫자 바꿈

4-1 세 수 13, a, 5가 이 순서대로 등차수열을 이루고, 세 수 a, b, 15도 이 순서대로 등차수열을 이룰 때, $a+b$의 값을 구하시오.

4-2 세 수 a^2, a^2-5, $3a$가 이 순서대로 등차수열을 이룰 때, 양수 a의 값을 구하시오.

필수 예제 **5** 등차수열을 이루는 세 수

등차수열을 이루는 세 수의 합이 15, 세 수의 곱이 105일 때, 이 세 수를 구하시오.

> **● 문제 해결 tip**
>
> 세 수가 등차수열을 이룰 때
> ➡ 세 수를 각각 $a-d$, a, $a+d$ 라 한다.

숫자 바꿈

5-1 등차수열을 이루는 세 수의 합이 -3, 세 수의 곱이 24일 때, 이 세 수의 제곱의 합을 구하시오.

> 등차수열을 이루는 네 수를 각각 $a-3d$, $a-d$, $a+d$, $a+3d$라 하고 식을 세워 보자.

5-2 등차수열을 이루는 네 수의 합이 36이고 가장 작은 수와 가장 큰 수의 곱이 72일 때, 네 수 중 가장 큰 수를 구하시오.

필수 예제 **6** 등차수열의 합

$a_2=5$, $a_6=-3$인 등차수열 $\{a_n\}$의 첫째항부터 제n항까지의 합을 S_n이라 할 때, S_{10}의 값을 구하시오.

◉ 다시 정리하는 개념

첫째항이 a, 공차가 d인 등차수열의 첫째항부터 제n항까지의 합 S_n

➡ $S_n=\dfrac{n\{2a+(n-1)d\}}{2}$

숫자 바꾼

6-1 $a_3=-4$, $a_8=11$인 등차수열 $\{a_n\}$의 첫째항부터 제n항까지의 합을 S_n이라 할 때, S_{15}의 값을 구하시오.

6-2 다음 합을 구하시오.

(1) $4+10+16+22+\cdots+58$

(2) $26+22+18+14+\cdots+(-34)$

6-3 등차수열 $\{a_n\}$의 첫째항부터 제n항까지의 합을 S_n이라 할 때, $S_5=-15$, $S_{10}=95$이다. 다음 물음에 답하시오.

(1) 첫째항과 공차를 각각 구하시오.

(2) S_{20}의 값을 구하시오.

필수 예제 **7** **등차수열의 합의 최대·최소**

◉ 문제 해결 tip

(첫째항)>0, (공차)<0일 때
➡ 첫째항부터 마지막 양수인 항 또는 0인 항까지의 합이 최대이다.

첫째항이 27, 공차가 -4인 등차수열 $\{a_n\}$의 첫째항부터 제n항까지의 합을 S_n이라 할 때, 다음 물음에 답하시오.

(1) 처음으로 음수가 되는 항은 제몇 항인지 구하시오.

(2) S_n의 값이 최대일 때의 n의 값과 이때의 S_n의 값을 각각 구하시오.

숫자 바꿈

7-1 첫째항이 -32, 공차가 3인 등차수열 $\{a_n\}$의 첫째항부터 제n항까지의 합을 S_n이라 할 때, 다음 물음에 답하시오.

(1) 처음으로 양수가 되는 항은 제몇 항인지 구하시오.

(2) S_n의 값이 최소일 때의 n의 값과 이때의 S_n의 값을 각각 구하시오.

7-2 첫째항이 70, 제7항이 34인 등차수열에서 첫째항부터 제n항까지의 합을 S_n이라 할 때, S_n의 최댓값을 구하시오.

7-3 첫째항이 -45이고 첫째항부터 제5항까지의 합이 -205인 등차수열이 있다. 이 수열의 첫째항부터 제n항까지의 합이 최소이고, 그때의 수열의 합이 S일 때, $n+S$의 값을 구하시오.

필수 예제 **8** 등차수열의 합과 일반항 사이의 관계

수열 $\{a_n\}$의 첫째항부터 제n항까지의 합 S_n이 $S_n = 2n^2 + 5n$일 때, $a_1 + a_5$의 값을 구하시오.

> **▶ 다시 정리하는 개념**
>
> 수열 $\{a_n\}$의 첫째항부터 제n항까지의 합을 S_n이라 하면
> $a_1 = S_1, a_n = S_n - S_{n-1} (n \geq 2)$

숫자 바꿔

8-1 수열 $\{a_n\}$의 첫째항부터 제n항까지의 합 S_n이 $S_n = -3n^2 + n + 1$일 때, $a_1 + a_3$의 값을 구하시오.

8-2 수열 $\{a_n\}$의 첫째항부터 제n항까지의 합 S_n이 $S_n = -\dfrac{1}{5}n^2 + 6n$이다. 수열 $\{a_n\}$이 처음으로 음수가 되는 항은 제몇 항인지 구하시오.

> $a_n = S_n - S_{n-1}$을 이용하여 구한 a_n에 $n=1$을 대입한 값이 $S_1 (= a_1)$과 같아야 함을 이용해 보자.

8-3 수열 $\{a_n\}$의 첫째항부터 제n항까지의 합 S_n이 $S_n = n^2 - 4n + k$이다. 이 수열이 첫째항부터 등차수열을 이룰 때, 상수 k의 값을 구하시오.

| 필수 예제 01 |

01 등차수열 $\{a_n\}$에서 제3항이 11, 제9항이 29일 때, 제100항은?

① 300   ② 301   ③ 302   ④ 303   ⑤ 304

| 필수 예제 02 |

02 등차수열 $\{a_n\}$에 대하여 $a_6=2$, $a_2+a_8=-4$일 때, 처음으로 60보다 커지는 항은 제 몇 항인지 구하시오.

| 필수 예제 03 |

03 두 수 -6과 38 사이에 n개의 수를 넣어서 만든 수열

$$-6, \ a_1, \ a_2, \ a_3, \ \cdots, \ a_n, \ 38$$

이 이 순서대로 등차수열을 이룬다. $a_3=6$일 때, n의 값을 구하시오. (단, $n \geq 3$)

첫째항은 -6이고 제$(n+2)$항은 38임을 이용한다.

| 필수 예제 04 |

04 세 수 $-2a+1$, a^2+1, 13이 이 순서대로 등차수열을 이룰 때, 모든 실수 a의 값의 합은?

① -3 ② -1 ③ 1   ④ 3   ⑤ 5

| 필수 예제 05 |

05 삼차방정식 $x^3+6x^2+kx-10=0$의 세 실근이 등차수열을 이룰 때, 상수 k의 값을 구하시오.

삼차방정식의 근과 계수의 관계를 이용한다.

| 필수 예제 06 |

06 100 이하의 자연수 중에서 8로 나누었을 때 나머지가 3인 수의 총합은?

① 639   ② 647   ③ 655   ④ 663   ⑤ 671

| 필수 예제 07 |

07 첫째항이 30, 첫째항부터 제12항까지의 합이 96인 등차수열 $\{a_n\}$에 대하여 첫째항부터 제n항까지의 합을 S_n이라 할 때, S_n의 최댓값은?

① 128   ② 132   ③ 136   ④ 140   ⑤ 144

| 필수 예제 08 |

08 수열 $\{a_n\}$의 첫째항부터 제n항까지의 합을 S_n이라 할 때, $S_n = 4n^2 - 2n$이다. $a_n > 74$를 만족시키는 자연수 n의 최솟값을 구하시오.

| 필수 예제 01 |

09
평가원 기출

공차가 -3인 등차수열 $\{a_n\}$에 대하여

$$a_3 a_7 = 64, \ a_8 > 0$$

일 때, a_2의 값은?

① 17   ② 18   ③ 19   ④ 20   ⑤ 21

| 필수 예제 06 |

10
교육청 기출

공차가 양수인 등차수열 $\{a_n\}$의 첫째항부터 제n항까지의 합을 S_n이라 하자. $S_9 = |S_3| = 27$일 때, a_{10}의 값은?

① 23   ② 24   ③ 25   ④ 26   ⑤ 27

📖 **NOTE**

8로 나누었을 때 나머지가 3인 자연수를 작은 것부터 차례로 나열하면 등차수열을 이룬다.

$a_k > 0$, $a_{k+1} < 0$이면 등차수열의 합의 최댓값은 첫째항부터 제k항까지의 합이다.

$S_9 = 27$, $|S_3| = 27$을 첫째항 a와 공차 d에 대한 식으로 나타낸다.

• 정답 및 해설 56쪽

1 다음 ☐ 안에 알맞은 것을 쓰시오.

(1) 차례로 나열한 수의 열을 ☐이라 하고, 수열을 이루고 있는 각각의 수를 그 수열의 ☐이라 한다.

(2) 첫째항부터 차례로 일정한 수를 더하여 만든 수열을 ☐이라 하고, 더하는 일정한 수를 ☐라 한다.

(3) 첫째항이 a, 공차가 d인 등차수열의 일반항 a_n은
$$a_n = \boxed{} \ (단, \ n=1, \ 2, \ 3, \ \cdots)$$

(4) 세 수 a, b, c가 이 순서대로 등차수열을 이룰 때 b를 a와 c의 ☐이라 하고, $b = \boxed{}$ 이다.

(5) 등차수열의 첫째항부터 제n항까지의 합을 S_n이라 하면

① 첫째항이 a, 제n항이 l일 때, $S_n = \boxed{}$

② 첫째항이 a, 공차가 d일 때, $S_n = \boxed{}$

(6) 수열 $\{a_n\}$의 첫째항부터 제n항까지의 합을 S_n이라 하면
$$a_1 = S_1, \ a_n = \boxed{} \ (n \geq 2)$$

2 다음 문장이 옳으면 ○표, 옳지 않으면 ×표를 ( ) 안에 쓰시오.

(1) 수열 10, 4, -2, -8, $\cdots$은 첫째항이 10, 공차가 -6인 등차수열이다. ( )

(2) 공차가 d인 등차수열 $\{a_n\}$에 대하여 $a_n = a_{n+1} + d$가 성립한다. ( )

(3) 첫째항이 a, 공차가 d인 등차수열에서 처음으로 양수가 되는 항은 $a + (n-1)d > 0$을 만족시키는 자연수 n의 최솟값을 구한다. ( )

(4) 세 수 6, x, -4가 이 순서대로 등차수열을 이루면 $x = 2$이다. ( )

(5) 첫째항이 2, 제5항이 10인 등차수열의 첫째항부터 제5항까지의 합 S_5는 $S_5 = 30$이다. ( )

09

등비수열

09 등비수열

1 등비수열

(1) 등비수열

첫째항부터 차례로 일정한 수를 곱하여 만든 수열을 **등비수열**이라 하고, 곱하는 일정한 수를 **공비**라 한다.

(2) 등비수열의 일반항

첫째항이 a❶, 공비가 r❷ $(r \neq 0)$인 등비수열의 일반항 a_n은
$$a_n = ar^{n-1} \text{ (단, } n = 1, 2, 3, \cdots)$$

예 첫째항이 3, 공비가 2인 등비수열의 일반항 a_n은
$$a_n = 3 \times 2^{n-1}$$

참고 공비가 r인 등비수열 $\{a_n\}$에서 제n항에 공비 r를 곱하면 제$(n+1)$항이 되므로
$$a_{n+1} = ra_n \text{ (단, } n = 1, 2, 3, \cdots)$$

(3) 등비중항

세 수 a, b, c가 이 순서대로 등비수열을 이룰 때, b를 a와 c의 **등비중항**이라 한다.

이때 $\dfrac{b}{a} = \dfrac{c}{b}$이므로 $b^2 = ac$❸

2 등비수열의 합

첫째항이 a, 공비가 r $(r \neq 0)$인 등비수열의 첫째항부터 제n항까지의 합을 S_n이라 하면

① $r \neq 1$일 때, $S_n = \dfrac{a(1-r^n)}{1-r} = \dfrac{a(r^n-1)}{r-1}$

② $r = 1$일 때, $S_n = na$

예 첫째항이 3, 공비가 2인 등비수열의 첫째항부터 제5항까지의 합 S_5는
$$S_5 = \frac{3(2^5-1)}{2-1} = 93$$

개념 플러스⁺

❶ 일반적으로 $a \neq 0$으로 생각한다.

❷ 공비는 영어로 common ratio이고, 보통 r로 나타낸다.

❸ $a > 0, c > 0$일 때 a와 c의 등비중항 b는 a와 c의 기하평균이다.

교과서 개념 확인하기 ────────────────────○ 정답 및 해설 57쪽

1 다음 수열이 등비수열을 이룰 때, ☐ 안에 알맞은 수를 쓰시오.

(1) 1, 4, 16, ☐, 256, $\cdots$
(2) 3, ☐, 27, -81, 243, $\cdots$

2 다음 등비수열의 일반항 a_n을 구하시오.

(1) 첫째항이 5, 공비가 3인 수열
(2) -1, 2, -4, 8, -16, $\cdots$

3 다음 세 수가 주어진 순서대로 등비수열을 이룰 때, x의 값을 구하시오.

(1) 2, x, 32
(2) -4, x, -25

4 다음 등비수열의 첫째항부터 제6항까지의 합 S_6을 구하시오.

(1) 첫째항이 4, 공비가 -1인 수열
(2) -3, -6, -12, -24, -48, $\cdots$

필수 예제 1 등비수열의 일반항

다음 조건을 만족시키는 등비수열의 일반항 a_n을 구하시오.

(1) 공비가 2, $a_6 = 96$

(2) $a_2 = 15$, $a_5 = -405$

> **● 다시 정리하는 개념**
>
> 첫째항이 a, 공비가 r인 등비수열의 일반항 a_n은
> $$a_n = ar^{n-1}$$

숫자 바꾼

1-1 다음 조건을 만족시키는 등비수열의 일반항 a_n을 구하시오.

(1) 공비가 $\dfrac{1}{3}$, $a_4 = \dfrac{4}{9}$

(2) $a_3 = 2$, $a_6 = -128$

1-2 등비수열 $\{a_n\}$에 대하여 $a_1 + a_3 = 20$, $a_4 + a_6 = -160$일 때, 일반항 a_n을 구하시오.

1-3 공비가 양수인 등비수열 $\{a_n\}$에 대하여 $a_3 = 45$, $a_5 : a_7 = 1 : 9$일 때, 일반항 a_n을 구하시오.

필수 예제 **2** 등비수열의 항

공비가 양수인 등비수열 $\{a_n\}$에 대하여 $a_3 = 28$, $a_5 = 112$일 때, 다음 물음에 답하시오.

(1) 896은 제몇 항인지 구하시오.

(2) 처음으로 7000보다 커지는 항은 제몇 항인지 구하시오.

> ▶ **문제 해결** tip
>
> 처음으로 k보다 커지는 항은 $a_n > k$를 만족시키는 자연수 n의 최솟값을 구한다.

숫자 바꿈

2-1 등비수열 $\{a_n\}$에 대하여 $a_4 = 48$, $a_7 = 6$일 때, 다음 물음에 답하시오.

(1) $\dfrac{3}{2}$은 제몇 항인지 구하시오.

(2) 처음으로 $\dfrac{1}{10}$보다 작아지는 항은 제몇 항인지 구하시오.

2-2 모든 항이 양수인 등비수열 $\{a_n\}$에 대하여 $a_3 = 6$, $a_5 = 18$일 때, $a_n^{\,2} > 800$을 만족시키는 자연수 n의 최솟값을 구하시오.

필수 예제 **3** 두 수 사이에 수를 넣어서 만든 등비수열

두 수 4와 324 사이에 3개의 양수를 넣어서 만든 수열

$$4, \ a_1, \ a_2, \ a_3, \ 324$$

가 이 순서대로 등비수열을 이룰 때, 이 수열의 공비를 구하시오.

> ▶ **문제 해결** tip
>
> 두 수 a, b 사이에 n개의 수를 넣어서 만든 등비수열
> ➡ 첫째항은 a, 제$(n+2)$항은 b

숫자 바꿈

3-1 두 수 64와 $\dfrac{1}{16}$ 사이에 4개의 수를 넣어서 만든 수열

$$64, \ a_1, \ a_2, \ a_3, \ a_4, \ \dfrac{1}{16}$$

이 이 순서대로 등비수열을 이룰 때, 이 수열의 공비를 구하시오.

3-2 두 수 $\dfrac{1}{4}$과 128 사이에 n개의 수를 넣어서 만든 수열

$$\dfrac{1}{4}, \ a_1, \ a_2, \ a_3, \ \cdots, \ a_n, \ 128$$

이 이 순서대로 등비수열을 이룬다. 이 수열의 공비가 2일 때, n의 값을 구하시오.

필수 예제 **4** 등비중항

세 수 a, $a+5$, $4a$가 이 순서대로 등비수열을 이룰 때, 양수 a의 값을 구하시오.

▶ 다시 정리하는 개념

세 수 a, b, c가 이 순서대로 등비수열을 이룬다.
➡ $b^2=ac$

숫자 바꾼

4-1 세 수 $a+3$, $2a$, $4a-9$가 이 순서대로 등비수열을 이룰 때, a의 값을 구하시오.

4-2 세 수 -6, a, b가 이 순서대로 등차수열을 이루고, 세 수 a, b, 48이 이 순서대로 등비수열을 이룰 때, $a+b$의 값을 구하시오.

필수 예제 **5** 등비수열을 이루는 세 수

등비수열을 이루는 세 수의 합이 3, 세 수의 곱이 -8일 때, 이 세 수를 구하시오.

▶ **문제 해결 tip**

세 수가 등비수열을 이룰 때
➡ 세 수를 각각 a, ar, ar^2으로 놓는다.

숫자 바꾼

5-1 등비수열을 이루는 세 수의 합이 26, 세 수의 곱이 216일 때, 세 수 중 가장 큰 수를 구하시오.

삼차방정식의 근과 계수의 관계를 이용하여 식을 세워 보자.

5-2 삼차방정식 $x^3-kx^2-21x+27=0$의 서로 다른 세 실근이 등비수열을 이룰 때, 상수 k의 값을 구하시오.

필수 예제 6 등비수열의 합

○ **다시 정리하는 개념**

$a_3=4$, $a_6=-32$인 등비수열 $\{a_n\}$의 첫째항부터 제n항까지의 합을 S_n이라 할 때, S_9의 값을 구하시오.

> 첫째항이 a, 공비가 r인 등비수열의 첫째항부터 제n항까지의 합 S_n
> $$\Rightarrow S_n=\frac{a(1-r^n)}{1-r}$$
> $$=\frac{a(r^n-1)}{r-1} \ (\text{단}, r\neq1)$$

숫자 바꾼

6-1 $a_2=9$, $a_5=\dfrac{1}{3}$인 등비수열 $\{a_n\}$의 첫째항부터 제n항까지의 합을 S_n이라 할 때, S_6의 값을 구하시오.

6-2 다음 합을 구하시오.

(1) $3+6+12+\cdots+192$

(2) $243+(-81)+27+\cdots+(-1)$

6-3 등비수열 $\{a_n\}$의 첫째항부터 제n항까지의 합을 S_n이라 할 때, $S_3=5$, $S_6=30$이다. S_9의 값을 구하시오.

필수 예제 **7** 등비수열의 합과 일반항 사이의 관계

수열 $\{a_n\}$의 첫째항부터 제n항까지의 합 S_n이 $S_n=2^{n+1}-2$일 때, a_1+a_4의 값을 구하시오.

> **○ 다시 정리하는 개념**
>
> 수열 $\{a_n\}$의 첫째항부터 제n항까지의 합을 S_n이라 하면
> $a_1=S_1,\ a_n=S_n-S_{n-1}\ (n\geq2)$

숫자 바꿈

7-1 수열 $\{a_n\}$의 첫째항부터 제n항까지의 합 S_n이 $S_n=4^n+3$일 때, a_1+a_3의 값을 구하시오.

7-2 수열 $\{a_n\}$의 첫째항부터 제n항까지의 합 S_n이 $S_n=5^n-1$일 때, $a_k>1000$을 만족시키는 자연수 k의 최솟값을 구하시오.

> $a_n=S_n-S_{n-1}$을 이용하여 구한 a_n에 $n=1$을 대입한 값이 $S_1(=a_1)$과 같아야 함을 이용해 보자.

7-3 수열 $\{a_n\}$의 첫째항부터 제n항까지의 합 S_n이 $S_n=4\times3^{n+1}+k$이다. 이 수열이 첫째항부터 등비수열을 이룰 때, 상수 k의 값을 구하시오.

| 필수 예제 01 |

01

다음 수열이 등비수열일 때, 공비와 제8항의 합을 구하시오.

$$\frac{4}{27}, \quad \frac{4}{9}, \quad \frac{4}{3}, \quad 4, \quad 12, \cdots$$

📖 **NOTE**

| 필수 예제 01 |

02

넓이가 1인 정사각형 모양의 종이가 있다. 오른쪽 그림과 같이 첫 번째 시행에서 정사각형을 9등분하여 중앙의 정사각형을 오려내고, 두 번째 시행에서 첫 번째 시행 후 남은 8개의 정사각형을 각각 9등분하여 중앙의 정사각형을 오려낸다. 이와 같은 시행을 10회 반복했을 때, 남아 있는 종이의 넓이는 $\frac{2^p}{3^q}$이다. 두 자연수 p, q에 대하여 $p+q$의 값을 구하시오.

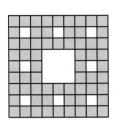

처음 몇 개의 항을 나열하여 규칙을 파악한다.

| 필수 예제 02 |

03

제3항이 12, 제7항이 192이고 공비가 양수인 등비수열 $\{a_n\}$에서 처음으로 2400보다 커지는 항은 제몇 항인지 구하시오.

| 필수 예제 03 |

04

두 수 $\frac{1}{9}$과 243 사이에 6개의 수를 넣어서 만든 수열

$$\frac{1}{9}, a_1, a_2, a_3, \cdots, a_6, 243$$

이 이 순서대로 등비수열을 이룰 때, a_2+a_5의 값을 구하시오.

첫째항은 $\frac{1}{9}$, 제8항은 243임을 이용한다.

• 정답 및 해설 60쪽

| 필수 예제 04 |

05 네 수 2, a, 18, b가 이 순서대로 등비수열을 이룰 때, 두 양수 a, b에 대하여 $a+b$의 값은?

① 36 ② 42 ③ 48 ④ 54 ⑤ 60

| 필수 예제 05 |

06 등비수열을 이루는 세 수의 합이 28, 세 수의 곱이 512일 때, 세 수 중 가장 큰 수를 구하시오.

| 필수 예제 06 |

07 등비수열 2, 6, 18, 48, $\cdots$의 첫째항부터 제n항까지의 합을 S_n이라 할 때, $S_k=728$을 만족시키는 k의 값을 구하시오.

| 필수 예제 07 |

08 수열 $\{a_n\}$의 첫째항부터 제n항까지의 합 S_n이 $S_n=2^n-1$일 때, $a_1+a_3+a_5+a_7+a_9$의 값을 구하시오.

| 필수 예제 01 |

09 모든 항이 양수인 등비수열 $\{a_n\}$에 대하여 $\dfrac{a_{16}}{a_{14}}+\dfrac{a_8}{a_7}=12$일 때, $\dfrac{a_3}{a_1}+\dfrac{a_6}{a_3}$의 값을 구하시오.

수능 기출

$a_{16}=a_{14}\times r^2$, $a_8=a_7\times r$임을 이용한다.

| 필수 예제 07 |

10 등비수열 $\{a_n\}$의 첫째항부터 제n항까지의 합을 S_n이라 하자. $a_1=1$, $\dfrac{S_6}{S_3}=2a_4-7$일 때, a_7의 값을 구하시오.

평가원 기출

$r=1$일 때와 $r\neq1$일 때로 나누어 생각해 본다.

• 정답 및 해설 62쪽

1 다음 ☐ 안에 알맞은 것을 쓰시오.

(1) 첫째항부터 차례로 일정한 수를 곱하여 만든 수열을 ☐이라 하고, 곱하는 일정한 수를 ☐라 한다.

(2) 첫째항이 a, 공비가 $r\,(r \neq 0)$인 등비수열의 일반항 a_n은

$$a_n = \boxed{} \text{ (단, } n=1, 2, 3, \cdots)$$

(3) 0이 아닌 세 수 a, b, c가 이 순서대로 등비수열을 이룰 때, b를 a와 c의 ☐이라 하고, $b^2 = \boxed{}$이다.

(4) 첫째항이 a, 공비가 $r\,(r \neq 0)$인 등비수열의 첫째항부터 제n항까지의 합을 S_n이라 하면

① $r \neq 1$일 때, $S_n = \dfrac{a(\boxed{})}{1-r} = \dfrac{a(r^n - 1)}{\boxed{}}$

② $r = 1$일 때, $S_n = \boxed{}$

2 다음 문장이 옳으면 ○표, 옳지 않으면 ×표를 ( ) 안에 쓰시오.

(1) 수열 27, 18, 12, 8, $\cdots$은 첫째항이 27, 공비가 $\dfrac{4}{3}$인 등비수열이다. ( )

(2) 공비가 r인 등비수열 $\{a_n\}$에 대하여 $a_{n+1} = ra_n$이 성립한다. ( )

(3) 두 수 a, b 사이에 n개의 수를 넣어서 공비가 r인 등비수열을 만들면 첫째항이 a, 제$(n+1)$항이

b이므로 $b = ar^n$이다. ( )

(4) 세 수 -4, x, -9가 이 순서대로 등비수열을 이루면 $x = \pm 6$이다. ( )

(5) 첫째항이 -6, 공비가 -1인 등비수열의 첫째항부터 제10항까지의 합 S_{10}은 $S_{10} = 0$이다. ( )

10

수열의 합

10

수열의 합

---

1 ∑의 뜻과 성질

(1) 합의 기호 ∑

수열 $\{a_n\}$의 첫째항부터 제n항까지의 합 $a_1+a_2+a_3+\cdots+a_n$을

합의 기호 $\sum$❶를 사용하여 $\displaystyle\sum_{k=1}^{n}a_k$로 나타낼 수 있다. 즉,

$$a_1+a_2+a_3+\cdots+a_n=\sum_{k=1}^{n}a_k$$

> **참고** ① $\displaystyle\sum_{k=1}^{n}a_k$는 k 대신 다른 문자를 사용하여 $\displaystyle\sum_{i=1}^{n}a_i,\ \sum_{j=1}^{n}a_j,\ \sum_{l=1}^{n}a_l$ 등과 같이 나타낼 수 있다.
>
> ② $m\le n$일 때 수열 $\{a_n\}$의 제m항부터 제n항까지의 합은 기호 $\sum$를 사용하여
>
> $$a_m+a_{m+1}+a_{m+2}+\cdots+a_n=\sum_{k=m}^{n}a_k$$
>
> 와 같이 나타낼 수 있다.

(2) ∑의 성질❷

두 수열 $\{a_n\}$, $\{b_n\}$과 상수 c에 대하여 다음이 성립한다.

① $\displaystyle\sum_{k=1}^{n}(a_k+b_k)=\sum_{k=1}^{n}a_k+\sum_{k=1}^{n}b_k$ ② $\displaystyle\sum_{k=1}^{n}(a_k-b_k)=\sum_{k=1}^{n}a_k-\sum_{k=1}^{n}b_k$

③ $\displaystyle\sum_{k=1}^{n}ca_k=c\sum_{k=1}^{n}a_k$ ④ $\displaystyle\sum_{k=1}^{n}c=cn$

> **참고** $\displaystyle\sum_{k=1}^{n}(pa_k+qb_k+r)=p\sum_{k=1}^{n}a_k+q\sum_{k=1}^{n}b_k+rn$ (단, p, q, r는 상수)

2 자연수의 거듭제곱의 합

(1) $\displaystyle\sum_{k=1}^{n}k=1+2+3+\cdots+n=\dfrac{n(n+1)}{2}$

(2) $\displaystyle\sum_{k=1}^{n}k^2=1^2+2^2+3^2+\cdots+n^2=\dfrac{n(n+1)(2n+1)}{6}$

(3) $\displaystyle\sum_{k=1}^{n}k^3=1^3+2^3+3^3+\cdots+n^3=\left\{\dfrac{n(n+1)}{2}\right\}^2$

3 여러 가지 수열의 합

(1) 분모가 곱으로 표현된 수열의 합

분모가 곱으로 표현된 수열의 합은 다음과 같은 순서로 구한다.

❶ 일반항 a_k를 부분분수로 변형❸한다.

❷ a_k에 $k=1, 2, 3, \cdots, n$을 차례로 대입하여 합의 꼴로 나타낸다.

❸ 더하여 0이 되는 항을 소거한 후 계산한다.

> **참고** 부분분수로 변형할 때 다음을 이용한다.
>
> ① $\displaystyle\sum_{k=1}^{n}\dfrac{1}{k(k+1)}=\sum_{k=1}^{n}\left(\dfrac{1}{k}-\dfrac{1}{k+1}\right)$
>
> ② $\displaystyle\sum_{k=1}^{n}\dfrac{1}{(k+a)(k+b)}=\dfrac{1}{b-a}\sum_{k=1}^{n}\left(\dfrac{1}{k+a}-\dfrac{1}{k+b}\right)$ (단, $a\ne b$)

개념 플러스⁺

❶ 기호 $\sum$는 합을 뜻하는 영어 Sum의 첫 글자 S에 해당하는 그리스 문자의 대문자로 '시그마(sigma)'라 읽는다.

$$\begin{array}{c}\text{제}n\text{항까지} \\ \downarrow \\ \displaystyle\sum_{k=1}^{n}a_k \leftarrow \text{일반항} \\ \uparrow \\ \text{제1항부터}\end{array}$$

❷ ∑의 성질에서 다음에 주의한다.

① $\displaystyle\sum_{k=1}^{n}a_kb_k\ne\sum_{k=1}^{n}a_k\sum_{k=1}^{n}b_k$

② $\displaystyle\sum_{k=1}^{n}a_k{}^2\ne\left(\sum_{k=1}^{n}a_k\right)^2$

③ $\displaystyle\sum_{k=1}^{n}\dfrac{a_k}{b_k}\ne\dfrac{\displaystyle\sum_{k=1}^{n}a_k}{\displaystyle\sum_{k=1}^{n}b_k}$

$\left(\text{단, }b_k\ne0,\ \displaystyle\sum_{k=1}^{n}b_k\ne0\right)$

❸ $\dfrac{1}{AB}=\dfrac{1}{B-A}\left(\dfrac{1}{A}-\dfrac{1}{B}\right)$

(단, $A\ne B$)

■ 항이 연쇄적으로 소거될 때에는 앞에서 남은 항과 뒤에서 남은 항이 서로 대칭인 위치에 있다.

(2) **분모에 무리식을 포함한 수열의 합**

분모에 무리식을 포함한 수열의 합은 다음과 같은 순서로 구한다.
❶ 일반항 a_k의 분모를 유리화❹한다.
❷ a_k에 $k=1, 2, 3, \cdots, n$을 차례로 대입하여 합의 꼴로 나타낸다.
❸ 더하여 0이 되는 항을 소거한 후 계산한다.

참고 분모를 유리화할 때 다음을 이용한다.
① $\displaystyle\sum_{k=1}^{n} \frac{1}{\sqrt{k}+\sqrt{k+1}} = \sum_{k=1}^{n}(\sqrt{k+1}-\sqrt{k})$
② $\displaystyle\sum_{k=1}^{n} \frac{1}{\sqrt{k+a}+\sqrt{k+b}} = \frac{1}{a-b}\sum_{k=1}^{n}(\sqrt{k+a}-\sqrt{k+b})$ (단, $a \neq b$)

개념 플러스⁺

❹ $\dfrac{1}{\sqrt{a}+\sqrt{b}}$
$= \dfrac{\sqrt{a}-\sqrt{b}}{(\sqrt{a}+\sqrt{b})(\sqrt{a}-\sqrt{b})}$
$= \dfrac{\sqrt{a}-\sqrt{b}}{a-b}$

교과서 개념 확인하기

정답 및 해설 62쪽

1 다음을 기호 $\sum$를 사용하여 나타내시오.

(1) $5+10+15+\cdots+50$

(2) $3+3^2+3^3+\cdots+3^8$

(3) $\dfrac{1}{2}+\dfrac{1}{4}+\dfrac{1}{6}+\cdots+\dfrac{1}{20}$

(4) $1\times2+2\times3+3\times4+\cdots+14\times15$

2 다음을 기호 $\sum$를 사용하지 않은 합의 꼴로 나타내시오.

(1) $\displaystyle\sum_{k=1}^{5} 4k$

(2) $\displaystyle\sum_{k=1}^{20} k^2$

(3) $\displaystyle\sum_{k=1}^{15} \frac{1}{k+1}$

(4) $\displaystyle\sum_{k=1}^{10} (-5)^k$

3 $\displaystyle\sum_{k=1}^{10} a_k=6$, $\displaystyle\sum_{k=1}^{10} b_k=2$일 때, 다음 식의 값을 구하시오.

(1) $\displaystyle\sum_{k=1}^{10} (a_k+b_k)$

(2) $\displaystyle\sum_{k=1}^{10} (a_k-b_k)$

(3) $\displaystyle\sum_{k=1}^{10} 3a_k$

(4) $\displaystyle\sum_{k=1}^{10} (a_k+4b_k+2)$

4 다음 식의 값을 구하시오.

(1) $1+2+3+\cdots+8$

(2) $1^2+2^2+3^2+\cdots+8^2$

(3) $1^3+2^3+3^3+\cdots+8^3$

5 다음 식의 값을 구하시오.

(1) $\displaystyle\sum_{k=1}^{10} \frac{1}{k(k+1)}$

(2) $\displaystyle\sum_{k=1}^{16} \frac{1}{(k+1)(k+2)}$

6 다음 식의 값을 구하시오.

(1) $\displaystyle\sum_{k=1}^{8} \frac{1}{\sqrt{k}+\sqrt{k+1}}$

(2) $\displaystyle\sum_{k=1}^{16} \frac{1}{\sqrt{k+1}+\sqrt{k+2}}$

◑ 다시 정리하는 개념

$$\sum_{k=1}^{n} a_k = a_1 + a_2 + a_3 + \cdots + a_n$$

$a_1 = 3$, $a_{20} = 30$일 때, $\displaystyle\sum_{k=2}^{20} a_k - \sum_{k=1}^{19} a_k$의 값을 구하시오.

숫자 바꿈

1-1 $\displaystyle\sum_{k=2}^{100} a_k = 55$, $\displaystyle\sum_{k=1}^{99} a_k = 10$일 때, $a_{100} - a_1$의 값을 구하시오.

1-2 함수 $f(x)$가 $f(1) = 2$, $f(10) = 48$을 만족시킬 때, $\displaystyle\sum_{k=1}^{9} f(k+1) - \sum_{k=2}^{10} f(k-1)$의 값을 구하시오.

1-3 $\displaystyle\sum_{k=1}^{n} (a_{2k-1} + a_{2k}) = 3n + 1$일 때, $\displaystyle\sum_{k=1}^{20} a_k$의 값을 구하시오.

필수 예제 **2** ∑의 성질

$\sum\limits_{k=1}^{10} a_k = 2$, $\sum\limits_{k=1}^{10} a_k^2 = 5$일 때, $\sum\limits_{k=1}^{10} (2a_k+3)^2$의 값을 구하시오.

다시 정리하는 개념

세 상수 p, q, r에 대하여
$\sum\limits_{k=1}^{n} (pa_k + qb_k + r)$
$= p\sum\limits_{k=1}^{n} a_k + q\sum\limits_{k=1}^{n} b_k + rn$

숫자 바꾼

2-1 $\sum\limits_{k=1}^{20} a_k = 4$, $\sum\limits_{k=1}^{20} a_k^2 = 10$일 때, $\sum\limits_{k=1}^{20} (3a_k - 1)^2$의 값을 구하시오.

2-2 $\sum\limits_{k=1}^{n} a_k = n^2 + 4$, $\sum\limits_{k=1}^{n} b_k = 7n$일 때, $\sum\limits_{k=1}^{8} (5a_k - 2b_k)$의 값을 구하시오.

$\sum\limits_{k=1}^{15} a_k = \alpha$, $\sum\limits_{k=1}^{15} b_k = \beta$라 하고 α, β의 값을 구해 보자.

2-3 $\sum\limits_{k=1}^{15} (a_k + b_k) = 24$, $\sum\limits_{k=1}^{15} (a_k - b_k) = 6$일 때, $\sum\limits_{k=1}^{15} (a_k - 3b_k + 5)$의 값을 구하시오.

필수 예제 **3** $\displaystyle\sum_{k=1}^{n} r^k$ 꼴의 계산

○ 다시 정리하는 개념

다음 식의 값을 구하시오.

(1) $\displaystyle\sum_{k=1}^{5}(3^k+2)$

(2) $\displaystyle\sum_{k=1}^{7}\left(\frac{1}{2}\right)^{k-1}$

$\displaystyle\sum_{k=1}^{n} r^k = r+r^2+r^3+\cdots+r^n$
$= \dfrac{r(r^n-1)}{r-1}$ (단, $r\neq 1$)

숫자 바꾼

3-1 다음 식의 값을 구하시오.

(1) $\displaystyle\sum_{k=1}^{4}(4^k-5)$

(2) $\displaystyle\sum_{k=1}^{5}\left(\frac{1}{3}\right)^{k-1}$

3-2 $\displaystyle\sum_{k=1}^{10}\frac{3^k-2^k}{4^k}=a\left(\frac{3}{4}\right)^{10}+\left(\frac{1}{2}\right)^{10}+b$를 만족시키는 두 정수 a, b에 대하여 $a+b$의 값을 구하시오.

등비수열의 합의 공식을 이용해 보자.

3-3 $\displaystyle\sum_{k=1}^{n}(1+3+3^2+\cdots+3^{k-1})=a\times 3^n+bn+c$를 만족시키는 세 상수 a, b, c에 대하여 abc의 값을 구하시오.

필수 예제 4 자연수의 거듭제곱의 합

다음 식의 값을 구하시오.

(1) $\sum_{k=1}^{10} (4k+3)$

(2) $\sum_{k=1}^{7} k(k-1)$

다시 정리하는 개념

① $\sum_{k=1}^{n} k = \dfrac{n(n+1)}{2}$

② $\sum_{k=1}^{n} k^2 = \dfrac{n(n+1)(2n+1)}{6}$

③ $\sum_{k=1}^{n} k^3 = \left\{ \dfrac{n(n+1)}{2} \right\}^2$

숫자 바꾼

4-1 다음 식의 값을 구하시오.

(1) $\sum_{k=1}^{8} (3k^2 - 7k)$

(2) $\sum_{k=1}^{5} k^2(k+2)$

4-2 다음 식의 값을 구하시오.

(1) $\sum_{k=1}^{6} (5k+1)^2 - \sum_{k=1}^{6} (5k)^2$

(2) $\sum_{k=1}^{10} (k+2)^2 + \sum_{k=1}^{10} (k-2)^2$

4-3 첫째항이 7, 공차가 3인 등차수열 $\{a_n\}$에 대하여 $\sum_{k=1}^{8} (2a_k - 10)$의 값을 구하시오.

필수 예제 **5** ∑를 이용한 수열의 합

다음 수열의 첫째항부터 제 n 항까지의 합을 구하시오.

(1) $1 \times 3,\ 2 \times 4,\ 3 \times 5,\ 4 \times 6,\ \cdots$

(2) $1,\ 1+2,\ 1+2+3,\ 1+2+3+4,\ \cdots$

> ▶ **문제 해결 tip**
>
> ❶ 일반항을 구한 후 ∑를 사용하여 나타낸다.
> ❷ ∑의 성질과 자연수의 거듭제곱의 합의 공식을 이용한다.

숫자 바꾼

5-1 다음 수열의 첫째항부터 제 n 항까지의 합을 구하시오.

(1) $3^2,\ 6^2,\ 9^2,\ 12^2,\ \cdots$

(2) $1 \times 3,\ 3 \times 5,\ 5 \times 7,\ 7 \times 9,\ \cdots$

5-2 수열 $1,\ 1+2,\ 1+2+2^2,\ 1+2+2^2+2^3,\ \cdots$ 의 첫째항부터 제8항까지의 합을 구하시오.

필수 예제 **6** ∑를 여러 개 포함한 식

다음 식의 값을 구하시오.

(1) $\displaystyle\sum_{i=1}^{10}\left(\sum_{k=1}^{i} 6\right)$

(2) $\displaystyle\sum_{n=1}^{6}\left(\sum_{k=1}^{4} nk\right)$

> ▶ **문제 해결 tip**
>
> 문자가 변수인지 상수인지 구분하여 괄호 안쪽에 있는 ∑부터 계산한다.

숫자 바꾼

6-1 다음 식의 값을 구하시오.

(1) $\displaystyle\sum_{m=1}^{8}\left\{\sum_{k=1}^{m}(4k-1)\right\}$

(2) $\displaystyle\sum_{m=1}^{5}\left\{\sum_{n=1}^{5}(m+n)\right\}$

6-2 $\displaystyle\sum_{m=1}^{n}\left(\sum_{l=1}^{m} l\right)=56$ 을 만족시키는 자연수 n 의 값을 구하시오.

• 정답 및 해설 65쪽

필수 예제 **7** 분수 꼴인 수열의 합

수열 $\dfrac{1}{1\times 3}$, $\dfrac{1}{3\times 5}$, $\dfrac{1}{5\times 7}$, $\dfrac{1}{7\times 9}$, $\cdots$의 첫째항부터 제n항까지의 합을 구하시오.

▶ 문제 해결 tip

수열의 일반항을 구한 후 부분분수로 변형하여 항이 연쇄적으로 소거됨을 이용한다.

7-1 수열 $\dfrac{1}{2\times 5}$, $\dfrac{1}{5\times 8}$, $\dfrac{1}{8\times 11}$, $\dfrac{1}{11\times 14}$, $\cdots$의 첫째항부터 제n항까지의 합을 구하시오.

7-2 $1+\dfrac{1}{1+2}+\dfrac{1}{1+2+3}+\cdots+\dfrac{1}{1+2+3+\cdots+20}$의 값을 구하시오.

필수 예제 **8** 분모에 근호가 포함된 수열의 합

수열 $\dfrac{1}{\sqrt{2}+\sqrt{3}}$, $\dfrac{1}{\sqrt{3}+\sqrt{4}}$, $\dfrac{1}{\sqrt{4}+\sqrt{5}}$, $\dfrac{1}{\sqrt{5}+\sqrt{6}}$, $\cdots$의 첫째항부터 제n항까지의 합을 구하시오.

▶ 문제 해결 tip

수열의 일반항을 구한 후 분모를 유리화하여 항이 연쇄적으로 소거됨을 이용한다.

8-1 수열 $\dfrac{2}{1+\sqrt{3}}$, $\dfrac{2}{\sqrt{3}+\sqrt{5}}$, $\dfrac{2}{\sqrt{5}+\sqrt{7}}$, $\dfrac{2}{\sqrt{7}+\sqrt{9}}$, $\cdots$의 첫째항부터 제n항까지의 합을 구하시오.

8-2 $\dfrac{3}{\sqrt{2}+\sqrt{5}}+\dfrac{3}{\sqrt{5}+\sqrt{8}}+\dfrac{3}{\sqrt{8}+\sqrt{11}}+\cdots+\dfrac{3}{\sqrt{47}+\sqrt{50}}$의 값을 구하시오.

| 필수 예제 01 |

01 $\sum\limits_{k=1}^{n}(2k-1)-\sum\limits_{k=3}^{n}(2k-1)$의 값은?

① 1   ② 2   ③ 3   ④ 4   ⑤ 5

📖 NOTE

| 필수 예제 02 |

02 $\sum\limits_{k=1}^{10}a_k=-8$, $\sum\limits_{k=1}^{10}(a_k+1)^2=31$일 때, $\sum\limits_{k=1}^{10}a_k^2$의 값을 구하시오.

$(a_k+1)^2$을 전개한 후 Σ의 성질을 이용한다.

| 필수 예제 03 |

03 첫째항이 1, 공비가 3인 등비수열 $\{a_n\}$의 첫째항부터 제n항까지의 합을 S_n이라 할 때, $\sum\limits_{k=1}^{5}S_k$의 값을 구하시오.

| 필수 예제 04 |

04 $\sum\limits_{k=1}^{n-1}(4k-3)=28$을 만족시키는 자연수 n의 값은?

① 3   ② 4   ③ 5   ④ 6   ⑤ 7

| 필수 예제 05 |

05 $1\times19+2\times18+3\times17+\cdots+19\times1$의 값을 구하시오.

| 필수 예제 06 |

06

$i+j=9$, $ij=20$일 때, $\sum\limits_{m=1}^{i}\left(\sum\limits_{n=1}^{j}mn\right)$의 값을 구하시오.

📖 **NOTE**

변수가 아닌 문자는 상수로 생각한다.

| 필수 예제 07 |

07

다음 식의 값을 구하시오.

$$\frac{1}{2^2-1}+\frac{1}{3^2-1}+\frac{1}{4^2-1}+\cdots+\frac{1}{10^2-1}$$

| 필수 예제 08 |

08

수열 $\{a_n\}$이 첫째항이 1, 공차가 3인 등차수열일 때, $\sum\limits_{k=1}^{16}\dfrac{1}{\sqrt{a_k}+\sqrt{a_{k+1}}}$의 값을 구하시오.

등차수열의 일반항 a_n을 구한다.

| 필수 예제 01 |

09
수능 기출

수열 $\{a_n\}$에 대하여 $\sum\limits_{k=1}^{10}a_k-\sum\limits_{k=1}^{7}\dfrac{a_k}{2}=56$, $\sum\limits_{k=1}^{10}2a_k-\sum\limits_{k=1}^{8}a_k=100$일 때, a_8의 값을 구하시오.

| 필수 예제 04 |

10
평가원 기출

n이 자연수일 때, x에 대한 이차방정식 $(n^2+6n+5)x^2-(n+5)x-1=0$의 두 근의 합을 a_n이라 하자. $\sum\limits_{k=1}^{10}\dfrac{1}{a_k}$의 값은?

① 65   ② 70   ③ 75   ④ 80   ⑤ 85

이차방정식의 근과 계수의 관계를 이용하여 a_n을 구한다.

• 정답 및 해설 68쪽

1 다음 ☐ 안에 알맞은 것을 쓰시오.

(1) 수열 $\{a_n\}$의 첫째항부터 제n항까지의 합을 기호 $\sum$를 사용하여

$$a_1+a_2+a_3+\cdots+a_n=\boxed{}$$

로 나타낼 수 있다.

(2) $\sum$의 성질

두 수열 $\{a_n\}$, $\{b_n\}$과 상수 c에 대하여 다음이 성립한다.

① $\displaystyle\sum_{k=1}^{n}(a_k+b_k)=\sum_{k=1}^{n}a_k+\sum_{k=1}^{n}b_k$ 　　　　　② $\displaystyle\sum_{k=1}^{n}(a_k-b_k)=\boxed{}$

③ $\displaystyle\sum_{k=1}^{n}ca_k=c\sum_{k=1}^{n}a_k$ 　　　　　　　　　　　④ $\displaystyle\sum_{k=1}^{n}c=\boxed{}$

(3) 자연수의 거듭제곱의 합

① $\displaystyle\sum_{k=1}^{n}k=1+2+3+\cdots+n=\dfrac{n(n+1)}{2}$

② $\displaystyle\sum_{k=1}^{n}k^2=1^2+2^2+3^2+\cdots+n^2=\boxed{}$

③ $\displaystyle\sum_{k=1}^{n}k^3=1^3+2^3+3^3+\cdots+n^3=\boxed{}$

2 다음 문장이 옳으면 ○표, 옳지 않으면 ×표를 ( ) 안에 쓰시오.

(1) $m\leq n$일 때 수열 $\{a_n\}$의 제m항부터 제n항까지의 합을 $\displaystyle\sum_{k=m}^{n}a_k$와 같이 나타낼 수 있다. 　　　　(　)

(2) $\displaystyle\sum_{k=1}^{n}a_kb_k=\sum_{k=1}^{n}a_k\sum_{k=1}^{n}b_k$가 성립한다. 　　　　　　　　　　　　　　　　　　　　　　(　)

(3) 세 상수 p, q, r에 대하여 $\displaystyle\sum_{k=1}^{n}(pa_k+qb_k+r)=p\sum_{k=1}^{n}a_k+q\sum_{k=1}^{n}b_k+r$가 성립한다. 　(　)

(4) $\displaystyle\sum_{k=1}^{n}\dfrac{1}{k(k+1)}=\sum_{k=1}^{n}\left(\dfrac{1}{k}-\dfrac{1}{k+1}\right)$이다. 　　　　　　　　　　　　　　　　　　(　)

(5) $a\neq b$일 때, $\displaystyle\sum_{k=1}^{n}\dfrac{1}{\sqrt{k+a}+\sqrt{k+b}}=\dfrac{1}{b-a}\sum_{k=1}^{n}(\sqrt{k+a}-\sqrt{k+b})$이다. 　　　(　)

11

수학적 귀납법

11 수학적 귀납법

1 수열의 귀납적 정의

(1) 수열의 귀납적 정의

수열 $\{a_n\}$에서

(ⅰ) 첫째항 a_1의 값

(ⅱ) 이웃하는 두 항 a_n, a_{n+1} ($n=1, 2, 3, \cdots$) 사이의 관계식❶

과 같이 처음 몇 개의 항과 이웃하는 항들 사이의 관계식으로 수열을 정의하는 것을 수열의 **귀납적 정의**라 한다.

(2) 등차수열의 귀납적 정의

① 첫째항이 a, 공차가 d인 등차수열 $\{a_n\}$의 귀납적 정의는

$$a_1=a, \ a_{n+1}=a_n+d \ (n=1, 2, 3, \cdots)$$

> [예] 첫째항이 3, 공차가 2인 등차수열을 귀납적으로 정의하면
> $$a_1=3, \ a_{n+1}=a_n+2 \ (n=1, 2, 3, \cdots)$$

② 등차수열을 나타내는 관계식

- $a_{n+1}=a_n+d \iff a_{n+1}-a_n=d$ (일정) $\longrightarrow$ 수열 $\{a_n\}$은 공차가 d인 등차수열
- $2a_{n+1}=a_n+a_{n+2} \iff a_{n+2}-a_{n+1}=a_{n+1}-a_n$ ❷

(3) 등비수열의 귀납적 정의

① 첫째항이 a, 공비가 r인 등비수열 $\{a_n\}$의 귀납적 정의는

$$a_1=a, \ a_{n+1}=ra_n \ (n=1, 2, 3, \cdots)$$

> [예] 첫째항이 3, 공비가 2인 등비수열을 귀납적으로 정의하면
> $$a_1=3, \ a_{n+1}=2a_n \ (n=1, 2, 3, \cdots)$$

② 등비수열을 나타내는 관계식

- $a_{n+1}=ra_n \iff a_{n+1} \div a_n=r$ (일정) $\longrightarrow$ 수열 $\{a_n\}$은 공비가 r인 등비수열
- ${a_{n+1}}^2=a_n a_{n+2} \iff a_{n+2} \div a_{n+1}=a_{n+1} \div a_n$ ❸

2 수학적 귀납법

자연수 n에 대한 명제 $p(n)$이 모든 자연수 n에 대하여 성립함을 증명하려면 다음 두 가지를 보이면 된다.

(ⅰ) $n=1$일 때 명제 $p(n)$이 성립한다.

(ⅱ) $n=k$일 때 명제 $p(n)$이 성립한다고 가정하면 $n=k+1$일 때도 명제 $p(n)$이 성립한다.

이와 같은 방법으로 자연수 n에 대한 어떤 명제가 참임을 증명하는 방법을 **수학적 귀납법**이라 한다.

> [참고] 자연수 n에 대한 명제 $p(n)$이 $n \geq m$ ($m \geq 2$인 자연수)인 모든 자연수 n에 대하여 성립함을 증명하려면 다음 두 가지를 보이면 된다.
> (ⅰ) $n=m$일 때 명제 $p(n)$이 성립한다.
> (ⅱ) $n=k$ ($k \geq m$)일 때 명제 $p(n)$이 성립한다고 가정하면 $n=k+1$일 때도 명제 $p(n)$이 성립한다.

개념 플러스⁺

❶ 관계식에 $n=1, 2, 3, \cdots$을 대입하면 수열 $\{a_n\}$의 모든 항을 구할 수 있다.

❷ $a_{n+1}=\dfrac{a_n+a_{n+2}}{2}$이므로 a_{n+1}은 a_n과 a_{n+2}의 등차중항이다.

❸ ${a_{n+1}}^2=a_n a_{n+2}$이므로 a_{n+1}은 a_n과 a_{n+2}의 등비중항이다.

1 다음과 같이 귀납적으로 정의된 수열 $\{a_n\}$에서 제4항을 구하시오. (단, $n=1, 2, 3, \cdots$)

(1) $a_1=2$, $a_{n+1}=a_n+5$

(2) $a_1=\dfrac{1}{9}$, $a_{n+1}=3a_n$

(3) $a_1=-1$, $a_{n+1}=2a_n+3$

(4) $a_1=4$, $a_{n+1}=na_n$

2 다음 등차수열을 귀납적으로 정의하시오.

(1) 1, 4, 7, 10, 13, $\cdots$

(2) 11, 7, 3, -1, -5, $\cdots$

3 다음 등비수열을 귀납적으로 정의하시오.

(1) 6, 12, 24, 48, 96, $\cdots$

(2) 32, 8, 2, $\dfrac{1}{2}$, $\dfrac{1}{8}$, $\cdots$

4 다음은 모든 자연수 n에 대하여

$$1+3+5+\cdots+(2n-1)=n^2 \qquad \cdots\cdots \ \textcircled{\scriptsize ㄱ}$$

이 성립함을 수학적 귀납법으로 증명한 것이다.

(ⅰ) $n=1$일 때

(좌변)$=$ $\boxed{\text{(가)}}$, (우변)$=$ $\boxed{\text{(가)}}$

즉, $n=1$일 때 $\textcircled{\scriptsize ㄱ}$이 성립한다.

(ⅱ) $n=k$일 때 $\textcircled{\scriptsize ㄱ}$이 성립한다고 가정하면

$$1+3+5+\cdots+(2k-1)=k^2$$

위의 식의 양변에 $\boxed{\text{(나)}}$ 을 더하면

$$1+3+5+\cdots+(2k-1)+(\boxed{\text{(나)}})=k^2+\boxed{\text{(나)}}=(k+1)^2$$

즉, $n=k+1$일 때도 $\textcircled{\scriptsize ㄱ}$이 성립한다.

(ⅰ), (ⅱ)에 의하여 모든 자연수 n에 대하여 $\textcircled{\scriptsize ㄱ}$이 성립한다.

(가), (나)에 알맞은 것을 각각 구하시오.

필수 예제 1 귀납적으로 정의된 수열에서 k번째 항 구하기

다음과 같이 귀납적으로 정의된 수열 $\{a_n\}$에서 제5항을 구하시오. (단, $n=1, 2, 3, \cdots$)

(1) $a_1=3,\ a_{n+1}=a_n+n+1$

(2) $a_1=2,\ a_{n+1}=\dfrac{a_n}{n+1}$

숫자 바꾼

1-1 다음과 같이 귀납적으로 정의된 수열 $\{a_n\}$에서 제6항을 구하시오.

(단, $n=1, 2, 3, \cdots$)

(1) $a_1=-2,\ a_{n+1}=a_n+3n$

(2) $a_1=1,\ a_{n+1}=\dfrac{2n-1}{2n+1}a_n$

1-2 수열 $\{a_n\}$이 귀납적으로

$$a_1=1,\ a_2=3,\ a_{n+2}=a_{n+1}+a_n\ (n=1, 2, 3, \cdots)$$

과 같이 정의될 때, a_8을 구하시오.

1-3 수열 $\{a_n\}$이 귀납적으로

$$a_1=4,\ a_{n+1}=\begin{cases} 2a_n & (n\text{이 홀수}) \\ a_n-1 & (n\text{이 짝수}) \end{cases} (n=1, 2, 3, \cdots)$$

과 같이 정의될 때, a_7을 구하시오.

필수 예제 **2** 등차수열의 귀납적 정의

수열 $\{a_n\}$이 귀납적으로

$$a_1=5,\ a_{n+1}=a_n+4\ (n=1,\ 2,\ 3,\ \cdots)$$

와 같이 정의될 때, a_{10}을 구하시오.

▶ 다시 정리하는 개념

$a_1=a,\ a_{n+1}=a_n+d$
➡ 첫째항이 a, 공차가 d인 등차수열

숫자 바꾼

2-1 수열 $\{a_n\}$이 귀납적으로

$$a_1=19,\ a_{n+1}-a_n=-3\ (n=1,\ 2,\ 3,\ \cdots)$$

과 같이 정의될 때, a_{15}를 구하시오.

2-2 수열 $\{a_n\}$이

$$a_{n+2}-a_{n+1}=a_{n+1}-a_n\ (n=1,\ 2,\ 3,\ \cdots)$$

을 만족시키고 $a_2=8,\ a_5=23$일 때, a_{20}을 구하시오.

필수 예제 **3** 등비수열의 귀납적 정의

수열 $\{a_n\}$이 귀납적으로

$$a_1=2,\ a_{n+1}=3a_n\ (n=1,\ 2,\ 3,\ \cdots)$$

과 같이 정의될 때, a_6을 구하시오.

▶ 다시 정리하는 개념

$a_1=a,\ a_{n+1}=ra_n$
➡ 첫째항이 a, 공비가 r인 등비수열

숫자 바꾼

3-1 수열 $\{a_n\}$이 귀납적으로

$$a_1=64,\ \frac{a_{n+1}}{a_n}=\frac{1}{2}\ (n=1,\ 2,\ 3,\ \cdots)$$

과 같이 정의될 때, a_{10}을 구하시오.

3-2 모든 항이 양수인 수열 $\{a_n\}$이

$$\frac{a_{n+2}}{a_{n+1}}=\frac{a_{n+1}}{a_n}\ (n=1,\ 2,\ 3,\ \cdots)$$

을 만족시키고 $a_2=\frac{1}{4},\ a_4=4$일 때, a_8을 구하시오.

필수 예제 4 **수학적 귀납법을 이용한 등식의 증명**

다음은 모든 자연수 n에 대하여

$$1+2+3+\cdots+n=\frac{n(n+1)}{2} \quad \cdots\cdots ㉠$$

이 성립함을 수학적 귀납법으로 증명한 것이다.

(i) $n=1$일 때

(좌변)=$\boxed{\text{(가)}}$, (우변)=$\boxed{\text{(가)}}$

즉, $n=1$일 때 ㉠이 성립한다.

(ii) $n=k$일 때 ㉠이 성립한다고 가정하면

$$1+2+3+\cdots+k=\frac{k(k+1)}{2}$$

위의 식의 양변에 $\boxed{\text{(나)}}$ 을 더하면

$$1+2+3+\cdots+k+\boxed{\text{(나)}}=\frac{k(k+1)}{2}+\boxed{\text{(나)}}=\frac{(k+1)(k+2)}{2}$$

즉, $n=k+1$일 때도 ㉠이 성립한다.

(i), (ii)에 의하여 모든 자연수 n에 대하여 ㉠이 성립한다.

위의 (가), (나)에 알맞은 것을 각각 구하시오.

> **◐ 다시 정리하는 개념**
>
> 모든 자연수 n에 대하여 명제 $p(n)$이 성립함을 증명하려면
> ➡ $p(1)$이 성립함을 보인 후 $p(k)$가 성립한다고 가정하여 $p(k+1)$이 성립함을 보인다.

숫자 바꿘

4-1 모든 자연수 n에 대하여

$$1^2+2^2+3^2+\cdots+n^2=\frac{n(n+1)(2n+1)}{6}$$

이 성립함을 수학적 귀납법으로 증명하시오.

4-2 모든 자연수 n에 대하여

$$1\times2+2\times3+3\times4+\cdots+n(n+1)=\frac{n(n+1)(n+2)}{3}$$

가 성립함을 수학적 귀납법으로 증명하시오.

필수 예제 **5** 수학적 귀납법을 이용한 부등식의 증명

다음은 $h>0$일 때, $n\geq2$인 모든 자연수 n에 대하여 부등식

$$(1+h)^n>1+nh \quad \cdots\cdots \text{㉠}$$

가 성립함을 수학적 귀납법으로 증명한 것이다.

(i) $n=2$일 때

(좌변)$=(1+h)^2=1+2h+h^2$, (우변)$=1+2h$

이때 $h^2>0$이므로 $1+2h+h^2>1+2h$

즉, $n=2$일 때 ㉠이 성립한다.

(ii) $n=k\,(k\geq2)$일 때 ㉠이 성립한다고 가정하면

$$(1+h)^k>1+kh$$

위의 식의 양변에 $\boxed{\text{㉮}}$ 를 곱하면

$$(1+h)^{k+1}>(1+kh)(\boxed{\text{㉮}})=1+\boxed{\text{㉯}}+kh^2$$
$$>1+\boxed{\text{㉯}}$$

즉, $n=k+1$일 때도 ㉠이 성립한다.

(i), (ii)에 의하여 $n\geq2$인 모든 자연수 n에 대하여 ㉠이 성립한다.

위의 ㉮, ㉯에 알맞은 것을 각각 구하시오.

> ### ◑ 다시 정리하는 개념
>
> $n\geq m\,(m$은 2 이상의 자연수)인 모든 자연수 n에 대하여 명제 $p(n)$이 성립함을 증명하려면
> ➡ $p(m)$이 성립함을 보인 후 $p(k)\,(k\geq m)$가 성립한다고 가정하여 $p(k+1)$이 성립함을 보인다.

숫자 바꿘

5-1 $n\geq5$인 모든 자연수 n에 대하여 부등식

$$2^n>n^2$$

이 성립함을 수학적 귀납법으로 증명하시오.

5-2 $n\geq2$인 모든 자연수 n에 대하여 부등식

$$1+\frac{1}{2}+\frac{1}{3}+\cdots+\frac{1}{n}>\frac{2n}{n+1}$$

이 성립함을 수학적 귀납법으로 증명하시오.

| 필수 예제 01 |

01 수열 $\{a_n\}$이 귀납적으로

$$a_1=1,\ a_{n+1}=a_n-\frac{1}{(n+1)(n+2)}\ (n=1,\ 2,\ 3,\ \cdots)$$

과 같이 정의될 때, a_5를 구하시오.

📖 **NOTE**

주어진 관계식에 $n=1,\ 2,\ 3,\ \cdots$을 차례로 대입한다.

| 필수 예제 01 |

02 어느 수족관에 물 $100\,\mathrm{L}$가 들어 있다. 매일 수족관에 들어 있는 전날의 물의 반을 퍼내고 $10\,\mathrm{L}$의 물을 새로 넣는다. 다음은 n일째 되는 날 수족관에 남아 있는 물의 양을 $a_n\,\mathrm{L}$라 할 때, a_1을 구하고, a_n과 a_{n+1} 사이의 관계식을 구하는 과정이다.

> a_1은 1일째 되는 날 수족관에 남아 있는 물의 양이므로
>
> $a_1=$ (가)
>
> n일째 되는 날 수족관에 남아 있는 물의 양은 $a_n\,\mathrm{L}$이고, $(n+1)$일째 되는 날 수족관에 남아 있는 물의 양은 n일째 되는 날 수족관에 남아 있는 물의 반을 퍼내고 $10\,\mathrm{L}$의 물을 새로 넣은 양이므로
>
> $a_{n+1}=\dfrac{1}{2}a_n+$ (나) $(n=1,\ 2,\ 3,\ \cdots)$

위의 (가), (나)에 알맞은 수를 각각 a, b라 할 때, $a+b$의 값을 구하시오.

| 필수 예제 02 |

03 $a_1=1,\ a_{n+1}=a_n+k\ (n=1,\ 2,\ 3,\ \cdots)$로 정의된 수열 $\{a_n\}$에서 $a_{10}=46$일 때, 상수 k의 값을 구하시오.

| 필수 예제 02 |

04 수열 $\{a_n\}$이 $a_1=14,\ a_2=12,\ a_{n+2}-2a_{n+1}+a_n=0\ (n=1,\ 2,\ 3,\ \cdots)$으로 정의될 때, $\displaystyle\sum_{k=1}^{10}a_k$의 값을 구하시오.

주어진 관계식이 나타내는 수열이 등차수열임을 파악하고 조건을 이용하여 일반항 a_n을 구한다.

| 필수 예제 03 |

05 수열 $\{a_n\}$이 $a_1=2,\ a_2=4,\ \dfrac{a_{n+2}}{a_{n+1}}=\dfrac{a_{n+1}}{a_n}\ (n=1,\ 2,\ 3,\ \cdots)$로 정의될 때, $a_k=64$를 만족시키는 자연수 k의 값을 구하시오.

주어진 관계식이 나타내는 수열이 등비수열임을 파악하고 조건을 이용하여 일반항 a_n을 구한다.

| 필수 예제 04 |

06 모든 자연수 n에 대하여 명제 $p(n)$이 다음 조건을 만족시킬 때, 다음 중 반드시 참인 명제는?

> (가) $p(1)$이 참이다.
> (나) $p(n)$이 참이면 $p(2n)$도 참이다.

① $p(30)$ ② $p(32)$ ③ $p(34)$ ④ $p(36)$ ⑤ $p(38)$

| 필수 예제 01 |

07
평가원 기출

수열 $\{a_n\}$이 모든 자연수 n에 대하여

$$a_n a_{n+1} = 2n$$

이고 $a_3 = 1$일 때, $a_2 + a_5$의 값은?

① $\dfrac{13}{3}$ ② $\dfrac{16}{3}$ ③ $\dfrac{19}{3}$ ④ $\dfrac{22}{3}$ ⑤ $\dfrac{25}{3}$

| 필수 예제 04 |

08
평가원 기출

수열 $\{a_n\}$의 일반항은

$$a_n = (2^{2n} - 1) \times 2^{n(n-1)} + (n-1) \times 2^{-n}$$

이다. 다음은 모든 자연수 n에 대하여

$$\sum_{k=1}^{n} a_k = 2^{n(n+1)} - (n+1) \times 2^{-n} \qquad \cdots\cdots (*)$$

임을 수학적 귀납법을 이용하여 증명한 것이다.

(i) $n=1$일 때 (좌변)$=3$, (우변)$=3$이므로 $(*)$이 성립한다.

(ii) $n=m$일 때 $(*)$이 성립한다고 가정하면

$$\sum_{k=1}^{m} a_k = 2^{m(m+1)} - (m+1) \times 2^{-m}$$

이다. $n=m+1$일 때,

$$\sum_{k=1}^{m+1} a_k = 2^{m(m+1)} - (m+1) \times 2^{-m} + (2^{2m+2} - 1) \times \boxed{\text{(가)}} + m \times 2^{-m-1}$$

$$= \boxed{\text{(가)}} \times \boxed{\text{(나)}} - \frac{m+2}{2} \times 2^{-m}$$

$$= 2^{(m+1)(m+2)} - (m+2) \times 2^{-(m+1)}$$

이다. 따라서 $n=m+1$일 때도 $(*)$이 성립한다.

(i), (ii)에 의하여 모든 자연수 n에 대하여

$$\sum_{k=1}^{n} a_k = 2^{n(n+1)} - (n+1) \times 2^{-n}$$

이다.

위의 (가), (나)에 알맞은 식을 각각 $f(m)$, $g(m)$이라 할 때, $\dfrac{g(7)}{f(3)}$의 값은?

① 2   ② 4   ③ 8   ④ 16   ⑤ 32

• 정답 및 해설 72쪽

1 다음 ☐ 안에 알맞은 것을 쓰시오.

(1) 수열을 처음 몇 개의 항과 이웃하는 항들 사이의 관계식으로 수열을 정의하는 것을 수열의 ☐☐☐☐ 라 한다.

(2) 첫째항이 a, 공차가 d인 등차수열 $\{a_n\}$의 귀납적 정의는
$$a_1=a,\ a_{n+1}=\boxed{}\ (n=1,\ 2,\ 3,\ \cdots)$$

(3) 첫째항이 a, 공비가 r인 등비수열 $\{a_n\}$의 귀납적 정의는
$$a_1=a,\ a_{n+1}=\boxed{}\ (n=1,\ 2,\ 3,\ \cdots)$$

(4) 자연수 n에 대한 명제 $p(n)$이 모든 자연수 n에 대하여 성립함을 증명하려면 다음 두 가지를 보이면 된다.

    (i) $n=\boxed{}$일 때 명제 $p(n)$이 성립한다.

    (ii) $n=k$일 때 명제 $p(n)$이 성립한다고 가정하면 $n=\boxed{}$일 때도 명제 $p(n)$이 성립한다.

이와 같은 방법으로 자연수 n에 대한 어떤 명제가 참임을 증명하는 방법을 ☐☐☐☐☐☐ 이라 한다.

2 다음 문장이 옳으면 ○표, 옳지 않으면 ×표를 (   ) 안에 쓰시오.

(1) $a_1=1$, $a_{n+1}=a_n+n\,(n=1,\ 2,\ 3,\ \cdots)$과 같이 귀납적으로 정의된 수열 $\{a_n\}$은
1, 3, 6, 10, $\cdots$이다.   (   )

(2) $a_1=2$, $a_2=5$, $2a_{n+1}=a_n+a_{n+2}\,(n=1,\ 2,\ 3,\ \cdots)$와 같이 귀납적으로 정의된 수열 $\{a_n\}$은
첫째항이 2, 공차가 3인 등차수열이다.   (   )

(3) $a_1=6$, $a_2=3$, $a_{n+1}{}^2=a_n a_{n+2}\,(n=1,\ 2,\ 3,\ \cdots)$와 같이 귀납적으로 정의된 수열 $\{a_n\}$은
첫째항이 6, 공비가 2인 등비수열이다.   (   )

(4) $n\geq 5$인 모든 자연수 n에 대하여 명제 $p(n)$이 성립함을 증명하려면

    (i) $n=5$일 때 명제 $p(n)$이 성립한다.

    (ii) $n=k\,(k\geq 5)$일 때 명제 $p(n)$이 성립한다고 가정하면 $n=k+1$일 때도 명제 $p(n)$이 성립한다.

임을 보이면 된다.   (   )

수	0	1	2	3	4	5	6	7	8	9
1.0	.0000	.0043	.0086	.0128	.0170	.0212	.0253	.0294	.0334	.0374
1.1	.0414	.0453	.0492	.0531	.0569	.0607	.0645	.0682	.0719	.0755
1.2	.0792	.0828	.0864	.0899	.0934	.0969	.1004	.1038	.1072	.1106
1.3	.1139	.1173	.1206	.1239	.1271	.1303	.1335	.1367	.1399	.1430
1.4	.1461	.1492	.1523	.1553	.1584	.1614	.1644	.1673	.1703	.1732
1.5	.1761	.1790	.1818	.1847	.1875	.1903	.1931	.1959	.1987	.2014
1.6	.2041	.2068	.2095	.2122	.2148	.2175	.2201	.2227	.2253	.2279
1.7	.2304	.2330	.2355	.2380	.2405	.2430	.2455	.2480	.2504	.2529
1.8	.2553	.2577	.2601	.2625	.2648	.2672	.2695	.2718	.2742	.2765
1.9	.2788	.2810	.2833	.2856	.2878	.2900	.2923	.2945	.2967	.2989
2.0	.3010	.3032	.3054	.3075	.3096	.3118	.3139	.3160	.3181	.3201
2.1	.3222	.3243	.3263	.3284	.3304	.3324	.3345	.3365	.3385	.3404
2.2	.3424	.3444	.3464	.3483	.3502	.3522	.3541	.3560	.3579	.3598
2.3	.3617	.3636	.3655	.3674	.3692	.3711	.3729	.3747	.3766	.3784
2.4	.3802	.3820	.3838	.3856	.3874	.3892	.3909	.3927	.3945	.3962
2.5	.3979	.3997	.4014	.4031	.4048	.4065	.4082	.4099	.4116	.4133
2.6	.4150	.4166	.4183	.4200	.4216	.4232	.4249	.4265	.4281	.4298
2.7	.4314	.4330	.4346	.4362	.4378	.4393	.4409	.4425	.4440	.4456
2.8	.4472	.4487	.4502	.4518	.4533	.4548	.4564	.4579	.4594	.4609
2.9	.4624	.4639	.4654	.4669	.4683	.4698	.4713	.4728	.4742	.4757
3.0	.4771	.4786	.4800	.4814	.4829	.4843	.4857	.4871	.4886	.4900
3.1	.4914	.4928	.4942	.4955	.4969	.4983	.4997	.5011	.5024	.5038
3.2	.5051	.5065	.5079	.5092	.5105	.5119	.5132	.5145	.5159	.5172
3.3	.5185	.5198	.5211	.5224	.5237	.5250	.5263	.5276	.5289	.5302
3.4	.5315	.5328	.5340	.5353	.5366	.5378	.5391	.5403	.5416	.5428
3.5	.5441	.5453	.5465	.5478	.5490	.5502	.5514	.5527	.5539	.5551
3.6	.5563	.5575	.5587	.5599	.5611	.5623	.5635	.5647	.5658	.5670
3.7	.5682	.5694	.5705	.5717	.5729	.5740	.5752	.5763	.5775	.5786
3.8	.5798	.5809	.5821	.5832	.5843	.5855	.5866	.5877	.5888	.5899
3.9	.5911	.5922	.5933	.5944	.5955	.5966	.5977	.5988	.5999	.6010
4.0	.6021	.6031	.6042	.6053	.6064	.6075	.6085	.6096	.6107	.6117
4.1	.6128	.6138	.6149	.6160	.6170	.6180	.6191	.6201	.6212	.6222
4.2	.6232	.6243	.6253	.6263	.6274	.6284	.6294	.6304	.6314	.6325
4.3	.6335	.6345	.6355	.6365	.6375	.6385	.6395	.6405	.6415	.6425
4.4	.6435	.6444	.6454	.6464	.6474	.6484	.6493	.6503	.6513	.6522
4.5	.6532	.6542	.6551	.6561	.6571	.6580	.6590	.6599	.6609	.6618
4.6	.6628	.6637	.6646	.6656	.6665	.6675	.6684	.6693	.6702	.6712
4.7	.6721	.6730	.6739	.6749	.6758	.6767	.6776	.6785	.6794	.6803
4.8	.6812	.6821	.6830	.6839	.6848	.6857	.6866	.6875	.6884	.6893
4.9	.6902	.6911	.6920	.6928	.6937	.6946	.6955	.6964	.6972	.6981
5.0	.6990	.6998	.7007	.7016	.7024	.7033	.7042	.7050	.7059	.7067
5.1	.7076	.7084	.7093	.7101	.7110	.7118	.7126	.7135	.7143	.7152
5.2	.7160	.7168	.7177	.7185	.7193	.7202	.7210	.7218	.7226	.7235
5.3	.7243	.7251	.7259	.7267	.7275	.7284	.7292	.7300	.7308	.7316
5.4	.7324	.7332	.7340	.7348	.7356	.7364	.7372	.7380	.7388	.7396

수	0	1	2	3	4	5	6	7	8	9
5.5	.7404	.7412	.7419	.7427	.7435	.7443	.7451	.7459	.7466	.7474
5.6	.7482	.7490	.7497	.7505	.7513	.7520	.7528	.7536	.7543	.7551
5.7	.7559	.7566	.7574	.7582	.7589	.7597	.7604	.7612	.7619	.7627
5.8	.7634	.7642	.7649	.7657	.7664	.7672	.7679	.7686	.7694	.7701
5.9	.7709	.7716	.7723	.7731	.7738	.7745	.7752	.7760	.7767	.7774
6.0	.7782	.7789	.7796	.7803	.7810	.7818	.7825	.7832	.7839	.7846
6.1	.7853	.7860	.7868	.7875	.7882	.7889	.7896	.7903	.7910	.7917
6.2	.7924	.7931	.7938	.7945	.7952	.7959	.7966	.7973	.7980	.7987
6.3	.7993	.8000	.8007	.8014	.8021	.8028	.8035	.8041	.8048	.8055
6.4	.8062	.8069	.8075	.8082	.8089	.8096	.8102	.8109	.8116	.8122
6.5	.8129	.8136	.8142	.8149	.8156	.8162	.8169	.8176	.8182	.8189
6.6	.8195	.8202	.8209	.8215	.8222	.8228	.8235	.8241	.8248	.8254
6.7	.8261	.8267	.8274	.8280	.8287	.8293	.8299	.8306	.8312	.8319
6.8	.8325	.8331	.8338	.8344	.8351	.8357	.8363	.8370	.8376	.8382
6.9	.8388	.8395	.8401	.8407	.8414	.8420	.8426	.8432	.8439	.8445
7.0	.8451	.8457	.8463	.8470	.8476	.8482	.8488	.8494	.8500	.8506
7.1	.8513	.8519	.8525	.8531	.8537	.8543	.8549	.8555	.8561	.8567
7.2	.8573	.8579	.8585	.8591	.8597	.8603	.8609	.8615	.8621	.8627
7.3	.8633	.8639	.8645	.8651	.8657	.8663	.8669	.8675	.8681	.8686
7.4	.8692	.8698	.8704	.8710	.8716	.8722	.8727	.8733	.8739	.8745
7.5	.8751	.8756	.8762	.8768	.8774	.8779	.8785	.8791	.8797	.8802
7.6	.8808	.8814	.8820	.8825	.8831	.8837	.8842	.8848	.8854	.8859
7.7	.8865	.8871	.8876	.8882	.8887	.8893	.8899	.8904	.8910	.8915
7.8	.8921	.8927	.8932	.8938	.8943	.8949	.8954	.8960	.8965	.8971
7.9	.8976	.8982	.8987	.8993	.8998	.9004	.9009	.9015	.9020	.9025
8.0	.9031	.9036	.9042	.9047	.9053	.9058	.9063	.9069	.9074	.9079
8.1	.9085	.9090	.9096	.9101	.9106	.9112	.9117	.9122	.9128	.9133
8.2	.9138	.9143	.9149	.9154	.9159	.9165	.9170	.9175	.9180	.9186
8.3	.9191	.9196	.9201	.9206	.9212	.9217	.9222	.9227	.9232	.9238
8.4	.9243	.9248	.9253	.9258	.9263	.9269	.9274	.9279	.9284	.9289
8.5	.9294	.9299	.9304	.9309	.9315	.9320	.9325	.9330	.9335	.9340
8.6	.9345	.9350	.9355	.9360	.9365	.9370	.9375	.9380	.9385	.9390
8.7	.9395	.9400	.9405	.9410	.9415	.9420	.9425	.9430	.9435	.9440
8.8	.9445	.9450	.9455	.9460	.9465	.9469	.9474	.9479	.9484	.9489
8.9	.9494	.9499	.9504	.9509	.9513	.9518	.9523	.9528	.9533	.9538
9.0	.9542	.9547	.9552	.9557	.9562	.9566	.9571	.9576	.9581	.9586
9.1	.9590	.9595	.9600	.9605	.9609	.9614	.9619	.9624	.9628	.9633
9.2	.9638	.9643	.9647	.9652	.9657	.9661	.9666	.9671	.9675	.9680
9.3	.9685	.9689	.9694	.9699	.9703	.9708	.9713	.9717	.9722	.9727
9.4	.9731	.9736	.9741	.9745	.9750	.9754	.9759	.9763	.9768	.9773
9.5	.9777	.9782	.9786	.9791	.9795	.9800	.9805	.9809	.9814	.9818
9.6	.9823	.9827	.9832	.9836	.9841	.9845	.9850	.9854	.9859	.9863
9.7	.9868	.9872	.9877	.9881	.9886	.9890	.9894	.9899	.9903	.9908
9.8	.9912	.9917	.9921	.9926	.9930	.9934	.9939	.9943	.9948	.9952
9.9	.9956	.9961	.9965	.9969	.9974	.9978	.9983	.9987	.9991	.9996

각(θ)	$\sin\theta$	$\cos\theta$	$\tan\theta$	각(θ)	$\sin\theta$	$\cos\theta$	$\tan\theta$
0°	0.0000	1.0000	0.0000	45°	0.7071	0.7071	1.0000
1°	0.0175	0.9998	0.0175	46°	0.7193	0.6947	1.0355
2°	0.0349	0.9994	0.0349	47°	0.7314	0.6820	1.0724
3°	0.0523	0.9986	0.0524	48°	0.7431	0.6691	1.1106
4°	0.0698	0.9976	0.0699	49°	0.7547	0.6561	1.1504
5°	0.0872	0.9962	0.0875	50°	0.7660	0.6428	1.1918
6°	0.1045	0.9945	0.1051	51°	0.7771	0.6293	1.2349
7°	0.1219	0.9925	0.1228	52°	0.7880	0.6157	1.2799
8°	0.1392	0.9903	0.1405	53°	0.7986	0.6018	1.3270
9°	0.1564	0.9877	0.1584	54°	0.8090	0.5878	1.3764
10°	0.1736	0.9848	0.1763	55°	0.8192	0.5736	1.4281
11°	0.1908	0.9816	0.1944	56°	0.8290	0.5592	1.4826
12°	0.2079	0.9781	0.2126	57°	0.8387	0.5446	1.5399
13°	0.2250	0.9744	0.2309	58°	0.8480	0.5299	1.6003
14°	0.2419	0.9703	0.2493	59°	0.8572	0.5150	1.6643
15°	0.2588	0.9659	0.2679	60°	0.8660	0.5000	1.7321
16°	0.2756	0.9613	0.2867	61°	0.8746	0.4848	1.8040
17°	0.2924	0.9563	0.3057	62°	0.8829	0.4695	1.8807
18°	0.3090	0.9511	0.3249	63°	0.8910	0.4540	1.9626
19°	0.3256	0.9455	0.3443	64°	0.8988	0.4384	2.0503
20°	0.3420	0.9397	0.3640	65°	0.9063	0.4226	2.1445
21°	0.3584	0.9336	0.3839	66°	0.9135	0.4067	2.2460
22°	0.3746	0.9272	0.4040	67°	0.9205	0.3907	2.3559
23°	0.3907	0.9205	0.4245	68°	0.9272	0.3746	2.4751
24°	0.4067	0.9135	0.4452	69°	0.9336	0.3584	2.6051
25°	0.4226	0.9063	0.4663	70°	0.9397	0.3420	2.7475
26°	0.4384	0.8988	0.4877	71°	0.9455	0.3256	2.9042
27°	0.4540	0.8910	0.5095	72°	0.9511	0.3090	3.0777
28°	0.4695	0.8829	0.5317	73°	0.9563	0.2924	3.2709
29°	0.4848	0.8746	0.5543	74°	0.9613	0.2756	3.4874
30°	0.5000	0.8660	0.5774	75°	0.9659	0.2588	3.7321
31°	0.5150	0.8572	0.6009	76°	0.9703	0.2419	4.0108
32°	0.5299	0.8480	0.6249	77°	0.9744	0.2250	4.3315
33°	0.5446	0.8387	0.6494	78°	0.9781	0.2079	4.7046
34°	0.5592	0.8290	0.6745	79°	0.9816	0.1908	5.1446
35°	0.5736	0.8192	0.7002	80°	0.9848	0.1736	5.6713
36°	0.5878	0.8090	0.7265	81°	0.9877	0.1564	6.3138
37°	0.6018	0.7986	0.7536	82°	0.9903	0.1392	7.1154
38°	0.6157	0.7880	0.7813	83°	0.9925	0.1219	8.1443
39°	0.6293	0.7771	0.8098	84°	0.9945	0.1045	9.5144
40°	0.6428	0.7660	0.8391	85°	0.9962	0.0872	11.4301
41°	0.6561	0.7547	0.8693	86°	0.9976	0.0698	14.3007
42°	0.6691	0.7431	0.9004	87°	0.9986	0.0523	19.0811
43°	0.6820	0.7314	0.9325	88°	0.9994	0.0349	28.6363
44°	0.6947	0.7193	0.9657	89°	0.9998	0.0175	57.2900
45°	0.7071	0.7071	1.0000	90°	1.0000	0.0000	

MEMO

수학이 쉬워지는
완벽한 솔루션

완쏠

개념 라이트

대수

정답 및 해설

SPEED CHECK

01 지수

교과서 개념 확인하기 본문 007쪽

1 (1) a^5b^4 (2) a^3b^6 (3) $\dfrac{a^{10}}{b^{15}}$ (4) a^3b^2

2 (1) $-2,\ 1-\sqrt{3}i,\ 1+\sqrt{3}i$ (2) $-2,\ 2,\ -2i,\ 2i$

3 (1) 3 (2) 2 (3) 5 (4) 2

4 (1) 1 (2) $\dfrac{1}{9}$ (3) 8 (4) 4

5 (1) $a^{3\sqrt{2}}$ (2) $a^{-\sqrt{3}}$ (3) a^{10} (4) $a^2b^{2\sqrt{3}}$

교과서 예제로 개념 익히기 본문 008~013쪽

필수 예제 1 (1) -1 (2) $-3,\ 3$

1-1 (1) 4 (2) 없다.　　　**1-2** 3

1-3 5

필수 예제 2 (1) 12 (2) $\sqrt[12]{3^5}$ (3) $\sqrt[6]{a^5}$ (4) $\sqrt[8]{a}$

2-1 (1) 4 (2) $4\sqrt{7}$ (3) $\sqrt[24]{a^5}$ (4) 1

2-2 ①　　　　　　**2-3** 5

필수 예제 3 (1) 16 (2) $5^{2\sqrt{3}}$ (3) 27 (4) 23

3-1 (1) $\dfrac{1}{3}$ (2) 36 (3) 8 (4) 5

3-2 4　　　　　　**3-3** 12

필수 예제 4 (1) $\dfrac{15}{8}$ (2) $\dfrac{7}{15}$

4-1 (1) $\dfrac{1}{4}$ (2) $\dfrac{23}{12}$　　**4-2** (1) $a^{\frac{2}{3}}$ (2) $a^{\frac{1}{8}}b^{\frac{5}{8}}$

4-3 11

필수 예제 5 (1) $a-b$ (2) $a+b$

5-1 (1) 8 (2) 24　　　**5-2** $\dfrac{17}{2}$

5-3 -1

필수 예제 6 (1) 14 (2) 52

6-1 (1) 11 (2) 36　　　**6-2** 110

필수 예제 7 (1) 1 (2) 2

7-1 (1) $\dfrac{1}{2}$ (2) -3　　**7-2** 2

실전 문제로 단원 마무리 본문 014~015쪽

01 ①　　**02** ⑤　　**03** $\dfrac{3\sqrt{3}}{4}$　　**04** 2

05 12　　**06** ④　　**07** $\dfrac{3}{5}$　　**08** 49

09 ①　　**10** 124

개념으로 단원 마무리 본문 016쪽

1 (1) n제곱근 (2) (위에서부터) $-\sqrt[n]{a},\ \sqrt[n]{a}$
　 (3) $\sqrt[n]{ab},\ a^m,\ mn$ (4) 1, $\sqrt[n]{a^m}$ (5) $a^{x-y},\ a^{xy},\ a^xb^x$

2 (1) ✕ (2) ◯ (3) ✕ (4) ✕ (5) ◯

02 로그

교과서 개념 확인하기 본문 019쪽

1 (1) $2=\log_5 25$ (2) $-3=\log_{\frac{1}{2}} 8$

2 (1) 0 (2) 2 (3) 1 (4) -4

3 (1) 3 (2) 3　　　　**4** (1) 1 (2) $\dfrac{5}{2}$ (3) 10 (4) 8

5 (1) 4 (2) -2　　　**6** (1) 0.3874 (2) 0.4183

교과서 예제로 개념 익히기 본문 020~025쪽

필수 예제 1 (1) 9 (2) 64 (3) 8

1-1 (1) $\dfrac{1}{25}$ (2) 16 (3) 13

1-2 9　　　　　　**1-3** $\dfrac{24}{5}$

필수 예제 2 (1) $0<x<1$ 또는 $1<x<\dfrac{5}{2}$
　　　　　　　(2) $3<x<4$ 또는 $4<x<7$

2-1 (1) $-1<x<0$ 또는 $0<x<3$
　　 (2) $\dfrac{7}{4}<x<2$ 또는 $2<x<8$

2-2 15　　　　　　**2-3** 8

필수 예제 3 (1) 3 (2) $\dfrac{1}{2}$ (3) -1 (4) 1

3-1 (1) 2 (2) $-\dfrac{1}{3}$ (3) 3 (4) 2

3-2 ③　　　　　　**3-3** 9

필수 예제 4 (1) 16　(2) 2　(3) 6　(4) 18

4-1 (1) 12　(2) 2　(3) 27　(4) 125

4-2 ④　　　　　　　　**4-3** 2

필수 예제 5 (1) 1.8506　(2) 3.8506　(3) −1.1494

5-1 (1) 2.6990　(2) −3.3010　(3) 0.3010

5-2 0.2751　　　　　　**5-3** 2.1998

필수 예제 6 100배

6-1 1000배　　　　　　**6-2** 15

6-3 7 %

실전 문제로 단원 마무리
본문 026~027쪽

01 512　　**02** 4　　**03** ④　　**04** −4

05 $\dfrac{1}{4}$　　**06** ③　　**07** −6　　**08** ③

09 ③　　**10** ②

개념으로 단원 마무리
본문 028쪽

1 (1) $\log_a N$　(2) 1, $\log_a M - \log_a N$　(3) $\log_c a$, $\log_b a$

(4) $\dfrac{n}{m}$, b　(5) 상용로그　(6) 상용로그표

2 (1) ○　(2) ×　(3) ×　(4) ○　(5) ○

03 지수함수

교과서 개념 확인하기
본문 031쪽

1 ㄱ, ㄷ, ㄹ

2 (1)

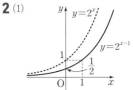

(2)

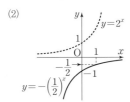

3 (1) 최댓값: 4, 최솟값: $\dfrac{1}{8}$　(2) 최댓값: 27, 최솟값: $\dfrac{1}{9}$

4 (1) $x = -3$　(2) $x = 5$　(3) $x = 2$　(4) $x = 0$ 또는 $x = 4$

5 (1) $x \le 4$　(2) $x > 2$　(3) $x \le 3$　(4) $0 < x < 1$

교과서 예제로 개념 익히기
본문 032~037쪽

필수 예제 1 (1) 치역: $\{y \mid y > -3\}$,

점근선의 방정식: $y = -3$

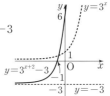

(2) 치역: $\{y \mid y < 2\}$,

점근선의 방정식: $y = 2$

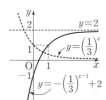

1-1 (1) 치역: $\{y \mid y > 4\}$,

점근선의 방정식: $y = 4$

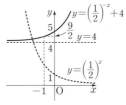

(2) 치역: $\{y \mid y < -1\}$,

점근선의 방정식: $y = -1$

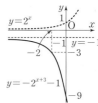

1-2 (1) 치역: $\{y \mid y > -4\}$,

점근선의 방정식:

$y = -4$

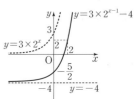

(2) 치역: $\{y \mid y < 10\}$,

점근선의 방정식: $y = 10$

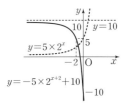

1-3 ㄱ, ㄷ

필수 예제 2 −31

2-1 12　　　　　　　**2-2** 4

2-3 ㄱ, ㄴ, ㄹ

필수 예제 3 (1) $\sqrt[3]{4} > 16^{\frac{1}{8}}$　(2) $\sqrt[4]{\dfrac{1}{27}} < \sqrt[6]{\dfrac{1}{81}}$

3-1 (1) $125^{\frac{1}{8}} < \sqrt[6]{625}$　(2) $\sqrt[3]{0.04} > \sqrt[4]{0.008}$

3-2 C, B, A　　　　**3-3** $5^a < 5^{a^a}$

필수 예제 4 (1) 최댓값: 77, 최솟값: 5

(2) 최댓값: 17, 최솟값: $\frac{5}{4}$

4-1 (1) 최댓값: 21, 최솟값: $\frac{11}{2}$

(2) 최댓값: $\frac{7}{5}$, 최솟값: $\frac{25}{49}$

4-2 최댓값: 25, 최솟값: $\frac{1}{25}$

4-3 8

필수 예제 5 (1) $x=-2$ 또는 $x=6$ (2) $x=2$ 또는 $x=4$

(3) $x=1$ (4) $x=0$

5-1 (1) $x=-\frac{3}{2}$ 또는 $x=\frac{1}{2}$

(2) $x=-3$ 또는 $x=1$

(3) $x=-1$ 또는 $x=0$

(4) $x=-2$ 또는 $x=1$

5-2 (1) $x=1$ 또는 $x=2$

(2) $x=-\frac{1}{2}$ 또는 $x=0$

5-3 24 m

필수 예제 6 (1) $-1\leq x\leq 2$ (2) $x<-1$ 또는 $x>4$

(3) $-1<x<1$ (4) $x\leq -1$

6-1 (1) $x<-\frac{5}{2}$ 또는 $x>3$ (2) $x\leq -6$ 또는 $x\geq 1$

(3) $-3<x<0$ (4) $-1\leq x\leq 0$

6-2 (1) $1<x<\frac{5}{2}$ (2) $1\leq x\leq 4$

6-3 3장

실전 문제로 단원 마무리   본문 038~039쪽

01 ②, ④   **02** 2   **03** ①   **04** 81

05 33   **06** -4 **07** 5   **08** 1

09 ④   **10** ②

개념으로 단원 마무리   본문 040쪽

1 (1) 양의 실수, 감소, x (2) $y=-a^x$, $y=-\left(\frac{1}{a}\right)^x$

(3) $f(m)$, $f(n)$ (4) $x_1=x_2$ (5) $x_1>x_2$

2 (1) × (2) ○ (3) ○ (4) × (5) ○

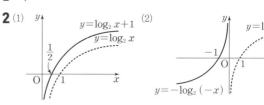

04 로그함수

교과서 개념 확인하기   본문 043쪽

1 ㄱ, ㄷ

2 (1)   (2)

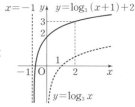

3 (1) 최댓값: 2, 최솟값: -1

(2) 최댓값: -1, 최솟값: -4

4 (1) $x=28$ (2) $x=3$

(3) $x=1$ 또는 $x=25$ (4) $x=-2$

5 (1) $x>5$ (2) $6<x\leq 15$

(3) $0<x\leq 4$ (4) $3<x<27$

교과서 예제로 개념 익히기   본문 044~049쪽

필수 예제 1 (1) 정의역:
$\{x|x>-1\}$
점근선의 방정식:
$x=-1$

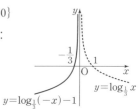

(2) 정의역: $\{x|x<0\}$
점근선의 방정식:
$x=0$

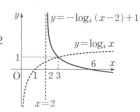

1-1 (1) 정의역: $\{x|x>2\}$
점근선의 방정식: $x=2$

(2) 정의역:
$\{x|x<-3\}$
점근선의 방정식:
$x=-3$

1-2 ㄴ, ㄷ   **1-3** 7

필수 예제 2 2

2-1 6   **2-2** -9

2-3 ㄱ, ㄴ, ㄹ, ㅂ

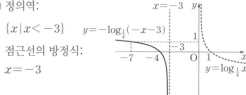

필수 예제 3 (1) $\log_2 6 < 3$ (2) $-1 > \log_{\frac{1}{5}} \dfrac{13}{2}$

3-1 (1) $3\log_3 2 > \log_9 49$

    (2) $2\log_{0.1} 5 > 5\log_{0.1} 2$

3-2 A, C, B **3-3** $\log_b a > \log_b a^2$

필수 예제 4 (1) 최댓값: 3, 최솟값: 2

        (2) 최댓값: -3, 최솟값: -5

4-1 (1) 최댓값: 6, 최솟값: 4

    (2) 최댓값: -2, 최솟값: -3

4-2 최댓값: 3, 최솟값: 2   **4-3** 21

필수 예제 5 (1) $x=4$ (2) $x=3$ (3) $x=2$ 또는 $x=8$

        (4) $x=\dfrac{1}{2}$ 또는 $x=16$

5-1 (1) $x=\dfrac{\sqrt{2}}{2}$ (2) $x=-3$ 또는 $x=-2$

    (3) $x=\dfrac{1}{27}$ 또는 $x=9$ (4) $x=\dfrac{1}{5}$ 또는 $x=25$

5-2 (1) $x=\dfrac{1}{2}$ 또는 $x=8$ (2) $x=\dfrac{1}{100}$ 또는 $x=10$

5-3 $\dfrac{99}{8}$

필수 예제 6 (1) $x \geq -1$ (2) $2 < x < 3$ (3) $\dfrac{1}{5} < x < 125$

        (4) $8 \leq x \leq 64$

6-1 (1) $6 < x < 10$ (2) $1 < x \leq 3$

    (3) $0 < x \leq \dfrac{1}{2}$ 또는 $x \geq 32$ (4) $\dfrac{1}{81} < x < \dfrac{1}{3}$

6-2 (1) $\dfrac{1}{4} < x < 4$ (2) $0 < x \leq \dfrac{1}{3}$ 또는 $x \geq 81$

6-3 15년

실전 문제로 단원 마무리
본문 050~051쪽

01 ③, ⑤   **02** 3   **03** ②   **04** ④

05 -9 **06** 32   **07** 125   **08** 63

09 ④   **10** ①

개념으로 단원 마무리
본문 052쪽

1 (1) 양의 실수, 감소, y

  (2) $y=\log_a(x-m)+n$, $y=\log_a(-x)$, $y=a^x$

  (3) $f(n), f(m)$ (4) $f(x)=g(x)$ (5) $0<f(x)<g(x)$

2 (1) $\times$ (2) ◯ (3) $\times$ (4) ◯ (5) ◯

Ⅱ. 삼각함수

05 삼각함수

교과서 개념 확인하기
본문 055쪽

1 (1) $360° \times n + 30°$, 제1사분면

   (2) $360° \times n + 220°$, 제3사분면

   (3) $360° \times n + 110°$, 제2사분면

   (4) $360° \times n + 300°$, 제4사분면

2 (1) $\dfrac{3}{4}\pi$ (2) $-\dfrac{7}{6}\pi$ (3) $240°$ (4) $-390°$

3 $l=2\pi$, $S=6\pi$

4 $\sin\theta=\dfrac{4}{5}$, $\cos\theta=-\dfrac{3}{5}$, $\tan\theta=-\dfrac{4}{3}$

5 (1) $\sin\theta<0$, $\cos\theta<0$, $\tan\theta>0$

   (2) $\sin\theta>0$, $\cos\theta<0$, $\tan\theta<0$

   (3) $\sin\theta>0$, $\cos\theta>0$, $\tan\theta>0$

   (4) $\sin\theta<0$, $\cos\theta>0$, $\tan\theta<0$

6 $\sin\theta=-\dfrac{2\sqrt{2}}{3}$, $\tan\theta=-2\sqrt{2}$

교과서 예제로 개념 익히기
본문 056~059쪽

필수 예제 1 ①, ⑤

1-1 ③, ④   **1-2** ⑤

1-3 $120°$

필수 예제 2 ①, ⑤

2-1 ㄴ, ㄹ   **2-2** ⑤

필수 예제 3 2π

3-1 10π **3-2** 16π

필수 예제 4 $\sin\theta=\dfrac{\sqrt{3}}{2}$, $\cos\theta=-\dfrac{1}{2}$, $\tan\theta=-\sqrt{3}$

4-1 $\sin\theta=-\dfrac{\sqrt{2}}{2}$, $\cos\theta=-\dfrac{\sqrt{2}}{2}$, $\tan\theta=1$

4-2 $\dfrac{1}{5}$

필수 예제 5 제4사분면

5-1 제2사분면   **5-2** $-\sin\theta$

필수 예제 6 5

6-1 $-3\sqrt{3}$

6-2 (1) 2 (2) $-2\tan\theta$ (3) -1

6-3 (1) $-\dfrac{4}{9}$ (2) $-\dfrac{9}{4}$

SPEED CHECK

실전 문제로 단원 마무리

본문 060~061쪽

01 ②　　　**02** 제2사분면 또는 제4사분면

03 ①, ④　　**04** ②　　　**05** -19　　**06** ⑤

07 $-\dfrac{\sqrt{5}}{3}$　　**08** $-\dfrac{1}{2}$　　**09** 27　　　**10** ②

개념으로 단원 마무리

본문 062쪽

1 (1) 일반각　(2) 라디안, 호도법, $\dfrac{\pi}{180}$　(3) $r\theta$, $\dfrac{1}{2}rl$

(4) $\dfrac{y}{r}$, $\dfrac{x}{r}$, 탄젠트함수　(5) $\sin\theta$, 1

2 (1) ×　(2) ○　(3) ○　(4) ×　(5) ○

06 삼각함수의 그래프

교과서 개념 확인하기

본문 065쪽

1 ㄱ, ㄹ

2 (1) 최댓값: 3, 최솟값: -3, 주기: 2π,
그림은 해설 참조

(2) 최댓값: 1, 최솟값: -1, 주기: π,
그림은 해설 참조

(3) 최댓값: 없다., 최솟값: 없다., 주기: 3π,
그림은 해설 참조

3 (1) $\dfrac{\sqrt{3}}{2}$　(2) $\dfrac{\sqrt{2}}{2}$　(3) $-\dfrac{\sqrt{3}}{3}$

4 (1) $x=\dfrac{\pi}{6}$ 또는 $x=\dfrac{5}{6}\pi$　(2) $x=\dfrac{3}{4}\pi$ 또는 $x=\dfrac{5}{4}\pi$

(3) $x=\dfrac{\pi}{3}$ 또는 $x=\dfrac{4}{3}\pi$

5 (1) $\dfrac{4}{3}\pi<x<\dfrac{5}{3}\pi$　(2) $0\leq x\leq\dfrac{\pi}{3}$ 또는 $\dfrac{5}{3}\pi\leq x<2\pi$

(3) $\dfrac{\pi}{4}<x<\dfrac{\pi}{2}$ 또는 $\dfrac{5}{4}\pi<x<\dfrac{3}{2}\pi$

교과서 예제로 개념 익히기

본문 066~071쪽

필수 예제 1 (1) 최댓값: 2, 최솟값: -2, 주기: $\dfrac{\pi}{2}$,
그림은 해설 참조

(2) 최댓값: 1, 최솟값: -1, 주기: 4π,
그림은 해설 참조

(3) 최댓값: 없다., 최솟값: 없다., 주기: $\dfrac{\pi}{2}$,
그림은 해설 참조

1-1 (1) 최댓값: $\dfrac{1}{2}$, 최솟값: $-\dfrac{1}{2}$, 주기: π,
그림은 해설 참조

(2) 최댓값: 2, 최솟값: -2, 주기: $\dfrac{\pi}{2}$, 그림은 해설 참조

(3) 최댓값: 없다., 최솟값: 없다., 주기: $\dfrac{2}{3}\pi$,
그림은 해설 참조

1-2 $\dfrac{17}{9}$　　　　　**1-3** ㄱ, ㄷ

필수 예제 2 (1) 최댓값: 1, 최솟값: -1, 주기: 2π,
그림은 해설 참조

(2) 최댓값: 2, 최솟값: -4, 주기: 2π,
그림은 해설 참조

(3) 최댓값: 없다., 최솟값: 없다., 주기: $\dfrac{\pi}{2}$,
그림은 해설 참조

2-1 (1) 최댓값: 2, 최솟값: -2, 주기: 2π,
그림은 해설 참조

(2) 최댓값: 1, 최솟값: -1, 주기: 4π,
그림은 해설 참조

(3) 최댓값: 없다., 최솟값: 없다., 주기: π,
그림은 해설 참조

2-2 5　　　　　**2-3** ㄱ, ㄹ

필수 예제 3 6

3-1 11　　　　　**3-2** π

3-3 6

필수 예제 4 (1) $-\sqrt{3}$　(2) $-\dfrac{1}{2}$

4-1 (1) $-\dfrac{1}{2}$　(2) $\dfrac{1}{2}$　　**4-2** (1) 1　(2) 0

4-3 1

필수 예제 5 (1) $x=\dfrac{5}{4}\pi$ 또는 $x=\dfrac{7}{4}\pi$　(2) $x=\dfrac{\pi}{3}$ 또는 $x=\dfrac{5}{3}\pi$

5-1 (1) $x=\dfrac{5}{6}\pi$ 또는 $x=\dfrac{7}{6}\pi$　(2) $x=\dfrac{\pi}{6}$ 또는 $x=\dfrac{7}{6}\pi$

5-2 (1) $x=\pi$ 또는 $x=\dfrac{5}{3}\pi$　(2) $x=\dfrac{4}{3}\pi$

5-3 (1) $x=\dfrac{2}{3}\pi$ 또는 $x=\dfrac{4}{3}\pi$

(2) $x=\dfrac{\pi}{6}$ 또는 $x=\dfrac{5}{6}\pi$ 또는 $x=\dfrac{3}{2}\pi$

필수 예제 6 (1) $\dfrac{\pi}{6}\leq x\leq\dfrac{5}{6}\pi$　(2) $\dfrac{3}{4}\pi<x<\dfrac{5}{4}\pi$

6-1 (1) $0\leq x<\dfrac{5}{4}\pi$ 또는 $\dfrac{7}{4}\pi<x<2\pi$

(2) $0\leq x\leq\dfrac{\pi}{6}$ 또는 $\dfrac{\pi}{2}<x\leq\dfrac{7}{6}\pi$ 또는 $\dfrac{3}{2}\pi<x<2\pi$

6-2 (1) $\dfrac{\pi}{3}<x<\pi$　(2) $\dfrac{4}{3}\pi\leq x<2\pi$

6-3 (1) $\dfrac{\pi}{3}<x<\dfrac{5}{3}\pi$　(2) $0\leq x\leq\dfrac{7}{6}\pi$ 또는 $\dfrac{11}{6}\pi\leq x<2\pi$

실전 문제로 단원 마무리
본문 072~073쪽

01 ⑤   **02** 16   **03** ㄱ, ㄴ   **04** 2π

05 1.4819   **06** $\dfrac{91}{2}$ **07** π **08** $-\dfrac{\sqrt{3}}{2}$

09 9   **10** ④

개념으로 단원 마무리
본문 074쪽

1 (1) $-1 \leq y \leq 1$, y축, 2π

(2) $n\pi + \dfrac{\pi}{2}$ (n은 정수), 원점, π, $\dfrac{\pi}{2}$

(3) $-|a|+d$, $|a|+d$, $\dfrac{\pi}{|b|}$

(4) $-\sin x$, $-\tan x$, $-\sin x$, $\cos x$

2 (1) ◯ (2) ✕ (3) ✕ (4) ◯

실전 문제로 단원 마무리
본문 082~083쪽

01 75°   **02** 2   **03** $10\sqrt{2}$ m   **04** $\dfrac{\sqrt{10}}{10}$

05 $\sqrt{23}$ **06** ①   **07** $3\sqrt{3}$ **08** $6\sqrt{3}$

09 ②   **10** ③

개념으로 단원 마무리
본문 084쪽

1 (1) b, $\sin C$, $2R$ (2) $2ca\cos B$, a

(3) $\sin A$, ca (4) $ab\sin\theta$ (5) $\dfrac{1}{2}ab\sin\theta$

2 (1) ◯ (2) ◯ (3) ✕ (4) ◯ (5) ✕

Ⅲ. 수열

07 삼각함수의 활용

교과서 개념 확인하기
본문 077쪽

1 (1) $2\sqrt{2}$ (2) 2   **2** (1) $\dfrac{1}{4}$ (2) 4

3 (1) $\sqrt{10}$ (2) $\sqrt{21}$ **4** $\dfrac{7}{8}$

5 (1) 5 (2) 3   **6** (1) $3\sqrt{2}$ (2) 30

교과서 예제로 개념 익히기
본문 078~081쪽

필수 예제 1 (1) $b=4$, $R=2\sqrt{2}$ (2) 30°

1-1 (1) $c=4\sqrt{2}$, $R=4\sqrt{2}$ (2) 45°

1-2 (1) $1 : \sqrt{3} : 2$ (2) $20 : 12 : 15$

1-3 $20\sqrt{6}$ m

필수 예제 2 (1) 3 (2) $b=\sqrt{21}$, $R=\sqrt{7}$

2-1 (1) 2 (2) $a=\sqrt{3}$, $R=\sqrt{3}$

2-2 ④   **2-3** $20\sqrt{7}$ m

필수 예제 3 $A=90°$인 직각삼각형

3-1 $a=b$인 이등변삼각형   **3-2** ②

3-3 ㄴ, ㄷ

필수 예제 4 $5\sqrt{3}$

4-1 $\dfrac{9\sqrt{3}}{2}$ **4-2** (1) $\dfrac{\sqrt{5}}{3}$ (2) $\sqrt{5}$

4-3 (1) $\sqrt{17}$ (2) 32

08 등차수열

교과서 개념 확인하기
본문 087쪽

1 (1) $a_1=-1$, $a_2=2$, $a_3=5$, $a_4=8$
(2) $a_1=4$, $a_2=5$, $a_3=7$, $a_4=11$

2 (1) $a_n=5n$ (2) $a_n=n^2$ (3) $a_n=\dfrac{n}{n+1}$ (4) $a_n=10^n-1$

3 (1) 8 (2) -2

4 (1) $a_n=4n-6$ (2) $a_n=-3n+4$

5 (1) 12 (2) 3   **6** (1) 85 (2) -100

교과서 예제로 개념 익히기
본문 088~093쪽

필수 예제 1 (1) $a_n=3n-2$ (2) $a_n=4n-9$

1-1 (1) $a_n=-2n+17$ (2) $a_n=-3n+13$

1-2 $a_n=2n+3$ **1-3** $a_n=3n-13$

필수 예제 2 (1) 제16항 (2) 제13항

2-1 (1) 제25항 (2) 제19항   **2-2** 제11항

필수 예제 3 7

3-1 11   **3-2** 12

필수 예제 4 4

4-1 21   **4-2** 5

필수 예제 5 3, 5, 7

5-1 53   **5-2** 12

SPEED CHECK

필수 예제 6 -20

6-1 165   **6-2** (1) 310   (2) -64

6-3 (1) 첫째항: -13, 공차: 5   (2) 690

필수 예제 7 (1) 제8항   (2) $n=7$, $S_7=105$

7-1 (1) 제12항   (2) $n=11$, $S_{11}=-187$

7-2 444   **7-3** -506

필수 예제 8 30

8-1 -15 **8-2** 제16항

8-3 0

실전 문제로 단원 마무리   본문 094~095쪽

01 ③   **02** 제21항   **03** 10   **04** ②

05 3   **06** ④   **07** ①   **08** 11

09 ③   **10** ①

개념으로 단원 마무리   본문 96쪽

1 (1) 수열, 항   (2) 등차수열, 공차   (3) $a+(n-1)d$

   (4) 등차중항, $\dfrac{a+c}{2}$ (5) $\dfrac{n(a+l)}{2}$, $\dfrac{n\{2a+(n-1)d\}}{2}$

   (6) S_n-S_{n-1}

2 (1) ○   (2) ×   (3) ○   (4) ×   (5) ○

09 등비수열

교과서 개념 확인하기   본문 098쪽

1 (1) 64   (2) -9

2 (1) $a_n=5\times3^{n-1}$ (2) $a_n=-(-2)^{n-1}$

3 (1) -8 또는 8   (2) -10 또는 10

4 (1) 0   (2) -189

교과서 예제로 개념 익히기   본문 099~103쪽

필수 예제 1 (1) $a_n=3\times2^{n-1}$ (2) $a_n=-5\times(-3)^{n-1}$

1-1 (1) $a_n=12\times\left(\dfrac{1}{3}\right)^{n-1}$ (2) $a_n=\dfrac{1}{8}\times(-4)^{n-1}$

1-2 $a_n=4\times(-2)^{n-1}$ **1-3** $a_n=5\times3^{n-1}$

필수 예제 2 (1) 제8항   (2) 제11항

2-1 (1) 제9항   (2) 제13항   **2-2** 6

필수 예제 3 3

3-1 $\dfrac{1}{4}$ **3-2** 8

필수 예제 4 5

4-1 9   **4-2** 15

필수 예제 5 1, -2, 4

5-1 18   **5-2** 7

필수 예제 6 171

6-1 $\dfrac{364}{9}$ **6-2** (1) 381   (2) 182

6-3 155

필수 예제 7 18

7-1 55   **7-2** 5

7-3 -12

실전 문제로 단원 마무리   본문 104~105쪽

01 327   **02** 50   **03** 제11항   **04** 28

05 ⑤   **06** 16   **07** 6   **08** 341

09 36   **10** 64

개념으로 단원 마무리   본문 106쪽

1 (1) 등비수열, 공비   (2) ar^{n-1} (3) 등비중항, ac

   (4) $1-r^n$, $r-1$, na

2 (1) ×   (2) ○   (3) ×   (4) ○   (5) ○

10 수열의 합

교과서 개념 확인하기   본문 109쪽

1 (1) $\displaystyle\sum_{k=1}^{10}5k$ (2) $\displaystyle\sum_{k=1}^{8}3^k$ (3) $\displaystyle\sum_{k=1}^{10}\dfrac{1}{2k}$ (4) $\displaystyle\sum_{k=1}^{14}k(k+1)$

2 (1) $4+8+12+16+20$ (2) $1^2+2^2+3^2+\cdots+20^2$

   (3) $\dfrac{1}{2}+\dfrac{1}{3}+\dfrac{1}{4}+\cdots+\dfrac{1}{16}$

   (4) $-5+25-125+\cdots+5^{10}$

3 (1) 8   (2) 4   (3) 18   (4) 34   **4** (1) 36   (2) 204   (3) 1296

5 (1) $\dfrac{10}{11}$ (2) $\dfrac{4}{9}$ **6** (1) 2   (2) $2\sqrt{2}$

교과서 예제로 개념 익히기   본문 110~115쪽

필수 예제 1 27

1-1 45   **1-2** 46

1-3 31

필수 예제 2 134

2-1 86   **2-2** 228

2-3 63

필수 예제 3 (1) 373   (2) $\dfrac{127}{64}$

3-1 (1) 320   (2) $\dfrac{121}{81}$ **3-2** -1

3-3 $\dfrac{9}{32}$

필수 예제 4 (1) 250   (2) 112

4-1 (1) 360   (2) 335   **4-2** (1) 216   (2) 850

4-3 200

필수 예제 5 (1) $\dfrac{n(n+1)(2n+7)}{6}$ (2) $\dfrac{n(n+1)(n+2)}{6}$

5-1 (1) $\dfrac{3n(n+1)(2n+1)}{2}$ (2) $\dfrac{n(4n^2+6n-1)}{3}$

5-2 502

필수 예제 6 (1) 330   (2) 210

6-1 (1) 444   (2) 150   **6-2** 6

필수 예제 7 $\dfrac{n}{2n+1}$

7-1 $\dfrac{n}{2(3n+2)}$ **7-2** $\dfrac{40}{21}$

필수 예제 8 $\sqrt{n+2}-\sqrt{2}$

8-1 $\sqrt{2n+1}-1$ **8-2** $4\sqrt{2}$

실전 문제로 단원 마무리   본문 116~117쪽

01 ④   **02** 37   **03** 179   **04** ③

05 1330   **06** 150   **07** $\dfrac{36}{55}$ **08** 2

09 12   **10** ①

개념으로 단원 마무리   본문 118쪽

1 (1) $\displaystyle\sum_{k=1}^{n} a_k$ (2) $\displaystyle\sum_{k=1}^{n} a_k - \sum_{k=1}^{n} b_k$, cn

    (3) $\dfrac{n(n+1)(2n+1)}{6}$, $\left\{\dfrac{n(n+1)}{2}\right\}^2$

2 (1) ◯   (2) ✕   (3) ✕   (4) ◯   (5) ✕

11 수학적 귀납법

교과서 개념 확인하기   본문 121쪽

1 (1) 17   (2) 3   (3) 13   (4) 24

2 (1) $a_1=1$, $a_{n+1}=a_n+3$ ($n=1, 2, 3, \cdots$)

    (2) $a_1=11$, $a_{n+1}=a_n-4$ ($n=1, 2, 3, \cdots$)

3 (1) $a_1=6$, $a_{n+1}=2a_n$ ($n=1, 2, 3, \cdots$)

    (2) $a_1=32$, $a_{n+1}=\dfrac{1}{4}a_n$ ($n=1, 2, 3, \cdots$)

4 (개) 1   (내) $2k+1$

교과서 예제로 개념 익히기   본문 122~125쪽

필수 예제 1 (1) 17   (2) $\dfrac{1}{60}$

1-1 (1) 43   (2) $\dfrac{1}{11}$ **1-2** 47

1-3 25

필수 예제 2 41

2-1 -23 **2-2** 98

필수 예제 3 486

3-1 $\dfrac{1}{8}$ **3-2** 1024

필수 예제 4 (개) 1   (내) $k+1$

4-1 해설 참조   **4-2** 해설 참조

필수 예제 5 (개) $1+h$ (내) $(k+1)h$

5-1 해설 참조   **5-2** 해설 참조

실전 문제로 단원 마무리   본문 126~127쪽

01 $\dfrac{2}{3}$ **02** 70   **03** 5   **04** 50

05 6   **06** ②   **07** ②   **08** ④

개념으로 단원 마무리   본문 128쪽

1 (1) 귀납적 정의   (2) a_n+d (3) ra_n

    (4) 1, $k+1$, 수학적 귀납법

2 (1) ✕   (2) ◯   (3) ✕   (4) ◯

01 지수

1 답 (1) a^5b^4 (2) a^3b^6 (3) $\dfrac{a^{10}}{b^{15}}$ (4) a^3b^2

(1) $a^3b \times a^2b^3 = a^{3+2}b^{1+3} = a^5b^4$

(2) $(ab^2)^3 = a^3b^{2\times3} = a^3b^6$

(3) $\left(\dfrac{a^2}{b^3}\right)^5 = \dfrac{a^{2\times5}}{b^{3\times5}} = \dfrac{a^{10}}{b^{15}}$

(4) $a^8b^4 \div a^5b^2 = a^{8-5}b^{4-2} = a^3b^2$

2 답 (1) $-2,\ 1-\sqrt{3}i,\ 1+\sqrt{3}i$ (2) $-2,\ 2,\ -2i,\ 2i$

(1) -8의 세제곱근을 x라 하면 $x^3 = -8$이므로

    $x^3 + 8 = 0,\ (x+2)(x^2-2x+4) = 0$

    $\therefore x = -2$ 또는 $x = 1 \pm \sqrt{3}i$

    따라서 -8의 세제곱근은 $-2,\ 1-\sqrt{3}i,\ 1+\sqrt{3}i$이다.

(2) 16의 네제곱근을 x라 하면 $x^4 = 16$이므로

    $x^4 - 16 = 0,\ (x^2-4)(x^2+4) = 0$

    $(x+2)(x-2)(x+2i)(x-2i) = 0$

    $\therefore x = \pm 2$ 또는 $x = \pm 2i$

    따라서 16의 네제곱근은 $-2,\ 2,\ -2i,\ 2i$이다.

3 답 (1) 3   (2) 2   (3) 5   (4) 2

(1) $\sqrt[3]{9} \times \sqrt[3]{3} = \sqrt[3]{9\times3} = \sqrt[3]{27} = \sqrt[3]{3^3} = 3$

(2) $\dfrac{\sqrt[6]{128}}{\sqrt[6]{2}} = \sqrt[6]{\dfrac{128}{2}} = \sqrt[6]{64} = \sqrt[6]{2^6} = 2$

(3) $(\sqrt[4]{25})^2 = \sqrt[4]{25^2} = \sqrt[4]{(5^2)^2} = \sqrt[4]{5^4} = 5$

(4) $\sqrt[5]{\sqrt{1024}} = \sqrt[5\times2]{2^{10}} = \sqrt[10]{2^{10}} = 2$

4 답 (1) 1   (2) $\dfrac{1}{9}$ (3) 8   (4) 4

(1) $(-2)^0 = 1$

(2) $3^{-2} = \dfrac{1}{3^2} = \dfrac{1}{9}$

(3) $32^{\frac{3}{5}} = (2^5)^{\frac{3}{5}} = 2^{5\times\frac{3}{5}} = 2^3 = 8$

(4) $256^{0.25} = 256^{\frac{1}{4}} = (2^8)^{\frac{1}{4}} = 2^{8\times\frac{1}{4}} = 2^2 = 4$

5 답 (1) $a^{3\sqrt{2}}$ (2) $a^{-\sqrt{3}}$ (3) a^{10} (4) $a^2b^{2\sqrt{3}}$

(1) $a^{\sqrt{8}} \times a^{\sqrt{2}} = a^{\sqrt{8}+\sqrt{2}} = a^{2\sqrt{2}+\sqrt{2}} = a^{3\sqrt{2}}$

(2) $a^{\sqrt{3}} \div a^{\sqrt{12}} = a^{\sqrt{3}-\sqrt{12}} = a^{\sqrt{3}-2\sqrt{3}} = a^{-\sqrt{3}}$

(3) $\left(a^{4\sqrt{5}}\right)^{\frac{\sqrt{5}}{2}} = a^{4\sqrt{5}\times\frac{\sqrt{5}}{2}} = a^{10}$

(4) $\left(a^{\sqrt{2}}b^{\sqrt{6}}\right)^{\sqrt{2}} = a^{\sqrt{2}\times\sqrt{2}}b^{\sqrt{6}\times\sqrt{2}} = a^2b^{2\sqrt{3}}$

필수 예제 1 답 (1) -1 (2) $-3,\ 3$

(1) -1의 세제곱근을 x라 하면 $x^3 = -1$이므로

    $x^3 + 1 = 0,\ (x+1)(x^2-x+1) = 0$

    $\therefore x = -1$ 또는 $x = \dfrac{1 \pm \sqrt{3}i}{2}$

    따라서 -1의 세제곱근 중 실수인 것은 -1이다.

(2) 81의 네제곱근을 x라 하면 $x^4 = 81$이므로

    $x^4 - 81 = 0,\ (x^2-9)(x^2+9) = 0$

    $(x+3)(x-3)(x+3i)(x-3i) = 0$

    $\therefore x = \pm 3$ 또는 $x = \pm 3i$

    따라서 81의 네제곱근 중 실수인 것은 $-3,\ 3$이다.

1-1 답 (1) 4   (2) 없다.

(1) 64의 세제곱근을 x라 하면 $x^3 = 64$이므로

    $x^3 - 64 = 0,\ (x-4)(x^2+4x+16) = 0$

    $\therefore x = 4$ 또는 $x = -2 \pm 2\sqrt{3}i$

    따라서 64의 세제곱근 중 실수인 것은 4이다.

(2) -256의 네제곱근을 x라 하면 $x^4 = -256$

    이때 실수 x에 대하여 $x^4 \geq 0$이므로

    $x^4 = -256$의 실근은 없다.

    따라서 -256의 네제곱근 중 실수인 것은 없다.

1-2 답 3

-10의 세제곱근 중 실수인 것은 $\sqrt[3]{-10}$의 1개이고, 6의 네제곱근 중 실수인 것은 $\sqrt[4]{6},\ -\sqrt[4]{6}$의 2개이므로

$m = 1,\ n = 2$ $\therefore m + n = 1 + 2 = 3$

1-3 답 5

-27의 세제곱근을 x라 하면 $x^3 = -27$이므로

$x^3 + 27 = 0,\ (x+3)(x^2-3x+9) = 0$

$\therefore x = -3$ 또는 $x = \dfrac{3 \pm 3\sqrt{3}i}{2}$

즉, -27의 세제곱근의 개수는 3이므로 $a = 3$

이 중에서 실수인 것은 -3이므로

$b = -3$

또한, 네제곱근 625는 $\sqrt[4]{625}$이고 $x^4 = 625$에서

$x^4 - 625 = 0,\ (x^2-25)(x^2+25) = 0$

$(x-5)(x+5)(x+5i)(x-5i) = 0$

$\therefore x = \pm 5$ 또는 $x = \pm 5i$

이 중에서 $\sqrt[4]{625}$는 양의 실수이므로 $c = 5$

$\therefore a + b + c = 3 + (-3) + 5 = 5$

필수 예제 2 답 (1) 12   (2) $\sqrt[12]{3^5}$ (3) $\sqrt[6]{a^5}$ (4) $\sqrt[8]{a}$

(1) $\sqrt[3]{6} \times \sqrt[3]{288} = \sqrt[3]{6\times288} = \sqrt[3]{12^3} = 12$

(2) $\sqrt{\sqrt{27}} \times \sqrt[3]{\sqrt{729}} \div \sqrt[3]{81} = \sqrt[4]{3^3} \times \sqrt[6]{3^6} \div \sqrt[3]{3^4}$

                  $= \sqrt[12]{3^9} \times \sqrt[12]{3^{12}} \div \sqrt[12]{3^{16}}$

                  $= \sqrt[12]{3^9 \times 3^{12}} \div \sqrt[12]{3^{16}}$

                  $= \sqrt[12]{3^{21}} \div \sqrt[12]{3^{16}} = \sqrt[12]{3^5}$

(3) $\sqrt[5]{\sqrt[3]{a^{10}}} \times \sqrt[6]{a} = \sqrt[15]{a^{10}} \times \sqrt[6]{a} = \sqrt[3]{a^2} \times \sqrt[6]{a}$

                $= \sqrt[6]{a^4} \times \sqrt[6]{a} = \sqrt[6]{a^5}$

(4) $\sqrt[4]{\dfrac{\sqrt[3]{a}}{\sqrt{a}}} \times \sqrt{\dfrac{\sqrt{a}}{\sqrt[6]{a}}} = \dfrac{\sqrt[12]{a}}{\sqrt[8]{a}} \times \dfrac{\sqrt[4]{a}}{\sqrt[12]{a}} = \dfrac{\sqrt[4]{a}}{\sqrt[8]{a}}$

                   $= \dfrac{\sqrt[8]{a^2}}{\sqrt[8]{a}} = \sqrt[8]{\dfrac{a^2}{a}} = \sqrt[8]{a}$

2-1 답 (1) 4 (2) $4\sqrt{7}$ (3) $\sqrt[24]{a^5}$ (4) 1

(1) $\sqrt[3]{\sqrt[3]{64}} \times \sqrt[3]{\sqrt{256}} = \sqrt[9]{2^6} \times \sqrt[6]{2^8} = \sqrt[3]{\sqrt[3]{2^2}} \times \sqrt[3]{2^4}$

$\qquad\qquad\qquad\qquad\quad = \sqrt[3]{2^2 \times 2^4} = \sqrt[3]{2^6}$

$\qquad\qquad\qquad\qquad\quad = \sqrt[3]{(2^2)^3}$

$\qquad\qquad\qquad\qquad\quad = 2^2 = 4$

(2) $\sqrt[4]{32} \times \sqrt[4]{28} \times \sqrt[8]{196} = \sqrt[4]{32 \times 28} \times \sqrt[8]{196}$

$\qquad\qquad\qquad\qquad\qquad\quad = \sqrt[4]{2^7 \times 7} \times \sqrt[8]{2^2 \times 7^2}$

$\qquad\qquad\qquad\qquad\qquad\quad = \sqrt[8]{2^{14} \times 7^2} \times \sqrt[8]{2^2 \times 7^2}$

$\qquad\qquad\qquad\qquad\qquad\quad = \sqrt[8]{(2^{14} \times 7^2) \times (2^2 \times 7^2)}$

$\qquad\qquad\qquad\qquad\qquad\quad = \sqrt[8]{2^{16} \times 7^4}$

$\qquad\qquad\qquad\qquad\qquad\quad = \sqrt[8]{(2^2)^8} \times \sqrt[8]{7^4}$

$\qquad\qquad\qquad\qquad\qquad\quad = 2^2 \times \sqrt{7} = 4\sqrt{7}$

(3) $\sqrt[6]{\sqrt{a^5}} \div \sqrt[4]{\sqrt{a^3}} \times \sqrt[4]{\sqrt[3]{a^2}} = \sqrt[12]{a^5} \div \sqrt[8]{a^3} \times \sqrt[12]{a^2}$

$\qquad\qquad\qquad\qquad\qquad\qquad = \sqrt[24]{a^{10}} \div \sqrt[24]{a^9} \times \sqrt[24]{a^4}$

$\qquad\qquad\qquad\qquad\qquad\qquad = \sqrt[24]{a^{10} \div a^9} \times \sqrt[24]{a^4}$

$\qquad\qquad\qquad\qquad\qquad\qquad = \sqrt[24]{a \times a^4}$

$\qquad\qquad\qquad\qquad\qquad\qquad = \sqrt[24]{a^5}$

(4) $\sqrt{\dfrac{\sqrt[4]{a}}{\sqrt[3]{a}}} \times \sqrt[4]{\dfrac{\sqrt[3]{a}}{\sqrt{a}}} \times \sqrt[3]{\dfrac{\sqrt{a}}{\sqrt[4]{a}}} = \dfrac{\sqrt[8]{a}}{\sqrt[6]{a}} \times \dfrac{\sqrt[12]{a}}{\sqrt[8]{a}} \times \dfrac{\sqrt[6]{a}}{\sqrt[12]{a}} = 1$

2-2 답 ①

$(\sqrt[4]{9} + \sqrt[4]{4})(\sqrt[4]{9} - \sqrt[4]{4}) = (\sqrt[4]{9})^2 - (\sqrt[4]{4})^2$

$\qquad\qquad\qquad\qquad\qquad\quad = \sqrt[4]{9^2} - \sqrt[4]{4^2}$

$\qquad\qquad\qquad\qquad\qquad\quad = \sqrt[4]{(3^2)^2} - \sqrt[4]{(2^2)^2}$

$\qquad\qquad\qquad\qquad\qquad\quad = \sqrt[4]{3^4} - \sqrt[4]{2^4}$

$\qquad\qquad\qquad\qquad\qquad\quad = 3 - 2 = 1$

2-3 답 5

$\sqrt{a^2 b} \times \sqrt[4]{a^3 b^3} \div \sqrt[3]{a^5 b^2} = \sqrt[12]{a^{12} b^6} \times \sqrt[12]{a^9 b^9} \div \sqrt[12]{a^{20} b^8}$

$\qquad\qquad\qquad\qquad\qquad\qquad = \sqrt[12]{a^{12} b^6 \times a^9 b^9} \div \sqrt[12]{a^{20} b^8}$

$\qquad\qquad\qquad\qquad\qquad\qquad = \sqrt[12]{a^{21} b^{15} \div a^{20} b^8}$

$\qquad\qquad\qquad\qquad\qquad\qquad = \sqrt[12]{a b^7}$

따라서 $p = 12$, $q = 7$이므로

$p - q = 12 - 7 = 5$

필수 예제 3 답 (1) 16 (2) $5^{2\sqrt{3}}$ (3) 27 (4) 23

(1) $\left(2^{\frac{5}{6}}\right)^3 \times 2^{\frac{3}{2}} = 2^{\frac{5}{2}} \times 2^{\frac{3}{2}} = 2^{\frac{5}{2} + \frac{3}{2}}$

$\qquad\qquad\qquad\qquad\quad = 2^4 = 16$

(2) $5^{\sqrt{27}} \div 5^{\sqrt{12}} \times 5^{\sqrt{3}} = 5^{3\sqrt{3}} \div 5^{2\sqrt{3}} \times 5^{\sqrt{3}}$

$\qquad\qquad\qquad\qquad\qquad = 5^{3\sqrt{3} - 2\sqrt{3} + \sqrt{3}} = 5^{2\sqrt{3}}$

(3) $3^{-3} \times (9^{-4} \div 3^{-5})^{-2} = 3^{-3} \times (3^{-8} \div 3^{-5})^{-2}$

$\qquad\qquad\qquad\qquad\qquad\quad = 3^{-3} \times \{3^{-8-(-5)}\}^{-2}$

$\qquad\qquad\qquad\qquad\qquad\quad = 3^{-3} \times (3^{-3})^{-2}$

$\qquad\qquad\qquad\qquad\qquad\quad = 3^{-3} \times 3^6$

$\qquad\qquad\qquad\qquad\qquad\quad = 3^{-3+6}$

$\qquad\qquad\qquad\qquad\qquad\quad = 3^3 = 27$

(4) $\{(-5)^4\}^{\frac{1}{2}} - 4^{-\frac{3}{2}} \times 64^{\frac{2}{3}} = (5^4)^{\frac{1}{2}} - (2^2)^{-\frac{3}{2}} \times (2^6)^{\frac{2}{3}}$

$\qquad\qquad\qquad\qquad\qquad\qquad\quad = 5^2 - 2^{-3} \times 2^4$

$\qquad\qquad\qquad\qquad\qquad\qquad\quad = 5^2 - 2^{-3+4}$

$\qquad\qquad\qquad\qquad\qquad\qquad\quad = 25 - 2 = 23$

3-1 답 (1) $\dfrac{1}{3}$ (2) 36 (3) 8 (4) 5

(1) $9^{\frac{3}{4}} \div 3^{\frac{5}{2}} = (3^2)^{\frac{3}{4}} \div 3^{\frac{5}{2}}$

$\qquad\qquad\qquad = 3^{\frac{3}{2}} \div 3^{\frac{5}{2}}$

$\qquad\qquad\qquad = 3^{\frac{3}{2} - \frac{5}{2}}$

$\qquad\qquad\qquad = 3^{-1} = \dfrac{1}{3}$

(2) $\left(6^{\frac{2}{3}} \times 6^{-2}\right)^{-\frac{3}{2}} = \left(6^{\frac{2}{3}-2}\right)^{-\frac{3}{2}} = \left(6^{-\frac{4}{3}}\right)^{-\frac{3}{2}}$

$\qquad\qquad\qquad\qquad\qquad = 6^2 = 36$

(3) $8^{-3} \div (2^{-6} \div 2^{-2})^3 = (2^3)^{-3} \div \{2^{-6-(-2)}\}^3$

$\qquad\qquad\qquad\qquad\qquad\quad = 2^{-9} \div (2^{-4})^3$

$\qquad\qquad\qquad\qquad\qquad\quad = 2^{-9} \div 2^{-12}$

$\qquad\qquad\qquad\qquad\qquad\quad = 2^{-9-(-12)}$

$\qquad\qquad\qquad\qquad\qquad\quad = 2^3 = 8$

(4) $5^{\sqrt{6}-2} \div (5^{\sqrt{3}})^{2\sqrt{2}} \times 5^{\sqrt{6}+3} = 5^{\sqrt{6}-2} \div 5^{2\sqrt{6}} \times 5^{\sqrt{6}+3}$

$\qquad\qquad\qquad\qquad\qquad\qquad\qquad = 5^{(\sqrt{6}-2) - 2\sqrt{6} + (\sqrt{6}+3)}$

$\qquad\qquad\qquad\qquad\qquad\qquad\qquad = 5^1 = 5$

3-2 답 4

$\left\{\left(-\dfrac{1}{4}\right)^6\right\}^{-0.75} \times \left(\dfrac{\sqrt[3]{2}}{\sqrt{8}}\right)^6 = \left\{\left(\dfrac{1}{4}\right)^6\right\}^{-\frac{3}{4}} \times \left(\dfrac{2^{\frac{1}{3}}}{2^{\frac{3}{2}}}\right)^6$

$\qquad\qquad\qquad\qquad\qquad\qquad\qquad = \left(\dfrac{1}{4}\right)^{-\frac{9}{2}} \times \dfrac{2^2}{2^9}$

$\qquad\qquad\qquad\qquad\qquad\qquad\qquad = (2^{-2})^{-\frac{9}{2}} \times \dfrac{1}{2^7}$

$\qquad\qquad\qquad\qquad\qquad\qquad\qquad = 2^9 \times \dfrac{1}{2^7}$

$\qquad\qquad\qquad\qquad\qquad\qquad\qquad = 2^2 = 4$

3-3 답 12

$64^{\frac{1}{n}} = (2^6)^{\frac{1}{n}} = 2^{\frac{6}{n}}$

이때 $2^{\frac{6}{n}}$이 자연수가 되려면 n이 6의 약수이어야 하므로

$n = 1, 2, 3, 6$

따라서 모든 자연수 n의 값의 합은

$1 + 2 + 3 + 6 = 12$

필수 예제 4 답 (1) $\dfrac{15}{8}$ (2) $\dfrac{7}{15}$

(1) $a\sqrt{a\sqrt{a\sqrt{a}}} = a \times \sqrt{a} \times \sqrt[4]{a} \times \sqrt[8]{a}$

$\qquad\qquad\qquad\quad = a \times a^{\frac{1}{2}} \times a^{\frac{1}{4}} \times a^{\frac{1}{8}}$

$\qquad\qquad\qquad\quad = a^{1 + \frac{1}{2} + \frac{1}{4} + \frac{1}{8}}$

$\qquad\qquad\qquad\quad = a^{\frac{15}{8}}$

$\qquad \therefore k = \dfrac{15}{8}$

(2) $\sqrt[3]{a \times \sqrt[5]{a^2}} = \sqrt[3]{a} \times \sqrt[15]{a^2}$

$\qquad\qquad\qquad\quad = a^{\frac{1}{3}} \times a^{\frac{2}{15}}$

$\qquad\qquad\qquad\quad = a^{\frac{1}{3} + \frac{2}{15}}$

$\qquad\qquad\qquad\quad = a^{\frac{7}{15}}$

$\qquad \therefore k = \dfrac{7}{15}$

4-1 답 (1) $\dfrac{1}{4}$ (2) $\dfrac{23}{12}$

(1) $\sqrt[5]{\sqrt{3}\times\sqrt[4]{3^3}}-\sqrt[10]{3}\times\sqrt[20]{3^3}=3^{\frac{1}{10}}\times 3^{\frac{3}{20}}$

$\qquad\qquad\qquad =3^{\frac{1}{10}+\frac{3}{20}}=3^{\frac{1}{4}}$

$\qquad \therefore k=\dfrac{1}{4}$

(2) $\sqrt{8\sqrt[3]{4\sqrt{2}}}=\sqrt{2^3}\times\sqrt[6]{2^2}\times\sqrt[12]{2}$

$\qquad\qquad =2^{\frac{3}{2}}\times 2^{\frac{1}{3}}\times 2^{\frac{1}{12}}$

$\qquad\qquad =2^{\frac{3}{2}+\frac{1}{3}+\frac{1}{12}}=2^{\frac{23}{12}}$

$\qquad \therefore k=\dfrac{23}{12}$

4-2 답 (1) $a^{\frac{2}{3}}$ (2) $a^{\frac{1}{8}}b^{\frac{5}{8}}$

(1) $\sqrt{\dfrac{\sqrt[6]{a}\times\sqrt{a^5}}{\sqrt[3]{a^4}}}=\dfrac{\sqrt[12]{a}\times\sqrt[4]{a^5}}{\sqrt[6]{a^4}}$

$\qquad\qquad =(a^{\frac{1}{12}}\times a^{\frac{5}{4}})\div a^{\frac{2}{3}}$

$\qquad\qquad =a^{\frac{1}{12}+\frac{5}{4}-\frac{2}{3}}$

$\qquad\qquad =a^{\frac{2}{3}}$

(2) $\sqrt{\sqrt{a^2b^3}\div\sqrt[4]{a^3b}}=\sqrt[4]{a^2b^3}\div\sqrt[8]{a^3b}$

$\qquad\qquad =a^{\frac{1}{2}}b^{\frac{3}{4}}\div a^{\frac{3}{8}}b^{\frac{1}{8}}$

$\qquad\qquad =a^{\frac{1}{2}-\frac{3}{8}}b^{\frac{3}{4}-\frac{1}{8}}$

$\qquad\qquad =a^{\frac{1}{8}}b^{\frac{5}{8}}$

4-3 답 11

$\sqrt{a\times\sqrt{a^3\times\sqrt[4]{a}}}=\sqrt{a}\times\sqrt[4]{a^3}\times\sqrt[8]{a}$

$\qquad\qquad\qquad =a^{\frac{1}{2}}\times a^{\frac{3}{4}}\times a^{\frac{1}{8}}$

$\qquad\qquad\qquad =a^{\frac{1}{2}+\frac{3}{4}+\frac{1}{8}}=a^{\frac{11}{8}}$

이때 $\sqrt{\sqrt{\sqrt{a^m}}}=\sqrt[8]{a^m}=a^{\frac{m}{8}}$이므로

$a^{\frac{11}{8}}=a^{\frac{m}{8}}$, $\dfrac{11}{8}=\dfrac{m}{8}$

$\therefore m=11$

필수 예제 5 답 (1) $a-b$ (2) $a+b$

(1) $(a^{\frac{1}{4}}-b^{\frac{1}{4}})(a^{\frac{1}{4}}+b^{\frac{1}{4}})(a^{\frac{1}{2}}+b^{\frac{1}{2}})$

$\quad =\{(a^{\frac{1}{4}})^2-(b^{\frac{1}{4}})^2\}(a^{\frac{1}{2}}+b^{\frac{1}{2}})$

$\quad =(a^{\frac{1}{2}}-b^{\frac{1}{2}})(a^{\frac{1}{2}}+b^{\frac{1}{2}})$

$\quad =(a^{\frac{1}{2}})^2-(b^{\frac{1}{2}})^2$

$\quad =a-b$

(2) $(a^{\frac{1}{3}}+b^{\frac{1}{3}})(a^{\frac{2}{3}}-a^{\frac{1}{3}}b^{\frac{1}{3}}+b^{\frac{2}{3}})=(a^{\frac{1}{3}})^3+(b^{\frac{1}{3}})^3$

$\qquad\qquad\qquad\qquad\qquad\qquad =a+b$

5-1 답 (1) 8 (2) 24

(1) $(5^{\frac{1}{2}}-5^{-\frac{1}{2}})^2+(5^{\frac{1}{2}}+5^{-\frac{1}{2}})(5^{\frac{1}{2}}-5^{-\frac{1}{2}})$

$\quad =\{(5^{\frac{1}{2}})^2-2\times 5^{\frac{1}{2}}\times 5^{-\frac{1}{2}}+(5^{-\frac{1}{2}})^2\}+(5^{\frac{1}{2}})^2-(5^{-\frac{1}{2}})^2$

$\quad =(5-2+5^{-1})+5-5^{-1}$

$\quad =8$

(2) $(3^{\frac{2}{3}}+3^{-\frac{1}{3}})^3+(3^{\frac{2}{3}}-3^{-\frac{1}{3}})^3$

$\quad =(3^{\frac{2}{3}})^3+3\times(3^{\frac{2}{3}})^2\times 3^{-\frac{1}{3}}+3\times 3^{\frac{2}{3}}\times(3^{-\frac{1}{3}})^2+(3^{-\frac{1}{3}})^3$

$\qquad +(3^{\frac{2}{3}})^3-3\times(3^{\frac{2}{3}})^2\times 3^{-\frac{1}{3}}+3\times 3^{\frac{2}{3}}\times(3^{-\frac{1}{3}})^2-(3^{-\frac{1}{3}})^3$

$\quad =2\times(3^{\frac{2}{3}})^3+2\times\{3\times 3^{\frac{2}{3}}\times(3^{-\frac{1}{3}})^2\}$

$\quad =2\times 3^2+2\times 3\times 3^{\frac{2}{3}-\frac{2}{3}}$

$\quad =18+6=24$

5-2 답 $\dfrac{17}{2}$

$(a^{\frac{1}{3}}+a^{-\frac{1}{3}})^2+(a^{\frac{1}{3}}-a^{-\frac{1}{3}})^2$

$=(a^{\frac{1}{3}})^2+2\times a^{\frac{1}{3}}\times a^{-\frac{1}{3}}+(a^{-\frac{1}{3}})^2$

$\qquad\qquad\qquad +(a^{\frac{1}{3}})^2-2\times a^{\frac{1}{3}}\times a^{-\frac{1}{3}}+(a^{-\frac{1}{3}})^2$

$=2\times(a^{\frac{1}{3}})^2+2\times(a^{-\frac{1}{3}})^2$

$=2a^{\frac{2}{3}}+2a^{-\frac{2}{3}}$

$=2\times 8^{\frac{2}{3}}+2\times 8^{-\frac{2}{3}}$

$=2\times 4+2\times\dfrac{1}{4}$

$=8+\dfrac{1}{2}=\dfrac{17}{2}$

5-3 답 -1

$(1-x^{\frac{1}{8}})(1+x^{\frac{1}{8}})(1+x^{\frac{1}{4}})(1+x^{\frac{1}{2}})(1+x)$

$=(1-x^{\frac{1}{4}})(1+x^{\frac{1}{4}})(1+x^{\frac{1}{2}})(1+x)$

$=(1-x^{\frac{1}{2}})(1+x^{\frac{1}{2}})(1+x)$

$=(1-x)(1+x)$

$=1-x^2$

$=1-(\sqrt{2})^2$

$=1-2=-1$

필수 예제 6 답 (1) 14 (2) 52

(1) $a^{\frac{1}{2}}+a^{-\frac{1}{2}}=4$의 양변을 제곱하면

$\quad (a^{\frac{1}{2}}+a^{-\frac{1}{2}})^2=4^2$, $a+2+a^{-1}=16$

$\quad \therefore a+a^{-1}=14$

(2) $a^{\frac{1}{2}}+a^{-\frac{1}{2}}=4$의 양변을 세제곱하면

$\quad (a^{\frac{1}{2}}+a^{-\frac{1}{2}})^3=4^3$

$\quad a^{\frac{3}{2}}+3(a^{\frac{1}{2}}+a^{-\frac{1}{2}})+a^{-\frac{3}{2}}=64$

$\quad \therefore a^{\frac{3}{2}}+a^{-\frac{3}{2}}=64-3\times 4=52$

6-1 답 (1) 11 (2) 36

(1) $a^{\frac{1}{2}}-a^{-\frac{1}{2}}=3$의 양변을 제곱하면

$\quad (a^{\frac{1}{2}}-a^{-\frac{1}{2}})^2=3^2$, $a-2+a^{-1}=9$

$\quad \therefore a+a^{-1}=11$

(2) $a^{\frac{1}{2}}-a^{-\frac{1}{2}}=3$의 양변을 세제곱하면

$\quad (a^{\frac{1}{2}}-a^{-\frac{1}{2}})^3=3^3$

$\quad a^{\frac{3}{2}}-3(a^{\frac{1}{2}}-a^{-\frac{1}{2}})-a^{-\frac{3}{2}}=27$

$\quad \therefore a^{\frac{3}{2}}-a^{-\frac{3}{2}}=27+3\times 3=36$

6-2 답 110

$2^x+2^{-x}=5$의 양변을 세제곱하면

$(2^x+2^{-x})^3=5^3$, $2^{3x}+3(2^x+2^{-x})+2^{-3x}=125$

$\therefore 8^x+8^{-x}=125-3\times5=110$

필수 예제 7 답 (1) 1 (2) 2

(1) $2^x=10$에서 $2=10^{\frac{1}{x}}$ ······ ㉠

$5^y=10$에서 $5=10^{\frac{1}{y}}$ ······ ㉡

㉠×㉡을 하면

$10=10^{\frac{1}{x}}\times10^{\frac{1}{y}}$

따라서 $10^1=10^{\frac{1}{x}+\frac{1}{y}}$이므로

$\dfrac{1}{x}+\dfrac{1}{y}=1$

(2) $12^x=8$에서 $12=(2^3)^{\frac{1}{x}}=2^{\frac{3}{x}}$ ······ ㉠

$3^y=2$에서 $3=2^{\frac{1}{y}}$ ······ ㉡

㉠÷㉡을 하면

$4=2^{\frac{3}{x}}\div2^{\frac{1}{y}}$

따라서 $2^2=2^{\frac{3}{x}-\frac{1}{y}}$이므로

$\dfrac{3}{x}-\dfrac{1}{y}=2$

7-1 답 (1) $\dfrac{1}{2}$ (2) -3

(1) $3^x=\dfrac{1}{16}$에서 $3=(2^{-4})^{\frac{1}{x}}=2^{-\frac{4}{x}}$ ······ ㉠

$12^y=\dfrac{1}{16}$에서 $12=(2^{-4})^{\frac{1}{y}}=2^{-\frac{4}{y}}$ ······ ㉡

㉡÷㉠을 하면

$4=2^{-\frac{4}{y}}\div2^{-\frac{4}{x}}$

$2^{\frac{4}{x}-\frac{4}{y}}=2^2$, $\dfrac{4}{x}-\dfrac{4}{y}=2$

$\therefore \dfrac{1}{x}-\dfrac{1}{y}=\dfrac{1}{2}$

(2) $5^x=9$에서 $5=(3^2)^{\frac{1}{x}}=3^{\frac{2}{x}}$ ······ ㉠

$135^y=27$에서 $135=(3^3)^{\frac{1}{y}}=3^{\frac{3}{y}}$ ······ ㉡

㉠÷㉡을 하면

$\dfrac{1}{27}=3^{\frac{2}{x}-\frac{3}{y}}$

따라서 $3^{-3}=3^{\frac{2}{x}-\frac{3}{y}}$이므로

$\dfrac{2}{x}-\dfrac{3}{y}=-3$

7-2 답 2

$3^x=12$에서 $3=12^{\frac{1}{x}}$ ······ ㉠

$6^y=12$에서 $6=12^{\frac{1}{y}}$ ······ ㉡

$8^z=12$에서 $8=12^{\frac{1}{z}}$ ······ ㉢

㉠×㉡×㉢을 하면

$144=12^{\frac{1}{x}}\times12^{\frac{1}{y}}\times12^{\frac{1}{z}}$

따라서 $12^2=12^{\frac{1}{x}+\frac{1}{y}+\frac{1}{z}}$이므로

$\dfrac{1}{x}+\dfrac{1}{y}+\dfrac{1}{z}=2$

실전 문제로 **단원 마무리** ・ 본문 014~015쪽

01 ①	02 ⑤	03 $\dfrac{3\sqrt{3}}{4}$	04 2
05 12	06 ④	07 $\dfrac{3}{5}$	08 49
09 ①	10 124		

01

① 8의 세제곱근 중에서 실수인 것은 2의 1개이다.

② -125의 세제곱근 중에서 실수인 것은 -5이다.

③ 16의 네제곱근 중에서 실수인 것은 2, -2이다.

④ -81의 네제곱근 중에서 실수인 것은 없다.

⑤ -49의 네제곱근 중에서 실수인 것은 없다.

따라서 옳은 것은 ①이다.

02

$(\sqrt[3]{2}+\sqrt[3]{3})(\sqrt[3]{4}-\sqrt[3]{6}+\sqrt[3]{9})$

$=(\sqrt[3]{2}+\sqrt[3]{3})\{(\sqrt[3]{2})^2-\sqrt[3]{2}\times\sqrt[3]{3}+(\sqrt[3]{3})^2\}$

$=(\sqrt[3]{2})^3+(\sqrt[3]{3})^3$

$=2+3=5$

03

$2^{-\frac{5}{4}}\times(3^{-\frac{1}{3}}\times2^{\frac{3}{2}})^{-\frac{1}{2}}\times3^{\frac{4}{3}}=2^{-\frac{5}{4}}\times3^{\frac{1}{6}}\times2^{-\frac{3}{4}}\times3^{\frac{4}{3}}$

$=2^{-\frac{5}{4}-\frac{3}{4}}\times3^{\frac{1}{6}+\frac{4}{3}}$

$=2^{-2}\times3^{\frac{3}{2}}=\dfrac{3\sqrt{3}}{4}$

04

$\sqrt[3]{\dfrac{\sqrt{5}}{\sqrt[6]{5}}}=\sqrt[6]{5}\div\sqrt[18]{5}=5^{\frac{1}{6}}\div5^{\frac{1}{18}}=5^{\frac{1}{6}-\frac{1}{18}}=5^{\frac{1}{9}}$

이때 $\sqrt[18]{5^k}=5^{\frac{k}{18}}$이므로

$5^{\frac{1}{9}}=5^{\frac{k}{18}}$, $\dfrac{1}{9}=\dfrac{k}{18}$ $\therefore k=2$

05

$\dfrac{1}{1-a^{\frac{1}{8}}}+\dfrac{1}{1+a^{\frac{1}{8}}}+\dfrac{2}{1+a^{\frac{1}{4}}}+\dfrac{4}{1+a^{\frac{1}{2}}}$

$=\dfrac{1+a^{\frac{1}{8}}+1-a^{\frac{1}{8}}}{(1-a^{\frac{1}{8}})(1+a^{\frac{1}{8}})}+\dfrac{2}{1+a^{\frac{1}{4}}}+\dfrac{4}{1+a^{\frac{1}{2}}}$

$=\dfrac{2}{1-a^{\frac{1}{4}}}+\dfrac{2}{1+a^{\frac{1}{4}}}+\dfrac{4}{1+a^{\frac{1}{2}}}$

$=\dfrac{2(1+a^{\frac{1}{4}})+2(1-a^{\frac{1}{4}})}{(1-a^{\frac{1}{4}})(1+a^{\frac{1}{4}})}+\dfrac{4}{1+a^{\frac{1}{2}}}$

$=\dfrac{4}{1-a^{\frac{1}{2}}}+\dfrac{4}{1+a^{\frac{1}{2}}}$

$=\dfrac{4(1+a^{\frac{1}{2}})+4(1-a^{\frac{1}{2}})}{(1-a^{\frac{1}{2}})(1+a^{\frac{1}{2}})}$

$=\dfrac{8}{1-a}=\dfrac{8}{1-\dfrac{1}{3}}=12$

Ⅰ. 지수함수와 로그함수　13

06

$x^{\frac{1}{2}}+x^{-\frac{1}{2}}=\sqrt{10}$의 양변을 제곱하면

$(x^{\frac{1}{2}}+x^{-\frac{1}{2}})^2=(\sqrt{10})^2$

$x+2+x^{-1}=10$ $\therefore x+x^{-1}=8$

$(x-x^{-1})^2=(x+x^{-1})^2-4=8^2-4=60$이므로

$x-x^{-1}=\pm2\sqrt{15}$

따라서 $x-x^{-1}$의 값이 될 수 있는 것은 ④이다.

07

$\dfrac{a^x-a^{-x}}{a^x+a^{-x}}$의 분모, 분자에 a^x을 곱하면

$\dfrac{a^x-a^{-x}}{a^x+a^{-x}}=\dfrac{a^x(a^x-a^{-x})}{a^x(a^x+a^{-x})}=\dfrac{a^{2x}-1}{a^{2x}+1}$

$=\dfrac{4-1}{4+1}=\dfrac{3}{5}$

08

$a^x=b^y=7^z=k\,(k>0)$라 하면

$a^x=k$에서 $a=k^{\frac{1}{x}}$ $\cdots\cdots$ ㉠

$b^y=k$에서 $b=k^{\frac{1}{y}}$ $\cdots\cdots$ ㉡

$7^z=k$에서 $7=k^{\frac{1}{z}}$ $\cdots\cdots$ ㉢

㉠×㉡을 하면

$ab=k^{\frac{1}{x}}\times k^{\frac{1}{y}}=k^{\frac{1}{x}+\frac{1}{y}}$ $\cdots\cdots$ ㉣

㉢을 제곱하면

$49=(k^{\frac{1}{z}})^2=k^{\frac{2}{z}}$ $\cdots\cdots$ ㉤

이때 $\dfrac{1}{x}+\dfrac{1}{y}=\dfrac{2}{z}$이므로 ㉣, ㉤에서

$ab=49$

09

(i) $-n^2+9n-18>0$일 때

$\quad n^2-9n+18<0$에서 $(n-3)(n-6)<0$

$\quad \therefore 3<n<6$

$\quad$ 이때 양수 $-n^2+9n-18$의 n제곱근 중에서 음의 실수가

$\quad$ 존재하려면 n이 짝수이어야 하므로

$\quad n=4$

(ii) $-n^2+9n-18=0$일 때

$\quad$ 0의 n제곱근은 항상 0이므로 음의 실수가 존재하지 않는다.

(iii) $-n^2+9n-18<0$일 때

$\quad n^2-9n+18>0$에서 $(n-3)(n-6)>0$

$\quad \therefore n<3$ 또는 $n>6$

$\quad$ 이때 음수 $-n^2+9n-18$의 n제곱근 중에서 음의 실수가

$\quad$ 존재하려면 n이 홀수이어야 하므로

$\quad n=7,\ 9,\ 11\ (\because 2\le n\le11)$

(i), (ii), (iii)에서 모든 n의 값의 합은

$4+7+9+11=31$

플러스 강의

실수 a와 2 이상의 자연수 n에 대하여 a의 n제곱근 중에서 음의 실수
가 존재하려면 $a>0$일 때 n은 짝수이거나 $a<0$일 때 n은 홀수이어야
한다.

10

$(\sqrt{3^n})^{\frac{1}{2}}=(3^{\frac{n}{2}})^{\frac{1}{2}}=3^{\frac{n}{4}}$이 자연수가 되려면 $\dfrac{n}{4}$이 음이 아닌 정수

이어야 하므로 n은 4의 배수이어야 한다.

또한, $\sqrt[n]{3^{100}}=3^{\frac{100}{n}}$이 자연수가 되려면 n이 100의 약수이어야

한다.

따라서 n은 100의 약수이면서 4의 배수이어야 하므로 4, 20,
100이고 그 합은

$4+20+100=124$

개념으로 단원 마무리 • 본문 016쪽

1 답 (1) n제곱근   (2) (위에서부터) $-\sqrt[n]{a}$, $\sqrt[n]{a}$
$\quad$ (3) $\sqrt[n]{ab}$, a^m, mn (4) 1, $\sqrt[n]{a^m}$ (5) a^{x-y}, a^{xy}, a^xb^x

2 답 (1) ×   (2) ○   (3) ×   (4) ×   (5) ○
(1) 0의 세제곱근 중 실수인 것은 0이다.
(3) 네제곱근 16은 $\sqrt[4]{16}=\sqrt[4]{2^4}=2$이다.
(4) $\{(-3)^2\}^{\frac{3}{2}}=(3^2)^{\frac{3}{2}}=3^3=27$

02 로그

교과서 개념 확인하기
○ 본문 019쪽

1 답 (1) $2=\log_5 25$ (2) $-3=\log_{\frac{1}{2}} 8$

2 답 (1) 0 (2) 2 (3) 1 (4) -4

(2) $\log_4 10 + \log_4 \frac{8}{5} = \log_4 \left(10 \times \frac{8}{5}\right) = \log_4 16$

$\qquad\qquad\qquad = \log_4 4^2 = 2$

(3) $\log_6 30 - \log_6 5 = \log_6 \frac{30}{5} = \log_6 6 = 1$

(4) $\log_3 \frac{1}{81} = \log_3 3^{-4} = -4$

3 답 (1) 3 (2) 3

(1) $\dfrac{\log_2 27}{\log_2 3} = \log_3 27 = \log_3 3^3 = 3$

(2) $\dfrac{1}{\log_{64} 4} = \log_4 64 = \log_4 4^3 = 3$

4 답 (1) 1 (2) $\dfrac{5}{2}$ (3) 10 (4) 8

(1) $\log_3 5 \times \log_5 3 = \log_3 5 \times \dfrac{1}{\log_3 5} = 1$

(2) $\log_4 32 = \log_{2^2} 2^5 = \dfrac{5}{2}$

(3) $5^{\log_5 10} = 10^{\log_5 5} = 10$

(4) $27^{\log_3 2} = 2^{\log_3 27} = 2^{\log_3 3^3} = 2^3 = 8$

5 답 (1) 4 (2) -2

(1) $\log 10000 = \log 10^4 = 4$

(2) $\log 0.01 = \log 10^{-2} = -2$

6 답 (1) 0.3874 (2) 0.4183

교과서 예제로 개념 익히기
• 본문 020~025쪽

필수 예제 1 답 (1) 9 (2) 64 (3) 8

(1) $\log_3 x = 2$에서 $3^2 = x$

$\qquad \therefore x = 9$

(2) $\log_{\frac{1}{4}} x = -3$에서 $\left(\dfrac{1}{4}\right)^{-3} = x$

$\qquad \therefore x = (4^{-1})^{-3} = 4^3 = 64$

(3) $\log_x 32 = \dfrac{5}{3}$에서 $x^{\frac{5}{3}} = 32$

$\qquad \therefore x = 32^{\frac{3}{5}} = (2^5)^{\frac{3}{5}} = 2^3 = 8$

1-1 답 (1) $\dfrac{1}{25}$ (2) 16 (3) 13

(1) $\log_5 x = -2$에서 $5^{-2} = x$

$\qquad \therefore x = \dfrac{1}{25}$

(2) $\log_8 x = \dfrac{4}{3}$에서 $8^{\frac{4}{3}} = x$

$\qquad \therefore x = (2^3)^{\frac{4}{3}} = 2^4 = 16$

(3) $\log_x \sqrt{13} = \dfrac{1}{2}$에서 $x^{\frac{1}{2}} = \sqrt{13}$

$\qquad \therefore x = (\sqrt{13})^2 = 13$

1-2 답 9

$\log_a 27 = \dfrac{3}{5}$에서 $a^{\frac{3}{5}} = 27$

$\therefore a = 27^{\frac{5}{3}} = (3^3)^{\frac{5}{3}} = 3^5 = 243$

$\log_{\sqrt{3}} b = -6$에서 $(\sqrt{3})^{-6} = b$

$\therefore b = (3^{\frac{1}{2}})^{-6} = 3^{-3} = \dfrac{1}{27}$

$\therefore ab = 243 \times \dfrac{1}{27} = 9$

1-3 답 $\dfrac{24}{5}$

$x = \log_3 5$에서 $3^x = 5$

$\therefore 3^x - 3^{-x} = 3^x - \dfrac{1}{3^x} = 5 - \dfrac{1}{5} = \dfrac{24}{5}$

필수 예제 2 답 (1) $0 < x < 1$ 또는 $1 < x < \dfrac{5}{2}$

$\qquad\qquad\qquad$ (2) $3 < x < 4$ 또는 $4 < x < 7$

(1) 밑의 조건에서 $x > 0$, $x \neq 1$

$\qquad \therefore 0 < x < 1$ 또는 $x > 1$ $\cdots\cdots$ ㉠

$\qquad$ 진수의 조건에서 $5 - 2x > 0$

$\qquad \therefore x < \dfrac{5}{2}$ $\cdots\cdots$ ㉡

$\qquad$ ㉠, ㉡의 공통부분을 구하면

$\qquad 0 < x < 1$ 또는 $1 < x < \dfrac{5}{2}$

(2) 밑의 조건에서 $x - 3 > 0$, $x - 3 \neq 1$

$\qquad$ 즉, $x > 3$, $x \neq 4$이므로

$\qquad 3 < x < 4$ 또는 $x > 4$ $\cdots\cdots$ ㉠

$\qquad$ 진수의 조건에서 $7 - x > 0$

$\qquad \therefore x < 7$ $\cdots\cdots$ ㉡

$\qquad$ ㉠, ㉡의 공통부분을 구하면

$\qquad 3 < x < 4$ 또는 $4 < x < 7$

2-1 답 (1) $-1 < x < 0$ 또는 $0 < x < 3$

$\qquad\qquad$ (2) $\dfrac{7}{4} < x < 2$ 또는 $2 < x < 8$

(1) 밑의 조건에서 $x + 1 > 0$, $x + 1 \neq 1$

$\qquad$ 즉, $x > -1$, $x \neq 0$이므로

$\qquad -1 < x < 0$ 또는 $x > 0$ $\cdots\cdots$ ㉠

$\qquad$ 진수의 조건에서 $3 - x > 0$

$\qquad \therefore x < 3$ $\cdots\cdots$ ㉡

$\qquad$ ㉠, ㉡의 공통부분을 구하면

$\qquad -1 < x < 0$ 또는 $0 < x < 3$

(2) 밑의 조건에서 $4x - 7 > 0$, $4x - 7 \neq 1$

$\qquad$ 즉, $x > \dfrac{7}{4}$, $x \neq 2$이므로

$\qquad \dfrac{7}{4} < x < 2$ 또는 $x > 2$ $\cdots\cdots$ ㉠

진수의 조건에서 $8-x>0$

$\therefore x<8$ ...... ㉡

㉠, ㉡의 공통부분을 구하면

$\dfrac{7}{4}<x<2$ 또는 $2<x<8$

2-2 답 15

밑의 조건에서 $x-2>0$, $x-2\neq1$

즉, $x>2$, $x\neq3$이므로

$2<x<3$ 또는 $x>3$ ...... ㉠

진수의 조건에서 $-x^2+5x+14>0$

$x^2-5x-14<0$, $(x+2)(x-7)<0$

$\therefore -2<x<7$ ...... ㉡

㉠, ㉡의 공통부분을 구하면

$2<x<3$ 또는 $3<x<7$

따라서 정수 x는 4, 5, 6이므로 구하는 합은

$4+5+6=15$

2-3 답 8

밑의 조건에서 $k>0$, $k\neq1$

$\therefore 0<k<1$ 또는 $k>1$ ...... ㉠

진수의 조건에서 모든 실수 x에 대하여 $x^2+2kx+10k>0$이어야 하므로 이차방정식 $x^2+2kx+10k=0$의 판별식을 D라 하면

$\dfrac{D}{4}=k^2-10k<0$, $k(k-10)<0$

$\therefore 0<k<10$ ...... ㉡

㉠, ㉡의 공통부분을 구하면

$0<k<1$ 또는 $1<k<10$

따라서 정수 k는 2, 3, 4, $\cdots$, 9의 8개이다.

필수 예제 3 답 (1) 3 (2) $\dfrac{1}{2}$ (3) -1 (4) 1

(1) $\log_3 75+2\log_3 \dfrac{3}{5}=\log_3 75+\log_3\left(\dfrac{3}{5}\right)^2$

$=\log_3 75+\log_3\dfrac{9}{25}$

$=\log_3\left(75\times\dfrac{9}{25}\right)$

$=\log_3 27$

$=\log_3 3^3=3$

(2) $\log_6 3\sqrt{2}-\dfrac{1}{2}\log_6 3=\log_6 3\sqrt{2}-\log_6 3^{\frac{1}{2}}$

$=\log_6 3\sqrt{2}-\log_6\sqrt{3}$

$=\log_6\dfrac{3\sqrt{2}}{\sqrt{3}}=\log_6\sqrt{6}$

$=\log_6 6^{\frac{1}{2}}=\dfrac{1}{2}$

(3) $4\log_2\sqrt{10}-\log_2 5+\log_2\dfrac{1}{40}$

$=\log_2(\sqrt{10})^4-\log_2 5+\log_2\dfrac{1}{40}$

$=\log_2 100-\log_2 5+\log_2\dfrac{1}{40}$

$=\log_2\left(100\times\dfrac{1}{5}\times\dfrac{1}{40}\right)=\log_2\dfrac{1}{2}$

$=\log_2 2^{-1}=-1$

(4) $\log_5(\log_2 32)=\log_5(\log_2 2^5)$

$=\log_5 5=1$

3-1 답 (1) 2 (2) $-\dfrac{1}{3}$ (3) 3 (4) 2

(1) $\log_2 36-2\log_2 3=\log_2 36-\log_2 3^2$

$=\log_2 36-\log_2 9$

$=\log_2\dfrac{36}{9}=\log_2 4$

$=\log_2 2^2=2$

(2) $\dfrac{1}{3}\log_5 4-\log_5\sqrt[3]{20}=\log_5 4^{\frac{1}{3}}-\log_5 20^{\frac{1}{3}}$

$=\log_5\dfrac{4^{\frac{1}{3}}}{20^{\frac{1}{3}}}$

$=\log_5\left(\dfrac{1}{5}\right)^{\frac{1}{3}}$

$=\log_5 5^{-\frac{1}{3}}=-\dfrac{1}{3}$

(3) $\log_3 6\sqrt{2}+\log_3 18-\dfrac{5}{2}\log_3 2$

$=\log_3 6\sqrt{2}+\log_3 18-\log_3 2^{\frac{5}{2}}$

$=\log_3 6\sqrt{2}+\log_3 18-\log_3 4\sqrt{2}$

$=\log_3\left(6\sqrt{2}\times18\times\dfrac{1}{4\sqrt{2}}\right)=\log_3 27$

$=\log_3 3^3=3$

(4) $\log_2(\log_3 81)=\log_2(\log_3 3^4)=\log_2 4$

$=\log_2 2^2=2$

3-2 답 ③

$\log_5 72=\log_5(2^3\times3^2)$

$=\log_5 2^3+\log_5 3^2$

$=3\log_5 2+2\log_5 3$

$=3a+2b$

3-3 답 9

이차방정식의 근과 계수의 관계에 의하여

$\log_3\alpha+\log_3\beta=2$, $\log_3\alpha\beta=2$

$\therefore \alpha\beta=3^2=9$

플러스 강의

이차방정식의 근과 계수의 관계

이차방정식 $ax^2+bx+c=0$의 두 근을 α, β라 하면

$\alpha+\beta=-\dfrac{b}{a}$, $\alpha\beta=\dfrac{c}{a}$

필수 예제 4 답 (1) 16 (2) 2 (3) 6 (4) 18

(1) $\log_2 9\times\log_3 25\times\log_5 16$

$=\dfrac{\log_{10} 9}{\log_{10} 2}\times\dfrac{\log_{10} 25}{\log_{10} 3}\times\dfrac{\log_{10} 16}{\log_{10} 5}$

$=\dfrac{\log_{10} 3^2}{\log_{10} 2}\times\dfrac{\log_{10} 5^2}{\log_{10} 3}\times\dfrac{\log_{10} 2^4}{\log_{10} 5}$

$=\dfrac{2\log_{10} 3}{\log_{10} 2}\times\dfrac{2\log_{10} 5}{\log_{10} 3}\times\dfrac{4\log_{10} 2}{\log_{10} 5}$

$=16$

(2) $\log_2 24 - \dfrac{1}{\log_6 2} = \log_2 24 - \log_2 6$

$\qquad\qquad\qquad = \log_2 \dfrac{24}{6} = \log_2 4$

$\qquad\qquad\qquad = \log_2 2^2 = 2$

(3) $(\log_3 25 - \log_9 5)(\log_5 27 + \log_{25} 9)$

$\quad = (\log_3 5^2 - \log_{3^2} 5)(\log_5 3^3 + \log_{5^2} 3^2)$

$\quad = \left(2\log_3 5 - \dfrac{1}{2}\log_3 5\right)(3\log_5 3 + \log_5 3)$

$\quad = \dfrac{3}{2}\log_3 5 \times 4\log_5 3$

$\quad = 6\log_3 5 \times \dfrac{1}{\log_3 5} = 6$

(4) $2\log_6 3 + \log_6 10 - \log_6 5 = \log_6 3^2 + \log_6 10 - \log_6 5$

$\qquad\qquad\qquad\qquad\qquad = \log_6\left(9 \times 10 \times \dfrac{1}{5}\right)$

$\qquad\qquad\qquad\qquad\qquad = \log_6 18$

$\therefore 6^{2\log_6 3 + \log_6 10 - \log_6 5} = 6^{\log_6 18} = 18^{\log_6 6} = 18$

4-1 답 (1) 12 (2) 2 (3) 27 (4) 125

(1) $\log_5 4 \times \log_2 100 \times \log_{10} 125$

$\quad = \dfrac{\log_{10} 4}{\log_{10} 5} \times \dfrac{\log_{10} 100}{\log_{10} 2} \times \dfrac{\log_{10} 125}{\log_{10} 10}$

$\quad = \dfrac{\log_{10} 2^2}{\log_{10} 5} \times \dfrac{\log_{10} 10^2}{\log_{10} 2} \times \dfrac{\log_{10} 5^3}{\log_{10} 10}$

$\quad = \dfrac{2\log_{10} 2}{\log_{10} 5} \times \dfrac{2\log_{10} 10}{\log_{10} 2} \times \dfrac{3\log_{10} 5}{\log_{10} 10}$

$\quad = 12$

(2) $\dfrac{1}{\log_3 6} + \dfrac{1}{\log_{12} 6} = \log_6 3 + \log_6 12 = \log_6(3 \times 12)$

$\qquad\qquad\qquad\qquad = \log_6 36 = \log_6 6^2 = 2$

(3) $(\log_4 3 + \log_2 81)(\log_8 3 + \log_9 64)$

$\quad = (\log_{2^2} 3 + \log_2 3^4)(\log_3 2^3 + \log_{3^2} 2^6)$

$\quad = \left(\dfrac{1}{2}\log_2 3 + 4\log_2 3\right)(3\log_3 2 + 3\log_3 2)$

$\quad = \dfrac{9}{2}\log_2 3 \times 6\log_3 2$

$\quad = 27\log_2 3 \times \dfrac{1}{\log_2 3} = 27$

(4) $2\log_2 5 + \log_{\sqrt{2}} 3 + \log_{\frac{1}{2}} 45$

$\quad = 2\log_2 5 + \log_{2^{\frac{1}{2}}} 3 + \log_{2^{-1}} 45$

$\quad = 2\log_2 5 + 2\log_2 3 - \log_2 45$

$\quad = \log_2 5^2 + \log_2 3^2 - \log_2 45$

$\quad = \log_2\left(25 \times 9 \times \dfrac{1}{45}\right) = \log_2 5$

$\therefore 8^{2\log_2 5 + \log_{\sqrt{2}} 3 + \log_{\frac{1}{2}} 45} = 8^{\log_2 5} = 5^{\log_2 8} = 5^{\log_2 2^3}$

$\qquad\qquad\qquad\qquad\qquad = 5^3 = 125$

4-2 답 ④

로그의 밑의 변환 공식에 의하여

$\log_{18} 2 = \dfrac{\log_5 2}{\log_5 18} = \dfrac{\log_5 2}{\log_5(2 \times 3^2)}$

$\qquad = \dfrac{\log_5 2}{\log_5 2 + \log_5 3^2} = \dfrac{\log_5 2}{\log_5 2 + 2\log_5 3}$

$\qquad = \dfrac{a}{a + 2b}$

4-3 답 2

$\log_b a = 3$에서 $\dfrac{1}{\log_a b} = 3$

$\therefore \log_a b = \dfrac{1}{3}$

$\log_c a = 6$에서 $\dfrac{1}{\log_a c} = 6$

$\therefore \log_a c = \dfrac{1}{6}$

$\therefore \log_{bc} a = \dfrac{\log_a a}{\log_a bc} = \dfrac{1}{\log_a b + \log_a c}$

$\qquad\quad = \dfrac{1}{\dfrac{1}{3} + \dfrac{1}{6}} = \dfrac{1}{\dfrac{1}{2}} = 2$

필수 예제 5 답 (1) 1.8506 (2) 3.8506 (3) -1.1494

(1) $\log 70.9 = \log(7.09 \times 10) = \log 7.09 + \log 10$

$\qquad\qquad = 0.8506 + 1 = 1.8506$

(2) $\log 7090 = \log(7.09 \times 10^3) = \log 7.09 + \log 10^3$

$\qquad\qquad = 0.8506 + 3 = 3.8506$

(3) $\log 0.0709 = \log(7.09 \times 10^{-2}) = \log 7.09 + \log 10^{-2}$

$\qquad\qquad = 0.8506 - 2 = -1.1494$

5-1 답 (1) 2.6990 (2) -3.3010 (3) 0.3010

(1) $\log 500 = \log(5 \times 10^2) = \log 5 + \log 10^2$

$\qquad\qquad = 0.6990 + 2 = 2.6990$

(2) $\log 0.0005 = \log(5 \times 10^{-4}) = \log 5 + \log 10^{-4}$

$\qquad\qquad = 0.6990 - 4 = -3.3010$

(3) $\log 2 = \log\dfrac{10}{5} = \log 10 - \log 5$

$\qquad = 1 - 0.6990 = 0.3010$

5-2 답 0.2751

상용로그표에서 $\log 1.26 = 0.1004$이므로

$\log\sqrt[4]{12.6} = \dfrac{1}{4}\log(1.26 \times 10)$

$\qquad\qquad = \dfrac{1}{4}(\log 1.26 + \log 10)$

$\qquad\qquad = \dfrac{1}{4} \times (0.1004 + 1) = 0.2751$

5-3 답 2.1998

$a = \log 493 = \log(4.93 \times 10^2) = \log 4.93 + \log 10^2$

$\quad = 0.6928 + 2 = 2.6928$

한편, $\log b = -0.3072$에서

$\log b = -1 + 0.6928 = \log 10^{-1} + \log 4.93$

$\qquad = \log(10^{-1} \times 4.93) = \log 0.493$

$\therefore b = 0.493$

$\therefore a - b = 2.6928 - 0.493 = 2.1998$

필수 예제 6 답 100배

5등급인 별의 밝기를 I_1이라 하면

$5 = -\dfrac{5}{2}\log I_1 + C$ $\quad\cdots\cdots$ ㉠

10등급인 별의 밝기를 I_2라 하면

$10 = -\dfrac{5}{2}\log I_2 + C$ $\quad\cdots\cdots$ ㉡

$\bigcirc - \bigcirc$을 하면

$$-5 = -\frac{5}{2}(\log I_1 - \log I_2)$$

$$-5 = -\frac{5}{2}\log \frac{I_1}{I_2}, \ \log \frac{I_1}{I_2} = 2$$

$$\frac{I_1}{I_2} = 10^2 = 100 \qquad \therefore I_1 = 100 I_2$$

따라서 5등급인 별의 밝기는 10등급인 별의 밝기의 100배이다.

6-1 답 1000배

규모가 6인 지진의 에너지를 E_1이라 하면

$$\log E_1 = 11.8 + 1.5 \times 6 = 20.8 \quad \cdots\cdots \bigcirc$$

규모가 4인 지진의 에너지를 E_2라 하면

$$\log E_2 = 11.8 + 1.5 \times 4 = 17.8 \quad \cdots\cdots \bigcirc$$

$\bigcirc - \bigcirc$을 하면

$$\log E_1 - \log E_2 = 3, \ \log \frac{E_1}{E_2} = 3$$

$$\frac{E_1}{E_2} = 10^3 = 1000 \qquad \therefore E_1 = 1000 E_2$$

따라서 규모가 6인 지진의 에너지는 규모가 4인 지진의 에너지의 1000배이다.

6-2 답 15

원본 사진 A를 압축했을 때, 최대 신호 대 잡음비가 P_A, 평균 제곱오차가 E_A이므로

$$P_A = 20 \log 255 - 10 \log E_A \quad \cdots\cdots \bigcirc$$

원본 사진 B를 압축했을 때, 최대 신호 대 잡음비가 P_B, 평균 제곱오차가 E_B이므로

$$P_B = 20 \log 255 - 10 \log E_B \quad \cdots\cdots \bigcirc$$

이때 $\dfrac{E_B}{E_A} = 10\sqrt{10}$이므로 $\bigcirc - \bigcirc$을 하면

$$\begin{aligned}
&P_A - P_B \\
&= (20 \log 255 - 10 \log E_A) - (20 \log 255 - 10 \log E_B) \\
&= 10(\log E_B - \log E_A) \\
&= 10 \log \frac{E_B}{E_A} \\
&= 10 \log 10\sqrt{10} = 10 \log 10^{\frac{3}{2}} \\
&= 10 \times \frac{3}{2} = 15
\end{aligned}$$

6-3 답 7 %

첫 해 인구수를 A, 인구수의 증가율을 $a\,\%$라 하면
10년 후의 인구수가 첫 해 인구수의 2배이므로

$$A\left(1 + \frac{a}{100}\right)^{10} = 2A$$

$$\therefore \left(1 + \frac{a}{100}\right)^{10} = 2$$

양변에 상용로그를 취하면

$$10 \log\left(1 + \frac{a}{100}\right) = \log 2$$

$$\log\left(1 + \frac{a}{100}\right) = \frac{1}{10}\log 2 = \frac{1}{10} \times 0.3 = 0.03$$

이때 $\log 1.07 = 0.03$이므로

$$1 + \frac{a}{100} = 1.07 \qquad \therefore a = 7$$

따라서 인구수는 매년 7 %씩 증가했다.

---

01 512	**02** 4	**03** ④	**04** -4
05 $\frac{1}{4}$	**06** ③	**07** -6	**08** ③
09 ③	**10** ②		

01

$\log_a 2 = \dfrac{4}{3}$에서 $a^{\frac{4}{3}} = 2$

$a^{\frac{4}{3}} = 2$의 양변을 9제곱하면

$$\left(a^{\frac{4}{3}}\right)^9 = 2^9 \qquad \therefore a^{12} = 512$$

02

(ⅰ) $\log_x (x^2 - 2x)$가 정의되려면
　밑의 조건에서 $x > 0$, $x \neq 1$
　$\therefore 0 < x < 1$ 또는 $x > 1$ 　$\cdots\cdots \bigcirc$
　진수의 조건에서 $x^2 - 2x > 0$이어야 하므로
　$x(x-2) > 0$
　$\therefore x < 0$ 또는 $x > 2$ 　$\cdots\cdots \bigcirc$
　$\bigcirc$, $\bigcirc$의 공통부분을 구하면
　$x > 2$

(ⅱ) $\log_{8-x} |8-x|$가 정의되려면
　밑의 조건에서 $8 - x > 0$, $8 - x \neq 1$
　$x < 8$, $x \neq 7$
　$\therefore x < 7$ 또는 $7 < x < 8$ 　$\cdots\cdots \bigcirc$
　진수의 조건에서 $|8-x| > 0$이어야 하므로
　$x \neq 8$ 　$\cdots\cdots \boxdot$
　$\bigcirc$, $\boxdot$의 공통부분을 구하면
　$x < 7$ 또는 $7 < x < 8$

(ⅰ), (ⅱ)에서
$2 < x < 7$ 또는 $7 < x < 8$
따라서 정수 x는 3, 4, 5, 6의 4개이다.

03

$$\begin{aligned}
\log_2 4\sqrt{3} + \log_2 6 - \frac{3}{2}\log_2 3 &= \log_2 4\sqrt{3} + \log_2 6 - \log_2 3^{\frac{3}{2}} \\
&= \log_2 4\sqrt{3} + \log_2 6 - \log_2 3\sqrt{3} \\
&= \log_2 \frac{4\sqrt{3} \times 6}{3\sqrt{3}} \\
&= \log_2 8 \\
&= \log_2 2^3 \\
&= 3
\end{aligned}$$

04

$$\begin{aligned}
&\log_2 \frac{1}{2} + \log_2 \frac{2}{3} + \log_2 \frac{3}{4} + \cdots + \log_2 \frac{15}{16} \\
&= \log_2 \left(\frac{1}{2} \times \frac{2}{3} \times \frac{3}{4} \times \cdots \times \frac{15}{16}\right) \\
&= \log_2 \frac{1}{16} = \log_2 2^{-4} \\
&= -4 \log_2 2 \\
&= -4
\end{aligned}$$

05

$$\left(\log_2 5+\log_4 \frac{1}{5}\right)\left(\log_5 2+\log_{25}\frac{1}{2}\right)$$
$$=\left(\log_2 5+\log_{2^2} 5^{-1}\right)\left(\log_5 2+\log_{5^2} 2^{-1}\right)$$
$$=\left(\log_2 5-\frac{1}{2}\log_2 5\right)\left(\log_5 2-\frac{1}{2}\log_5 2\right)$$
$$=\frac{1}{2}\log_2 5\times\frac{1}{2}\log_5 2$$
$$=\frac{1}{4}\log_2 5\times\frac{1}{\log_2 5}$$
$$=\frac{1}{4}$$

06

로그의 밑의 변환 공식에 의하여
$$\log_2 3=\frac{1}{\log_3 2}\qquad\therefore \log_3 2=\frac{1}{a}$$
$$\therefore \log_{12}60=\frac{\log_3 60}{\log_3 12}$$
$$=\frac{\log_3(2^2\times3\times5)}{\log_3(2^2\times3)}$$
$$=\frac{\log_3 2^2+\log_3 3+\log_3 5}{\log_3 2^2+\log_3 3}$$
$$=\frac{2\log_3 2+1+\log_3 5}{2\log_3 2+1}$$
$$=\frac{\dfrac{2}{a}+1+b}{\dfrac{2}{a}+1}$$
$$=\frac{ab+a+2}{a+2}$$

07

이차방정식의 근과 계수의 관계에 의하여
$$\log_2 a+\log_2 b=2,\ \log_2 a\times\log_2 b=-1$$
$$\therefore \log_a b+\log_b a$$
$$=\frac{\log_2 b}{\log_2 a}+\frac{\log_2 a}{\log_2 b}$$
$$=\frac{(\log_2 a)^2+(\log_2 b)^2}{\log_2 a\times\log_2 b}$$
$$=\frac{(\log_2 a+\log_2 b)^2-2\log_2 a\times\log_2 b}{\log_2 a\times\log_2 b}$$
$$=\frac{2^2-2\times(-1)}{-1}=-6$$

08

① $\log\dfrac{1}{2}=\log 2^{-1}=-\log 2=-0.3010$

② $\log 4=\log 2^2=2\log 2$
   $\qquad=2\times0.3010=0.6020$

③ $\log 50=\log\dfrac{100}{2}=\log 100-\log 2$
   $\qquad=2-0.3010=1.6990$

④ $\log 8=\log 2^3=3\log 2$
   $\qquad=3\times0.3010=0.9030$

⑤ $\log 200=\log(2\times10^2)=\log 2+\log 10^2$
   $\qquad=0.3010+2=2.3010$

따라서 옳지 않은 것은 ③이다.

09

$\log_{\sqrt{3}}a=\log_9 ab$에서
$$\log_{3^{\frac{1}{2}}}a=\log_{3^2}ab$$
$$2\log_3 a=\frac{1}{2}\log_3 ab$$
$$\qquad\quad=\frac{1}{2}(\log_3 a+\log_3 b)$$
즉, $4\log_3 a=\log_3 a+\log_3 b$에서
$$3\log_3 a=\log_3 b$$
$$\log_3 a^3=\log_3 b\qquad\therefore b=a^3$$
$$\therefore \log_a b=\log_a a^3=3$$

10

세대당 종자의 평균 분사거리가 20인 A나무의 세대당 종자의 증식률이 R_A, 10세대 동안 확산에 의한 이동거리가 L_A이므로
$$L_A{}^2=100\times20^2\times\log_3 R_A$$
$$\therefore L_A{}^2=40000\log_3 R_A$$
이때 $L_A=400$이므로
$$400^2=40000\log_3 R_A,\ \log_3 R_A=4$$
$$\therefore R_A=3^4=81$$
$\dfrac{R_A}{R_B}=27$이므로 $\dfrac{81}{R_B}=27$
$$\therefore R_B=\frac{81}{27}=3$$
한편, 세대당 종자의 평균 분사거리가 30인 B나무의 세대당 종자의 증식률이 R_B, 10세대 동안 확산에 의한 이동거리가 L_B이므로
$$L_B{}^2=100\times30^2\times\log_3 R_B$$
$$\therefore L_B{}^2=90000\log_3 R_B$$
$$\qquad=90000\log_3 3=90000$$
따라서 $L_B=300$이다.

개념으로 **단원 마무리**　•본문 028쪽

1 답 (1) $\log_a N$　(2) $1,\ \log_a M-\log_a N$　(3) $\log_c a,\ \log_b a$

(4) $\dfrac{n}{m},\ b$　(5) 상용로그　(6) 상용로그표

2 답 (1) ○　(2) ×　(3) ×　(4) ○　(5) ○

(2) $\log_a M-\log_a N=\log_a \dfrac{M}{N}$이므로

$\log_a(M-N)=\log_a M-\log_a N$이 항상 성립하는 것은 아니다.

(3) $(\log_3 27)^2=(\log_3 3^3)^2=3^2=9$

03 지수함수

교과서 개념 확인하기 ────○ 본문 031쪽

1 답 ㄱ, ㄷ, ㄹ

ㄱ. 4를 밑으로 하는 지수함수이다.

ㄴ. 이차함수이므로 다항함수이다.

ㄷ. 0.3을 밑으로 하는 지수함수이다.

ㄹ. $y=\dfrac{1}{5^x}=\left(\dfrac{1}{5}\right)^x$이므로 $\dfrac{1}{5}$을 밑으로 하는 지수함수이다.

따라서 지수함수인 것은 ㄱ, ㄷ, ㄹ이다.

2 답 해설 참조

(1) 함수 $y=2^{x-1}$의 그래프는 함수
$y=2^x$의 그래프를 x축의 방향으로
1만큼 평행이동한 것이므로 오른쪽
그림과 같다.

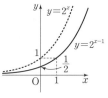

(2) 함수 $y=-\left(\dfrac{1}{2}\right)^x=-2^{-x}$의 그래프
는 함수 $y=2^x$의 그래프를 원점에
대하여 대칭이동한 것이므로 오른쪽
그림과 같다.

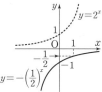

3 답 (1) 최댓값: 4, 최솟값: $\dfrac{1}{8}$ (2) 최댓값: 27, 최솟값: $\dfrac{1}{9}$

(1) 함수 $y=2^x$에서 밑이 2이고 2>1이므로 이 함수는 x의 값
이 증가하면 y의 값도 증가한다.

따라서 $-3 \leq x \leq 2$에서 함수 $y=2^x$은

$x=2$일 때 최댓값 $2^2=4$,

$x=-3$일 때 최솟값 $2^{-3}=\dfrac{1}{8}$ 을 갖는다.

(2) 함수 $y=\left(\dfrac{1}{3}\right)^x$에서 밑이 $\dfrac{1}{3}$이고 $0<\dfrac{1}{3}<1$이므로 이 함수는
x의 값이 증가하면 y의 값은 감소한다.

따라서 $-3 \leq x \leq 2$에서 함수 $y=\left(\dfrac{1}{3}\right)^x$은

$x=-3$일 때 최댓값 $\left(\dfrac{1}{3}\right)^{-3}=27$,

$x=2$일 때 최솟값 $\left(\dfrac{1}{3}\right)^2=\dfrac{1}{9}$ 을 갖는다.

4 답 (1) $x=-3$ (2) $x=5$ (3) $x=2$ (4) $x=0$ 또는 $x=4$

(1) $3^x=\dfrac{1}{27}$에서 $3^x=3^{-3}$이므로 $x=-3$

(2) $2^{3x-1}=4^{x+2}$에서 $2^{3x-1}=2^{2x+4}$이므로

$3x-1=2x+4$ ∴ $x=5$

(3) $2^{2x}-2^x-12=0$에서 $(2^x)^2-2^x-12=0$

$2^x=t\ (t>0)$라 하면 $t^2-t-12=0$

$(t+3)(t-4)=0$ ∴ $t=4\ (∵\ t>0)$

즉, $2^x=4$이므로 $2^x=2^2$

∴ $x=2$

(4) (ⅰ) $x=0$일 때, 주어진 방정식은 $1^0=5^0$이므로 등식이 성립
한다.

(ⅱ) $x \neq 0$일 때, $x+1=5$에서 $x=4$

(ⅰ), (ⅱ)에서 $x=0$ 또는 $x=4$

5 답 (1) $x \leq 4$ (2) $x>2$ (3) $x \leq 3$ (4) $0<x<1$

(1) $2^x \leq 16$에서 $2^x \leq 2^4$

밑이 2이고 2>1이므로

$x \leq 4$

(2) $7^x>49$에서 $7^x>7^2$

밑이 7이고 7>1이므로

$x>2$

(3) $\left(\dfrac{1}{5}\right)^x \geq \dfrac{1}{125}$에서 $\left(\dfrac{1}{5}\right)^x \geq \left(\dfrac{1}{5}\right)^3$

밑이 $\dfrac{1}{5}$이고 $0<\dfrac{1}{5}<1$이므로

$x \leq 3$

(4) $3^{2x}-4 \times 3^x+3<0$에서 $(3^x)^2-4 \times 3^x+3<0$

$3^x=t\ (t>0)$라 하면 $t^2-4t+3<0$

$(t-1)(t-3)<0$ ∴ $1<t<3$

따라서 $1<3^x<3$, 즉 $3^0<3^x<3^1$에서 밑이 3이고 3>1이
므로

$0<x<1$

교과서 예제로 개념 익히기 · 본문 032~037쪽

필수 예제 1 답 해설 참조

(1) 함수 $y=3^{x+2}-3$의 그래프는 함수
$y=3^x$의 그래프를 x축의 방향으로
-2만큼, y축의 방향으로 -3만큼
평행이동한 것이므로 오른쪽 그림과
같다.

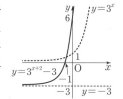

따라서 치역은 $\{y|y>-3\}$이고, 점
근선의 방정식은 $y=-3$이다.

(2) 함수 $y=-\left(\dfrac{1}{3}\right)^{x-1}+2$의 그래프는

함수 $y=\left(\dfrac{1}{3}\right)^x$의 그래프를 x축에 대하

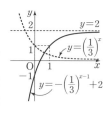

여 대칭이동한 후 x축의 방향으로 1만
큼, y축의 방향으로 2만큼 평행이동한
것이므로 오른쪽 그림과 같다.

따라서 치역은 $\{y|y<2\}$이고, 점근선의 방정식은 $y=2$이다.

1-1 답 해설 참조

(1) 함수 $y=\left(\dfrac{1}{2}\right)^{-x}+4$의 그래프는

함수 $y=\left(\dfrac{1}{2}\right)^x$의 그래프를 y축에

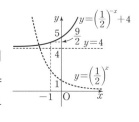

대하여 대칭이동한 후 y축의 방향
으로 4만큼 평행이동한 것이므로
오른쪽 그림과 같다.

따라서 치역은 $\{y|y>4\}$이고, 점근선의 방정식은 $y=4$이다.

(2) 함수 $y=-2^{x+3}-1$의 그래프는 함수
$y=2^x$의 그래프를 x축에 대하여 대칭
이동한 후 x축의 방향으로 -3만큼,
y축의 방향으로 -1만큼 평행이동한
것이므로 오른쪽 그림과 같다.

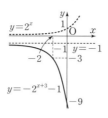

따라서 치역은 $\{y\,|\,y<-1\}$이고, 점
근선의 방정식은 $y=-1$이다.

1-2 답 해설 참조

(1) 함수 $y=3\times2^{x-1}-4$의 그래
프는 함수 $y=3\times2^x$의 그래프
를 x축의 방향으로 1만큼, y축
의 방향으로 -4만큼 평행이
동한 것이므로 오른쪽 그림과
같다.

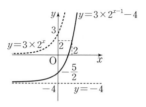

따라서 치역은 $\{y\,|\,y>-4\}$이고, 점근선의 방정식은
$y=-4$이다.

(2) 함수 $y=-5\times2^{x+2}+10$의 그래
프는 함수 $y=5\times2^x$의 그래프를
x축에 대하여 대칭이동한 후 x축
의 방향으로 -2만큼, y축의 방향
으로 10만큼 평행이동한 것이므로
오른쪽 그림과 같다.

따라서 치역은 $\{y\,|\,y<10\}$이고, 점근선의 방정식은 $y=10$
이다.

1-3 답 ㄱ, ㄷ

함수 $y=\left(\dfrac{1}{5}\right)^x$의 그래프는 오른쪽 그림과
같다.

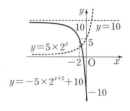

ㄴ. x의 값이 증가하면 y의 값은 감소한다.

ㄹ. $y=\left(\dfrac{1}{5}\right)^x=5^{-x}$이므로 그래프는 함수
  $y=5^x$의 그래프와 y축에 대하여 대칭이다.

따라서 옳은 것은 ㄱ, ㄷ이다.

필수 예제 2 답 -31

함수 $y=5^x$의 그래프를 x축의 방향으로 -2만큼, y축의 방향
으로 6만큼 평행이동한 그래프의 식은
$y=5^{x+2}+6$ $\therefore y=25\times5^x+6$
이 그래프를 x축에 대하여 대칭이동한 그래프의 식은
$-y=25\times5^x+6$ $\therefore y=-25\times5^x-6$
따라서 $a=-25$, $b=-6$이므로
$a+b=-25+(-6)=-31$

2-1 답 12

함수 $y=\left(\dfrac{1}{3}\right)^x$의 그래프를 x축의 방향으로 4만큼, y축의 방향
으로 3만큼 평행이동한 그래프의 식은
$y=\left(\dfrac{1}{3}\right)^{x-4}+3$
이 그래프를 y축에 대하여 대칭이동한 그래프의 식은
$y=\left(\dfrac{1}{3}\right)^{-x-4}+3$ $\therefore y=3^{x+4}+3$

따라서 $a=4$, $b=3$이므로
$ab=4\times3=12$

2-2 답 4

함수 $y=a^x$의 그래프를 x축의 방향으로 -5만큼, y축의 방향
으로 -10만큼 평행이동한 그래프의 식은
$y=a^{x+5}-10$
이 그래프를 원점에 대하여 대칭이동한 그래프의 식은
$-y=a^{-x+5}-10$ $\therefore y=-a^{-x+5}+10$
이 함수의 그래프가 점 $(3, -6)$을 지나므로
$-6=-a^{-3+5}+10$, $a^2=16$
$\therefore a=4$ ($\because a>1$)

2-3 답 ㄱ, ㄴ, ㄹ

ㄱ. $y=8\times2^x=2^{x+3}$이므로 함수 $y=8\times2^x$의 그래프는 함수
  $y=2^x$의 그래프를 x축의 방향으로 -3만큼 평행이동한 것
  이다.

ㄴ. $y=\dfrac{2^x}{16}=2^{x-4}$이므로 함수 $y=\dfrac{2^x}{16}$의 그래프는 함수 $y=2^x$
  의 그래프를 x축의 방향으로 4만큼 평행이동한 것이다.

ㄷ. $y=\left(\dfrac{1}{4}\right)^x=2^{-2x}$이므로 함수 $y=\left(\dfrac{1}{4}\right)^x$의 그래프는 함수
  $y=2^x$의 그래프를 평행이동 또는 대칭이동하여 겹쳐질 수
  없다.

ㄹ. 함수 $y=2^{-x}+4$의 그래프는 함수 $y=2^x$의 그래프를 y축에
  대하여 대칭이동한 후 y축의 방향으로 4만큼 평행이동한 것
  이다.

ㅂ. $y=\sqrt{2^x}=2^{\frac{x}{2}}$이므로 함수 $y=\sqrt{2^x}$의 그래프는 함수 $y=2^x$
  의 그래프를 평행이동 또는 대칭이동하여 겹쳐질 수 없다.

따라서 함수 $y=2^x$의 그래프를 평행이동 또는 대칭이동하여 겹
쳐질 수 있는 그래프의 식은 ㄱ, ㄴ, ㄹ이다.

필수 예제 3 답 (1) $\sqrt[3]{4}>16^{\frac{1}{8}}$ (2) $\sqrt[4]{\dfrac{1}{27}}<\sqrt[6]{\dfrac{1}{81}}$

(1) $\sqrt[3]{4}$, $16^{\frac{1}{8}}$을 각각 밑이 2인 거듭제곱의 꼴로 나타내면
  $\sqrt[3]{4}=\sqrt[3]{2^2}=2^{\frac{2}{3}}$, $16^{\frac{1}{8}}=(2^4)^{\frac{1}{8}}=2^{\frac{1}{2}}$
  이때 $\dfrac{1}{2}<\dfrac{2}{3}$이고, 함수 $y=2^x$은 x의 값이 증가하면 y의 값
  도 증가하므로
  $2^{\frac{1}{2}}<2^{\frac{2}{3}}$ $\therefore 16^{\frac{1}{8}}<\sqrt[3]{4}$

(2) $\sqrt[4]{\dfrac{1}{27}}$, $\sqrt[6]{\dfrac{1}{81}}$을 밑이 $\dfrac{1}{3}$인 거듭제곱의 꼴로 나타내면
  $\sqrt[4]{\dfrac{1}{27}}=\sqrt[4]{\left(\dfrac{1}{3}\right)^3}=\left(\dfrac{1}{3}\right)^{\frac{3}{4}}$, $\sqrt[6]{\dfrac{1}{81}}=\sqrt[6]{\left(\dfrac{1}{3}\right)^4}=\left(\dfrac{1}{3}\right)^{\frac{2}{3}}$
  이때 $\dfrac{2}{3}<\dfrac{3}{4}$이고, 함수 $y=\left(\dfrac{1}{3}\right)^x$은 x의 값이 증가하면 y의
  값은 감소하므로
  $\left(\dfrac{1}{3}\right)^{\frac{3}{4}}<\left(\dfrac{1}{3}\right)^{\frac{2}{3}}$ $\therefore \sqrt[4]{\dfrac{1}{27}}<\sqrt[6]{\dfrac{1}{81}}$

3-1 답 (1) $125^{\frac{1}{8}}<\sqrt[6]{625}$ (2) $\sqrt[3]{0.04}>\sqrt[4]{0.008}$

(1) $125^{\frac{1}{8}}$, $\sqrt[6]{625}$를 밑이 5인 거듭제곱의 꼴로 나타내면
  $125^{\frac{1}{8}}=(5^3)^{\frac{1}{8}}=5^{\frac{3}{8}}$, $\sqrt[6]{625}=\sqrt[6]{5^4}=5^{\frac{2}{3}}$

이때 $\frac{3}{8}<\frac{2}{3}$이고, 함수 $y=5^x$은 x의 값이 증가하면 y의 값도 증가하므로

$5^{\frac{3}{8}}<5^{\frac{2}{3}}$ $\therefore 125^{\frac{1}{8}}<\sqrt[6]{625}$

(2) $\sqrt[3]{0.04}$, $\sqrt[4]{0.008}$을 밑이 0.2인 거듭제곱의 꼴로 나타내면

$\sqrt[3]{0.04}=\sqrt[3]{0.2^2}=0.2^{\frac{2}{3}}$, $\sqrt[4]{0.008}=\sqrt[4]{0.2^3}=0.2^{\frac{3}{4}}$

이때 $\frac{2}{3}<\frac{3}{4}$이고, 함수 $y=0.2^x$은 x의 값이 증가하면 y의 값은 감소하므로

$0.2^{\frac{3}{4}}<0.2^{\frac{2}{3}}$ $\therefore \sqrt[4]{0.008}<\sqrt[3]{0.04}$

3-2 답 C, B, A

주어진 세 수를 밑이 2인 거듭제곱의 꼴로 나타내면

$A=\sqrt[6]{32}=\sqrt[6]{2^5}=2^{\frac{5}{6}}$

$B=8^{\frac{1}{4}}=(2^3)^{\frac{1}{4}}=2^{\frac{3}{4}}$

$C=0.5^{-\frac{2}{3}}=(2^{-1})^{-\frac{2}{3}}=2^{\frac{2}{3}}$

이때 $\frac{2}{3}<\frac{3}{4}<\frac{5}{6}$이고, 함수 $y=2^x$은 x의 값이 증가하면 y의 값도 증가하므로

$2^{\frac{2}{3}}<2^{\frac{3}{4}}<2^{\frac{5}{6}}$ $\therefore C<B<A$

따라서 주어진 세 수를 작은 것부터 차례로 나열하면 C, B, A이다.

3-3 답 $5^a<5^{a^a}$

함수 $y=a^x$은 $0<a<1$일 때, x의 값이 증가하면 y의 값은 감소하므로

$a<1$에서 $a^a>a^1$ $\therefore a<a^a$

이때 함수 $y=5^x$은 x의 값이 증가하면 y의 값도 증가하므로

$5^a<5^{a^a}$

필수 예제 4 답 (1) 최댓값: 77, 최솟값: 5

(2) 최댓값: 17, 최솟값: $\frac{5}{4}$

(1) 함수 $y=3^{x+3}-4$에서 밑이 3이고 $3>1$이므로 x의 값이 증가하면 y의 값도 증가한다.

따라서 $-1\le x\le 1$에서 함수 $y=3^{x+3}-4$는

$x=1$일 때 최댓값 $3^{1+3}-4=77$,

$x=-1$일 때 최솟값 $3^{-1+3}-4=5$를 갖는다.

(2) 함수 $y=\left(\frac{1}{2}\right)^{x-2}+1$에서 밑이 $\frac{1}{2}$이고 $0<\frac{1}{2}<1$이므로 x의 값이 증가하면 y의 값은 감소한다.

따라서 $-2\le x\le 4$에서 함수 $y=\left(\frac{1}{2}\right)^{x-2}+1$은

$x=-2$일 때 최댓값 $\left(\frac{1}{2}\right)^{-2-2}+1=17$,

$x=4$일 때 최솟값 $\left(\frac{1}{2}\right)^{4-2}+1=\frac{5}{4}$를 갖는다.

4-1 답 (1) 최댓값: 21, 최솟값: $\frac{11}{2}$ (2) 최댓값: $\frac{7}{5}$, 최솟값: $\frac{25}{49}$

(1) 함수 $y=2^{-x+1}+5=\left(\frac{1}{2}\right)^{x-1}+5$에서 밑이 $\frac{1}{2}$이고

$0<\frac{1}{2}<1$이므로 x의 값이 증가하면 y의 값은 감소한다.

따라서 $-3\le x\le 2$에서 함수 $y=2^{-x+1}+5$는

$x=-3$일 때 최댓값 $\left(\frac{1}{2}\right)^{-3-1}+5=21$,

$x=2$일 때 최솟값 $\left(\frac{1}{2}\right)^{2-1}+5=\frac{11}{2}$을 갖는다.

(2) 함수 $y=7^x\times 5^{-x}=\left(\frac{7}{5}\right)^x$에서 밑이 $\frac{7}{5}$이고 $\frac{7}{5}>1$이므로 x의 값이 증가하면 y의 값도 증가한다.

따라서 $-2\le x\le 1$에서 함수 $y=7^x\times 5^{-x}$은

$x=1$일 때 최댓값 $\left(\frac{7}{5}\right)^1=\frac{7}{5}$,

$x=-2$일 때 최솟값 $\left(\frac{7}{5}\right)^{-2}=\frac{25}{49}$를 갖는다.

4-2 답 최댓값: 25, 최솟값: $\frac{1}{25}$

$f(x)=x^2-2x-1$이라 하면

$f(x)=(x-1)^2-2$

$f(-1)=2$, $f(1)=-2$, $f(2)=-1$이므로

$-1\le x\le 2$에서 $f(x)$는 $x=-1$일 때 최댓값 2, $x=1$일 때 최솟값 -2를 갖는다.

즉, $y=5^{x^2-2x-1}=5^{f(x)}$은 밑이 5이고 $5>1$이므로

$f(x)$가 최대일 때 y도 최대이고, $f(x)$가 최소일 때 y도 최소이다.

따라서 $-1\le x\le 2$에서 함수 $y=5^{x^2-2x-1}$은

$f(x)=2$, 즉 $x=-1$일 때 최댓값 $5^2=25$,

$f(x)=-2$, 즉 $x=1$일 때 최솟값 $5^{-2}=\frac{1}{25}$을 갖는다.

플러스 강의

$\alpha\le x\le\beta$에서 이차함수 $f(x)=a(x-p)^2+q$의 최댓값과 최솟값은

① $\alpha\le p\le\beta$일 때

➡ $f(p)$, $f(\alpha)$, $f(\beta)$ 중 가장 큰 값이 최댓값, 가장 작은 값이 최솟값이다.

② $p<\alpha$ 또는 $p>\beta$일 때

➡ $f(\alpha)$, $f(\beta)$ 중 큰 값이 최댓값, 작은 값이 최솟값이다.

4-3 답 8

$y=4^x-2^{x+2}+6$에서 $y=(2^x)^2-4\times 2^x+6$

$2^x=t$ $(t>0)$라 하면 주어진 함수는

$y=t^2-4t+6=(t-2)^2+2$

이때 $0\le x\le 2$에서 $2^0\le 2^x\le 2^2$ $\therefore 1\le t\le 4$

$1\le t\le 4$에서 함수 $y=(t-2)^2+2$는

$t=4$, 즉 $x=2$일 때 최댓값 $2^2+2=6$,

$t=2$, 즉 $x=1$일 때 최솟값 $0^2+2=2$를 갖는다.

따라서 $M=6$, $m=2$이므로

$M+m=6+2=8$

필수 예제 5 답 (1) $x=-2$ 또는 $x=6$ (2) $x=2$ 또는 $x=4$

(3) $x=1$ (4) $x=0$

(1) $2^{x^2-x}=8^{x+4}$에서 $2^{x^2-x}=2^{3(x+4)}$이므로

$x^2-x=3x+12$, $x^2-4x-12=0$

$(x+2)(x-6)=0$ $\therefore x=-2$ 또는 $x=6$

(2) $\left(\dfrac{2}{3}\right)^{x^2+6}=\left(\dfrac{3}{2}\right)^{2-6x}$ 에서 $\left(\dfrac{2}{3}\right)^{x^2+6}=\left(\dfrac{2}{3}\right)^{-(2-6x)}$ 이므로

　$x^2+6=-2+6x,\ x^2-6x+8=0$

　$(x-2)(x-4)=0$　∴ $x=2$ 또는 $x=4$

(3) $9^x+3^{x+1}-18=0$ 에서

　$(3^x)^2+3\times3^x-18=0$

　$3^x=t\ (t>0)$ 라 하면 $t^2+3t-18=0$

　$(t+6)(t-3)=0$　∴ $t=3\ (\because t>0)$

　즉, $3^x=3$ 이므로 $x=1$

(4) $\left(\dfrac{1}{25}\right)^x+4\times\left(\dfrac{1}{5}\right)^x-5=0$ 에서

　$\left\{\left(\dfrac{1}{5}\right)^x\right\}^2+4\times\left(\dfrac{1}{5}\right)^x-5=0$

　$\left(\dfrac{1}{5}\right)^x=t\ (t>0)$ 라 하면 $t^2+4t-5=0$

　$(t+5)(t-1)=0$　∴ $t=1\ (\because t>0)$

　즉, $\left(\dfrac{1}{5}\right)^x=1$ 이므로 $x=0$

5-1 답 (1) $x=-\dfrac{3}{2}$ 또는 $x=\dfrac{1}{2}$　(2) $x=-3$ 또는 $x=1$

　　　　　(3) $x=-1$ 또는 $x=0$　(4) $x=-2$ 또는 $x=1$

(1) $9^{x^2+x}=\sqrt{27}$ 에서 $3^{2(x^2+x)}=3^{\frac{3}{2}}$ 이므로

　$2x^2+2x=\dfrac{3}{2},\ 4x^2+4x-3=0$

　$(2x+3)(2x-1)=0$　∴ $x=-\dfrac{3}{2}$ 또는 $x=\dfrac{1}{2}$

(2) $5^{x^2-1}=\left(\dfrac{1}{25}\right)^{x-1}$ 에서 $5^{x^2-1}=\{(5^2)^{-1}\}^{x-1}$ 이므로

　$x^2-1=-2x+2,\ x^2+2x-3=0$

　$(x+3)(x-1)=0$　∴ $x=-3$ 또는 $x=1$

(3) $10^{2x+1}-11\times10^x+1=0$ 에서

　$10\times(10^x)^2-11\times10^x+1=0$

　$10^x=t\ (t>0)$ 라 하면 $10t^2-11t+1=0$

　$(10t-1)(t-1)=0$　∴ $t=\dfrac{1}{10}$ 또는 $t=1$

　즉, $10^x=\dfrac{1}{10}$ 또는 $10^x=1$ 이므로

　$x=-1$ 또는 $x=0$

(4) $2\times\left(\dfrac{1}{4}\right)^x-9\times\left(\dfrac{1}{2}\right)^x+4=0$ 에서

　$2\times\left\{\left(\dfrac{1}{2}\right)^x\right\}^2-9\times\left(\dfrac{1}{2}\right)^x+4=0$

　$\left(\dfrac{1}{2}\right)^x=t\ (t>0)$ 라 하면 $2t^2-9t+4=0$

　$(2t-1)(t-4)=0$　∴ $t=\dfrac{1}{2}$ 또는 $t=4$

　즉, $\left(\dfrac{1}{2}\right)^x=\dfrac{1}{2}$ 또는 $\left(\dfrac{1}{2}\right)^x=4$ 이므로

　$x=1$ 또는 $x=-2$

5-2 답 (1) $x=1$ 또는 $x=2$　(2) $x=-\dfrac{1}{2}$ 또는 $x=0$

(1) (i) $x=1$ 일 때

　　주어진 방정식은 $1^1=1^5$ 이므로 등식이 성립한다.

(ii) $x\neq1$ 일 때

　$3x-2=6-x$ 에서 $4x=8$　∴ $x=2$

(i), (ii)에서 $x=1$ 또는 $x=2$

(2) (i) $2x=0$, 즉 $x=0$ 일 때

　주어진 방정식은 $4^0=3^0$ 이므로 등식이 성립한다.

(ii) $2x\neq0$, 즉 $x\neq0$ 일 때

　$3x+4=x+3$ 에서 $2x=-1$　∴ $x=-\dfrac{1}{2}$

(i), (ii)에서 $x=0$ 또는 $x=-\dfrac{1}{2}$

5-3 답 $24\,\mathrm{m}$

빛의 세기가 $\dfrac{A}{64}\,\mathrm{W/m^2}$ 인 곳의 수심을 $x\,\mathrm{m}$ 라 하면

$A\times\left(\dfrac{1}{2}\right)^{\frac{x}{4}}=\dfrac{A}{64},\ \left(\dfrac{1}{2}\right)^{\frac{x}{4}}=\dfrac{1}{64}$

$\left(\dfrac{1}{2}\right)^{\frac{x}{4}}=\left(\dfrac{1}{2}\right)^6,\ \dfrac{x}{4}=6$

∴ $x=24$

따라서 이 호수에서 빛의 세기가 $\dfrac{A}{64}\,\mathrm{W/m^2}$ 인 곳의 수심은 $24\,\mathrm{m}$ 이다.

필수 예제 6 답 (1) $-1\leq x\leq2$　(2) $x<-1$ 또는 $x>4$

　　　　　　(3) $-1<x<1$　(4) $x\leq-1$

(1) $3^{x^2-7x}\leq9^{1-3x}$ 에서 $3^{x^2-7x}\leq3^{2(1-3x)}$

　밑이 3이고 $3>1$ 이므로

　$x^2-7x\leq2-6x,\ x^2-x-2\leq0$

　$(x+1)(x-2)\leq0$　∴ $-1\leq x\leq2$

(2) $\left(\dfrac{1}{8}\right)^x>\left(\dfrac{1}{2}\right)^{x^2-4}$ 에서 $\left\{\left(\dfrac{1}{2}\right)^3\right\}^x>\left(\dfrac{1}{2}\right)^{x^2-4}$

　밑이 $\dfrac{1}{2}$ 이고 $0<\dfrac{1}{2}<1$ 이므로

　$3x<x^2-4,\ x^2-3x-4>0$

　$(x+1)(x-4)>0$　∴ $x<-1$ 또는 $x>4$

(3) $2^{2x+1}-5\times2^x+2<0$ 에서 $2\times(2^x)^2-5\times2^x+2<0$

　$2^x=t\ (t>0)$ 라 하면 $2t^2-5t+2<0$

　$(2t-1)(t-2)<0$　∴ $\dfrac{1}{2}<t<2$

　따라서 $\dfrac{1}{2}<2^x<2$, 즉 $2^{-1}<2^x<2^1$ 에서 밑이 2이고 $2>1$ 이므로

　$-1<x<1$

(4) $\left(\dfrac{1}{25}\right)^x-2\times\left(\dfrac{1}{5}\right)^x-15\geq0$ 에서

　$\left\{\left(\dfrac{1}{5}\right)^x\right\}^2-2\times\left(\dfrac{1}{5}\right)^x-15\geq0$

　$\left(\dfrac{1}{5}\right)^x=t\ (t>0)$ 라 하면 $t^2-2t-15\geq0$

　$(t+3)(t-5)\geq0$　∴ $t\leq-3$ 또는 $t\geq5$

　이때 $t>0$ 이므로 $t\geq5$

　따라서 $\left(\dfrac{1}{5}\right)^x\geq5$, 즉 $\left(\dfrac{1}{5}\right)^x\geq\left(\dfrac{1}{5}\right)^{-1}$ 에서 밑이 $\dfrac{1}{5}$ 이고

　$0<\dfrac{1}{5}<1$ 이므로

　$x\leq-1$

6-1 답 (1) $x<-\dfrac{5}{2}$ 또는 $x>3$　(2) $x\le-6$ 또는 $x\ge1$

　　　(3) $-3<x<0$　(4) $-1\le x\le0$

(1) $25^{x^2}>5^{x+15}$에서 $(5^2)^{x^2}>5^{x+15}$

　밑이 5이고 $5>1$이므로

　$2x^2>x+15$, $2x^2-x-15>0$

　$(2x+5)(x-3)>0$　　$\therefore x<-\dfrac{5}{2}$ 또는 $x>3$

(2) $\left(\dfrac{1}{3}\right)^{2x^2+x}\ge\left(\dfrac{1}{27}\right)^{x^2+2x-2}$에서

　$\left(\dfrac{1}{3}\right)^{2x^2+x}\ge\left\{\left(\dfrac{1}{3}\right)^3\right\}^{x^2+2x-2}$

　밑이 $\dfrac{1}{3}$이고 $0<\dfrac{1}{3}<1$이므로

　$2x^2+x\le3x^2+6x-6$, $x^2+5x-6\ge0$

　$(x+6)(x-1)\ge0$　　$\therefore x\le-6$ 또는 $x\ge1$

(3) $2^{2x+3}-9\times2^x+1<0$에서

　$8\times(2^x)^2-9\times2^x+1<0$

　$2^x=t\ (t>0)$라 하면 $8t^2-9t+1<0$

　$(8t-1)(t-1)<0$　　$\therefore \dfrac{1}{8}<t<1$

　따라서 $\dfrac{1}{8}<2^x<1$, 즉 $2^{-3}<2^x<2^0$에서 밑이 2이고 $2>1$

　이므로

　$-3<x<0$

(4) $\left(\dfrac{1}{49}\right)^x-8\times\left(\dfrac{1}{7}\right)^x+7\le0$에서

　$\left\{\left(\dfrac{1}{7}\right)^x\right\}^2-8\times\left(\dfrac{1}{7}\right)^x+7\le0$

　$\left(\dfrac{1}{7}\right)^x=t\ (t>0)$라 하면 $t^2-8t+7\le0$

　$(t-1)(t-7)\le0$　　$\therefore 1\le t\le7$

　따라서 $1\le\left(\dfrac{1}{7}\right)^x\le7$, 즉 $\left(\dfrac{1}{7}\right)^0\le\left(\dfrac{1}{7}\right)^x\le\left(\dfrac{1}{7}\right)^{-1}$에서

　밑이 $\dfrac{1}{7}$이고 $0<\dfrac{1}{7}<1$이므로

　$-1\le x\le0$

6-2 답 (1) $1<x<\dfrac{5}{2}$　(2) $1\le x\le4$

(1) (i) $x=1$일 때, 부등식 $1^2<1^5$이 성립하지 않는다.

　(ii) $0<x<1$일 때, 밑이 1보다 작으므로

　　$3x-1>x+4$, $2x>5$　　$\therefore x>\dfrac{5}{2}$

　　그런데 $0<x<1$이므로 해는 없다.

　(iii) $x>1$일 때, 밑이 1보다 크므로

　　$3x-1<x+4$, $2x<5$　　$\therefore x<\dfrac{5}{2}$

　　그런데 $x>1$이므로 $1<x<\dfrac{5}{2}$

　(i), (ii), (iii)에서 주어진 부등식의 해는

　　$1<x<\dfrac{5}{2}$

(2) (i) $x=1$일 때, $1^3\le1^{12}$이므로 부등식이 성립한다.

　(ii) $0<x<1$일 때, 밑이 1보다 작으므로

　　$x^2+2x\ge4x+8$, $x^2-2x-8\ge0$

　　$(x+2)(x-4)\ge0$　　$\therefore x\le-2$ 또는 $x\ge4$

　　그런데 $0<x<1$이므로 해는 없다.

　(iii) $x>1$일 때, 밑이 1보다 크므로

　　$x^2+2x\le4x+8$, $x^2-2x-8\le0$

　　$(x+2)(x-4)\le0$　　$\therefore -2\le x\le4$

　　그런데 $x>1$이므로 $1<x\le4$

　(i), (ii), (iii)에서 주어진 부등식의 해는

　　$1\le x\le4$

6-3 답 3장

빛의 처음의 양을 $a\ (a>0)$라 하면 필름을 x장 붙인 유리를 통과한 빛의 양은

$a\times(1-0.4)^x=a\times\left(\dfrac{3}{5}\right)^x$

통과한 빛의 양이 처음의 양의 $\dfrac{27}{125}$ 이하가 되려면

$a\times\left(\dfrac{3}{5}\right)^x\le\dfrac{27}{125}a$

$\left(\dfrac{3}{5}\right)^x\le\dfrac{27}{125}\ (\because a>0)$　　$\therefore\left(\dfrac{3}{5}\right)^x\le\left(\dfrac{3}{5}\right)^3$

이때 밑이 $\dfrac{3}{5}$이고 $0<\dfrac{3}{5}<1$이므로 $x\ge3$

따라서 필름을 최소 3장 붙여야 한다.

실전 문제로 단원 마무리　　• 본문 038~039쪽

01 ②, ④	02 2	03 ①	04 81
05 33	06 −4	07 5	08 1
09 ④	10 ②		

01

① 밑이 1보다 크므로 x의 값이 증가하면 y의 값도 증가한다.

②, ④, ⑤ 함수 $y=5^{x-1}-3$의 그래프는

　함수 $y=5^x$의 그래프를 x축의 방향으로 1만큼, y축의 방향으로 -3만큼 평행이동한 것이므로 오른쪽 그림과 같다.

　즉, 함수 $y=5^{x-1}-3$의 그래프는 제1사분면, 제3사분면, 제4사분면을 지나고, 치역은 $\{y\,|\,y>-3\}$이다.

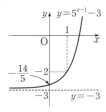

③ 함수 $y=-\left(\dfrac{1}{5}\right)^{x+1}+3$, 즉 $y=-5^{-x-1}+3$의 그래프를 원점에 대하여 대칭이동한 그래프의 식은

　$-y=-5^{x-1}+3$　　$\therefore y=5^{x-1}-3$

따라서 옳지 않은 것은 ②, ④이다.

02

함수 $y=\left(\dfrac{1}{2}\right)^x$의 그래프를 x축의 방향으로 m만큼, y축의 방향으로 n만큼 평행이동한 그래프의 식은

$y=\left(\dfrac{1}{2}\right)^{x-m}+n$

이 함수의 그래프가 점 $(-2, 5)$를 지나므로

$5=\left(\dfrac{1}{2}\right)^{-2-m}+n$ ...... ㉠

또한, 점 $\left(0, \dfrac{7}{2}\right)$을 지나므로

$\dfrac{7}{2}=\left(\dfrac{1}{2}\right)^{-m}+n$ ...... ㉡

㉠$-$㉡을 하면

$\dfrac{3}{2}=\left(\dfrac{1}{2}\right)^{-2-m}-\left(\dfrac{1}{2}\right)^{-m}$

$3\times\left(\dfrac{1}{2}\right)^{-m}=\dfrac{3}{2}$, $\left(\dfrac{1}{2}\right)^{-m}=\dfrac{1}{2}$

$-m=1$ $\therefore m=-1$

$m=-1$을 ㉡에 대입하면

$\dfrac{7}{2}=\dfrac{1}{2}+n$ $\therefore n=3$

$\therefore m+n=-1+3=2$

03

주어진 세 수를 밑이 $\dfrac{1}{3}$인 거듭제곱의 꼴로 나타내면

$A=\dfrac{1}{3^2}=\left(\dfrac{1}{3}\right)^2$, $B=\dfrac{1}{\sqrt[3]{3}}=\left(\dfrac{1}{3}\right)^{\frac{1}{3}}$, $C=\sqrt[4]{\dfrac{1}{3}}=\left(\dfrac{1}{3}\right)^{\frac{1}{4}}$

이때 $\dfrac{1}{4}<\dfrac{1}{3}<2$이고, 함수 $y=\left(\dfrac{1}{3}\right)^x$은 x의 값이 증가하면 y의 값은 감소하므로

$\left(\dfrac{1}{3}\right)^2<\left(\dfrac{1}{3}\right)^{\frac{1}{3}}<\left(\dfrac{1}{3}\right)^{\frac{1}{4}}$

$\therefore A<B<C$

04

$f(x)=x^2-4x$라 하면 $f(x)=(x-2)^2-4$

$f(1)=-3$, $f(2)=-4$, $f(4)=0$이므로 $1\le x\le 4$에서 $f(x)$는 $x=4$일 때 최댓값 0, $x=2$일 때 최솟값 -4를 갖는다.

$y=\left(\dfrac{1}{3}\right)^{x^2-4x}=\left(\dfrac{1}{3}\right)^{f(x)}$은 밑이 $\dfrac{1}{3}$이고 $0<\dfrac{1}{3}<1$이므로 $f(x)$가 최대일 때 y는 최소이고, $f(x)$가 최소일 때 y는 최대이다.

즉, $1\le x\le 4$에서 함수 $y=\left(\dfrac{1}{3}\right)^{x^2-4x}$은

$f(x)=-4$, 즉 $x=2$일 때 최댓값 $\left(\dfrac{1}{3}\right)^{-4}=81$,

$f(x)=0$, 즉 $x=4$일 때 최솟값 $\left(\dfrac{1}{3}\right)^{0}=1$을 갖는다.

따라서 $M=81$, $m=1$이므로

$Mm=81\times 1=81$

05

$y=4^x-2^{x+4}+k$에서 $y=(2^x)^2-16\times 2^x+k$

$2^x=t$ $(t>0)$라 하면 주어진 함수는

$y=t^2-16t+k=(t-8)^2+k-64$

따라서 $t=8$, 즉 $x=3$일 때 최솟값 $k-64$를 가지므로

$k-64=-34$ $\therefore k=30$, $a=3$

$\therefore k+a=30+3=33$

06

$27^{x^2}=81^{4x+3}$에서 $(3^3)^{x^2}=(3^4)^{4x+3}$이므로

$3x^2=16x+12$, $3x^2-16x-12=0$

$(3x+2)(x-6)=0$ $\therefore x=-\dfrac{2}{3}$ 또는 $x=6$

따라서 모든 실근의 곱은

$-\dfrac{2}{3}\times 6=-4$

07

$0.2^{3-x}\le 5^{7-x}$에서 $\left(\dfrac{1}{5}\right)^{3-x}\le 5^{7-x}$

$\therefore 5^{x-3}\le 5^{7-x}$

밑이 5이고 $5>1$이므로

$x-3\le 7-x$

$2x\le 10$ $\therefore x\le 5$

따라서 구하는 자연수 x는 1, 2, 3, 4, 5의 5개이다.

08

$9^{x+1}-28\times 3^x+3\ge 0$에서 $9\times(3^x)^2-28\times 3^x+3\ge 0$

$3^x=t$ $(t>0)$라 하면 $9t^2-28t+3\ge 0$

$(9t-1)(t-3)\ge 0$ $\therefore t\le\dfrac{1}{9}$ 또는 $t\ge 3$

즉, $3^x\le\dfrac{1}{9}$ 또는 $3^x\ge 3$이므로

$3^x\le 3^{-2}$ 또는 $3^x\ge 3^1$

밑이 3이고 $3>1$이므로

$x\le -2$ 또는 $x\ge 1$

따라서 구하는 자연수 x의 최솟값은 1이다.

09

$f(x)=-2^{4-3x}+k=-(2^{-3})^{x-\frac{4}{3}}+k=-\left(\dfrac{1}{8}\right)^{x-\frac{4}{3}}+k$이므로

함수 $y=f(x)$의 그래프는 함수 $y=\left(\dfrac{1}{8}\right)^x$의 그래프를 x축에 대하여 대칭이동한 후 x축의 방향으로 $\dfrac{4}{3}$만큼, y축의 방향으로 k만큼 평행이동한 것이다.

따라서 그래프가 제2사분면을 지나지 않으려면 오른쪽 그림과 같아야 하므로

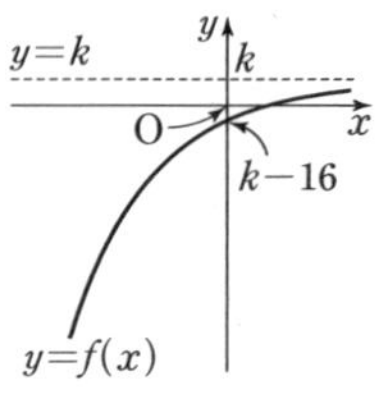

$f(0)\le 0$에서

$k-16\le 0$ $\therefore k\le 16$

따라서 구하는 자연수 k의 최댓값은 16이다.

10

$t=15$일 때, $W_0=w_0$, $W=3w_0$이므로

$3w_0=\dfrac{w_0}{2}10^{15a}(1+10^{15a})$, $10^{30a}+10^{15a}=6$

$\therefore (10^{15a})^2+10^{15a}-6=0$

$10^{15a}=X$ $(X>0)$라 하면 $X^2+X-6=0$

$(X+3)(X-2)=0$ $\therefore X=2$ $(\because X>0)$

$\therefore 10^{15a}=2$

즉, $t=30$일 때, 기대자산은

$$\frac{w_0}{2}10^{30a}(1+10^{30a})=\frac{w_0}{2}(10^{15a})^2\{1+(10^{15a})^2\}$$
$$=\frac{w_0}{2}\times 2^2\times(1+2^2)$$
$$=10w_0$$

따라서 금융상품에 초기자산 w_0을 투자하고 30년이 지난 시점에서의 기대자산이 초기자산의 10배이므로

$k=10$

개념으로 단원 마무리
• 본문 040쪽

1 답 (1) 양의 실수, 감소, x (2) $y=-a^x$, $y=-\left(\frac{1}{a}\right)^x$

　　(3) $f(m)$, $f(n)$ (4) $x_1=x_2$ (5) $x_1>x_2$

2 답 (1) ✕   (2) ◯   (3) ◯   (4) ✕   (5) ◯

(1) $y=\left(\frac{1}{a}\right)^x=a^{-x}$이므로 두 함수 $y=a^x$과 $y=\left(\frac{1}{a}\right)^x$의 그래프는

y축에 대하여 대칭이다.

(4) $0<a<1$일 때, 함수 $y=a^{f(x)}$은 $f(x)$가 최대일 때 최솟값을 갖는다.

04 로그함수

교과서 개념 확인하기
○ 본문 043쪽

1 답 ㄱ, ㄷ

ㄱ. 3을 밑으로 하는 로그함수이다.

ㄴ. $y=\log_2 8=\log_2 2^3=3$이므로 로그함수가 아니다.

ㄷ. $\frac{1}{4}$을 밑으로 하는 로그함수이다.

ㄹ. $y=x\log_4 16=x\log_4 4^2=2x$이므로 로그함수가 아니다.

따라서 로그함수인 것은 ㄱ, ㄷ이다.

2 답 해설 참조

(1) 함수 $y=\log_2 x+1$의 그래프는 함수 $y=\log_2 x$의 그래프를 y축의 방향으로 1만큼 평행이동한 것이므로 오른쪽 그림과 같다.

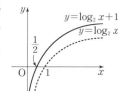

(2) 함수 $y=-\log_2(-x)$의 그래프는 함수 $y=\log_2 x$의 그래프를 원점에 대하여 대칭이동한 것이므로 오른쪽 그림과 같다.

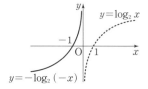

3 답 (1) 최댓값: 2, 최솟값: -1 (2) 최댓값: -1, 최솟값: -4

(1) 함수 $y=\log_5 x$에서 밑이 $5>1$이므로 이 함수는 x의 값이 증가하면 y의 값도 증가한다.

따라서 $\frac{1}{5}\leq x\leq 25$에서 함수 $y=\log_5 x$는

$x=25$일 때 최댓값 $\log_5 25=\log_5 5^2=2$,

$x=\frac{1}{5}$일 때 최솟값 $\log_5 \frac{1}{5}=\log_5 5^{-1}=-1$을 갖는다.

(2) 함수 $y=\log_{\frac{1}{3}} x$에서 밑이 $0<\frac{1}{3}<1$이므로 이 함수는 x의 값이 증가하면 y의 값은 감소한다.

따라서 $3\leq x\leq 81$에서 함수 $y=\log_{\frac{1}{3}} x$는

$x=3$일 때 최댓값 $\log_{\frac{1}{3}} 3=\log_{\frac{1}{3}}\left(\frac{1}{3}\right)^{-1}=-1$,

$x=81$일 때 최솟값 $\log_{\frac{1}{3}} 81=\log_{\frac{1}{3}}\left(\frac{1}{3}\right)^{-4}=-4$를 갖는다.

4 답 (1) $x=28$ (2) $x=3$ (3) $x=1$ 또는 $x=25$ (4) $x=-2$

(1) 진수의 조건에서 $x-1>0$이므로

$x>1$ ...... ㉠

$\log_3(x-1)=3$에서

$x-1=3^3$, $x-1=27$

∴ $x=28$

$x=28$은 ㉠을 만족시키므로 구하는 해이다.

(2) 진수의 조건에서 $5x-2>0$, $2x+7>0$이므로

$x>\frac{2}{5}$, $x>-\frac{7}{2}$ ∴ $x>\frac{2}{5}$ ...... ㉠

$\log_2(5x-2)=\log_2(2x+7)$에서

$5x-2=2x+7,\ 3x=9$

$\therefore x=3$

$x=3$은 ㉠을 만족시키므로 구하는 해이다.

(3) $\log_5 x=t$라 하면

$t^2-2t=0,\ t(t-2)=0$

$\therefore t=0$ 또는 $t=2$

즉, $\log_5 x=0$ 또는 $\log_5 x=2$이므로

$x=5^0=1$ 또는 $x=5^2=25$

(4) 진수의 조건에서 $x+3>0$이므로

$x>-3$ ······ ㉠

$\log_6(x+3)=\log_3(x+3)$에서 진수가 같으므로

$x+3=1$ $\therefore x=-2$

$x=-2$는 ㉠을 만족시키므로 구하는 해이다.

5 답 (1) $x>5$ (2) $6<x\le15$ (3) $0<x\le4$ (4) $3<x<27$

(1) 진수의 조건에서 $3x+1>0$이므로

$3x>-1$ $\therefore x>-\dfrac{1}{3}$ ······ ㉠

$\log_2(3x+1)>4$에서 $\log_2(3x+1)>\log_2 16$

밑이 2이고 $2>1$이므로

$3x+1>16,\ 3x>15$

$\therefore x>5$ ······ ㉡

㉠, ㉡의 공통부분을 구하면

$x>5$

(2) 진수의 조건에서 $x-6>0$이므로

$x>6$ ······ ㉠

$\log_{\frac{1}{3}}(x-6)\ge-2$에서 $\log_{\frac{1}{3}}(x-6)\ge\log_{\frac{1}{3}}9$

밑이 $\dfrac{1}{3}$이고 $0<\dfrac{1}{3}<1$이므로

$x-6\le9$ $\therefore x\le15$ ······ ㉡

㉠, ㉡의 공통부분을 구하면

$6<x\le15$

(3) 진수의 조건에서 $8-x>0,\ x>0$이므로

$x<8,\ x>0$ $\therefore 0<x<8$ ······ ㉠

$\log_{\frac{1}{10}}(8-x)\le\log_{\frac{1}{10}}x$에서

밑이 $\dfrac{1}{10}$이고 $0<\dfrac{1}{10}<1$이므로

$8-x\ge x,\ 2x\le8$

$\therefore x\le4$ ······ ㉡

㉠, ㉡의 공통부분을 구하면

$0<x\le4$

(4) 진수의 조건에서 $x>0$ ······ ㉠

$\log_3 x=t$라 하면

$t^2-4t+3<0,\ (t-1)(t-3)<0$

$\therefore 1<t<3$

즉, $1<\log_3 x<3$이므로

$\log_3 3^1<\log_3 x<\log_3 3^3$

밑이 3이고 $3>1$이므로

$3<x<27$ ······ ㉡

㉠, ㉡의 공통부분을 구하면

$3<x<27$

필수 예제 1 답 해설 참조

(1) 함수 $y=\log_3(x+1)+2$의 그 래프는 함수 $y=\log_3 x$의 그래 프를 x축의 방향으로 -1만 큼, y축의 방향으로 2만큼 평 행이동한 것이므로 오른쪽 그 림과 같다.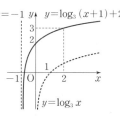

따라서 정의역은 $\{x\,|\,x>-1\}$이고, 점근선의 방정식은

$x=-1$이다.

(2) 함수 $y=\log_{\frac{1}{3}}(-x)-1$의 그 래프는 함수 $y=\log_{\frac{1}{3}}x$의 그 래프를 y축에 대하여 대칭이 동한 후 y축의 방향으로 -1 만큼 평행이동한 것이므로 오 른쪽 그림과 같다.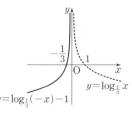

따라서 정의역은 $\{x\,|\,x<0\}$이고, 점근선의 방정식은 $x=0$ 이다.

1-1 답 해설 참조

(1) 함수 $y=-\log_4(x-2)+1$의 그래프는 함수 $y=\log_4 x$의 그 래프를 x축에 대하여 대칭이동 한 후 x축의 방향으로 2만큼, y축의 방향으로 1만큼 평행이 동한 것이므로 오른쪽 그림과 같다.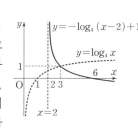

따라서 정의역은 $\{x\,|\,x>2\}$이고, 점근선의 방정식은 $x=2$ 이다.

(2) 함수 $y=-\log_{\frac{1}{4}}(-x-3)=-\log_{\frac{1}{4}}\{-(x+3)\}$의 그래 프는 함수 $y=\log_{\frac{1}{4}}x$의 그래프를 원점에 대하 여 대칭이동한 후 x축 의 방향으로 -3만큼 평행이동한 것이므로 오른쪽 그림과 같다.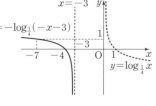

따라서 정의역은 $\{x\,|\,x<-3\}$이고, 점근선의 방정식은 $x=-3$이다.

1-2 답 ㄴ, ㄷ

ㄱ. 정의역은 양의 실수 전체의 집합이다.

ㄹ. 그래프는 함수 $y=3^x$의 그래프와 직선 $y=x$에 대하여 대칭 이다.

따라서 옳은 것은 ㄴ, ㄷ이다.

1-3 답 7

함수 $y=\log_5(x+3)+a$는 함수 $y=5^{x-4}+b$의 역함수이다.

$y=5^{x-4}+b$에서 $5^{x-4}=y-b$

로그의 정의에 의하여 $x-4=\log_5(y-b)$

$\therefore x=\log_5(y-b)+4$

x와 y를 서로 바꾸면 $y=\log_5(x-b)+4$

이것이 $y=\log_5(x+3)+a$와 일치해야 하므로

$a=4$, $b=-3$

$\therefore a-b=4-(-3)=7$

플러스 강의

일대일대응인 함수 $y=f(x)$의 역함수 $y=f^{-1}(x)$는 다음과 같은 순서로 구한다.

(i) $y=f(x)$에서 x를 y에 대한 식, 즉 $x=f^{-1}(y)$ 꼴로 나타낸다.

(ii) $x=f^{-1}(y)$의 x와 y를 서로 바꾸어 $y=f^{-1}(x)$로 나타낸다.

필수 예제 2 답 2

함수 $y=\log_2 x$의 그래프를 x축의 방향으로 -6만큼, y축의 방향으로 4만큼 평행이동한 그래프의 식은

$y=\log_2(x+6)+4$

이 그래프를 x축에 대하여 대칭이동한 그래프의 식은

$-y=\log_2(x+6)+4$ $\quad\therefore y=-\log_2(x+6)-4$

따라서 $a=6$, $b=-4$이므로

$a+b=6+(-4)=2$

2-1 답 6

함수 $y=\log_{\frac{1}{5}}x$의 그래프를 원점에 대하여 대칭이동한 그래프의 식은

$-y=\log_{\frac{1}{5}}(-x)$, $y=-\log_{\frac{1}{5}}(-x)$

$\therefore y=\log_5(-x)$

이 그래프를 x축의 방향으로 2만큼, y축의 방향으로 3만큼 평행이동한 그래프의 식은

$y=\log_5\{-(x-2)\}+3$ $\quad\therefore y=\log_5(2-x)+3$

따라서 $a=2$, $b=3$이므로

$ab=2\times3=6$

2-2 답 -9

함수 $y=\log_{\frac{1}{2}}x$의 그래프를 x축의 방향으로 -8만큼, y축의 방향으로 -7만큼 평행이동한 그래프의 식은

$y=\log_{\frac{1}{2}}(x+8)-7$

이 그래프를 y축에 대하여 대칭이동한 그래프의 식은

$y=\log_{\frac{1}{2}}(-x+8)-7$

이 함수의 그래프가 점 $(4,a)$를 지나므로

$a=\log_{\frac{1}{2}}(-4+8)-7$, $a=\log_{\frac{1}{2}}4-7$

$a=\log_{\frac{1}{2}}\left(\dfrac{1}{2}\right)^{-2}-7$

$\therefore a=-2-7=-9$

2-3 답 ㄱ, ㄴ, ㄹ, ㅂ

ㄱ. $y=\log_{\frac{1}{3}}x=-\log_3 x$이므로 함수 $y=\log_{\frac{1}{3}}x$의 그래프는 함수 $y=\log_3 x$의 그래프를 x축에 대하여 대칭이동한 것이다.

ㄴ. $y=\log_3\dfrac{9}{x}=\log_3 9-\log_3 x=-\log_3 x+2$이므로 함수 $y=\log_3\dfrac{9}{x}$의 그래프는 함수 $y=\log_3 x$의 그래프를 x축에 대하여 대칭이동한 후 y축의 방향으로 2만큼 평행이동한 것이다.

ㄷ. $y=\log_9 x=\dfrac{1}{2}\log_3 x$이므로 함수 $y=\log_9 x$의 그래프는 함수 $y=\log_3 x$의 그래프를 평행이동 또는 대칭이동하여 겹쳐질 수 없다.

ㄹ. 함수 $y=\log_3(x+4)$의 그래프는 함수 $y=\log_3 x$의 그래프를 x축의 방향으로 -4만큼 평행이동한 것이다.

ㅁ. $y=\log_3 x^3=3\log_3 x$이므로 함수 $y=\log_3 x^3$의 그래프는 함수 $y=\log_3 x$의 그래프를 평행이동 또는 대칭이동하여 겹쳐질 수 없다.

ㅂ. $y=\log_3(-27x)=\log_3(-x)+\log_3 27=\log_3(-x)+3$ 이므로 함수 $y=\log_3(-27x)$의 그래프는 함수 $y=\log_3 x$의 그래프를 y축에 대하여 대칭이동한 후 y축의 방향으로 3만큼 평행이동한 것이다.

따라서 함수 $y=\log_3 x$의 그래프를 평행이동 또는 대칭이동하여 겹쳐질 수 있는 그래프의 식은 ㄱ, ㄴ, ㄹ, ㅂ이다.

필수 예제 3 답 (1) $\log_2 6<3$ (2) $-1>\log_{\frac{1}{5}}\dfrac{13}{2}$

(1) $3=\log_2 2^3=\log_2 8$

이때 $6<8$이고, 함수 $y=\log_2 x$는 x의 값이 증가하면 y의 값도 증가하므로

$\log_2 6<\log_2 8$ $\quad\therefore\log_2 6<3$

(2) $-1=\log_{\frac{1}{5}}\left(\dfrac{1}{5}\right)^{-1}=\log_{\frac{1}{5}}5$

이때 $5<\dfrac{13}{2}$이고, 함수 $y=\log_{\frac{1}{5}}x$는 x의 값이 증가하면 y의 값은 감소하므로

$\log_{\frac{1}{5}}\dfrac{13}{2}<\log_{\frac{1}{5}}5$ $\quad\therefore\log_{\frac{1}{5}}\dfrac{13}{2}<-1$

3-1 답 (1) $3\log_3 2>\log_9 49$ (2) $2\log_{0.1}5>5\log_{0.1}2$

(1) $3\log_3 2=\log_3 2^3=\log_3 8$

$\log_9 49=\log_{3^2}7^2=\log_3 7$

이때 $7<8$이고, 함수 $y=\log_3 x$는 x의 값이 증가하면 y의 값도 증가하므로

$\log_3 7<\log_3 8$ $\quad\therefore\log_9 49<3\log_3 2$

(2) $2\log_{0.1}5=\log_{0.1}5^2=\log_{0.1}25$

$5\log_{0.1}2=\log_{0.1}2^5=\log_{0.1}32$

이때 $25<32$이고, 함수 $y=\log_{0.1}x$는 x의 값이 증가하면 y의 값은 감소하므로

$\log_{0.1}32<\log_{0.1}25$ $\quad\therefore 5\log_{0.1}2<2\log_{0.1}5$

3-2 답 A, C, B

$A=\log_{\frac{1}{2}}\sqrt{3}$

$B=\log_4 10=\log_{\left(\frac{1}{2}\right)^{-2}}10=-\dfrac{1}{2}\log_{\frac{1}{2}}10=\log_{\frac{1}{2}}\sqrt{\dfrac{1}{10}}$

$C=\log_{\frac{1}{4}}\dfrac{1}{6}=\log_{\left(\frac{1}{2}\right)^2}\dfrac{1}{6}=\dfrac{1}{2}\log_{\frac{1}{2}}\dfrac{1}{6}=\log_{\frac{1}{2}}\sqrt{\dfrac{1}{6}}$

이때 $\sqrt{\dfrac{1}{10}}<\sqrt{\dfrac{1}{6}}<\sqrt{3}$이고, 함수 $y=\log_{\frac{1}{2}}x$는 x의 값이 증가하면 y의 값은 감소하므로

$\log_{\frac{1}{2}}\sqrt{3}<\log_{\frac{1}{2}}\sqrt{\dfrac{1}{6}}<\log_{\frac{1}{2}}\sqrt{\dfrac{1}{10}}$

$\therefore A<C<B$

따라서 주어진 세 수를 작은 것부터 차례로 나열하면 A, C, B
이다.

3-3 답 $\log_b a > \log_b a^2$

함수 $y = a^x$은 $0 < a < 1$일 때, x의 값이 증가하면 y의 값은 감
소하므로 $1 < 2$에서
$$a > a^2$$
이때 $b > 1$에서 함수 $y = \log_b x$는 x의 값이 증가하면 y의 값도
증가하므로
$$\log_b a > \log_b a^2$$

필수 예제 4 답 (1) 최댓값: 3, 최솟값: 2
(2) 최댓값: -3, 최솟값: -5

(1) 함수 $y = \log_2 (x+5)$에서 밑이 2이고 $2 > 1$이므로 이 함수
는 x의 값이 증가하면 y의 값도 증가한다.
따라서 $-1 \leq x \leq 3$에서 함수 $y = \log_2 (x+5)$는
$x = 3$일 때 최댓값
$$\log_2 (3+5) = \log_2 8 = \log_2 2^3 = 3,$$
$x = -1$일 때 최솟값
$$\log_2 (-1+5) = \log_2 4 = \log_2 2^2 = 2$$
를 갖는다.

(2) 함수 $y = \log_{\frac{1}{2}} x - 3$은 밑이 $\frac{1}{2}$이고 $0 < \frac{1}{2} < 1$이므로 이 함수
는 x의 값이 증가하면 y의 값은 감소한다.
따라서 $1 \leq x \leq 4$에서 함수 $y = \log_{\frac{1}{2}} x - 3$은
$x = 1$일 때 최댓값
$$\log_{\frac{1}{2}} 1 - 3 = 0 - 3 = -3,$$
$x = 4$일 때 최솟값
$$\log_{\frac{1}{2}} 4 - 3 = \log_{\frac{1}{2}} \left(\frac{1}{2}\right)^{-2} - 3 = -2 - 3 = -5$$
를 갖는다.

4-1 답 (1) 최댓값: 6, 최솟값: 4 (2) 최댓값: -2, 최솟값: -3

(1) 함수 $y = \log_3 (x-2) + 4$는 밑이 3이고 $3 > 1$이므로 이 함
수는 x의 값이 증가하면 y의 값도 증가한다.
따라서 $3 \leq x \leq 11$에서 함수 $y = \log_3 (x-2) + 4$는
$x = 11$일 때 최댓값
$$\log_3 (11-2) + 4 = \log_3 9 + 4 = \log_3 3^2 + 4 = 2 + 4 = 6,$$
$x = 3$일 때 최솟값
$$\log_3 (3-2) + 4 = \log_3 1 + 4 = 0 + 4 = 4$$
를 갖는다.

(2) $y = -\log_3 (x+15) = \log_{3^{-1}} (x+15) = \log_{\frac{1}{3}} (x+15)$
함수 $y = \log_{\frac{1}{3}} (x+15)$는 밑이 $\frac{1}{3}$이고 $0 < \frac{1}{3} < 1$이므로 이
함수는 x의 값이 증가하면 y의 값은 감소한다.
따라서 $-6 \leq x \leq 12$에서 함수 $y = \log_{\frac{1}{3}} (x+15)$는
$x = -6$일 때 최댓값
$$\log_{\frac{1}{3}} (-6+15) = \log_{\frac{1}{3}} 9 = \log_{\frac{1}{3}} \left(\frac{1}{3}\right)^{-2} = -2,$$
$x = 12$일 때 최솟값
$$\log_{\frac{1}{3}} (12+15) = \log_{\frac{1}{3}} 27 = \log_{\frac{1}{3}} \left(\frac{1}{3}\right)^{-3} = -3$$
을 갖는다.

4-2 답 최댓값: 3, 최솟값: 2

$f(x) = x^2 - 6x + 13$이라 하면
$$f(x) = (x-3)^2 + 4$$
$f(2) = 5$, $f(3) = 4$, $f(5) = 8$이므로 $2 \leq x \leq 5$에서
$f(x)$는 $x = 5$일 때 최댓값 8, $x = 3$일 때 최솟값 4를 갖는다.
이때 함수 $y = \log_2 (x^2 - 6x + 13) = \log_2 f(x)$는 밑이 2이고
$2 > 1$이므로 $f(x)$가 최대일 때 y도 최대이고, $f(x)$가 최소일
때 y도 최소이다.
따라서 $2 \leq x \leq 5$에서 함수 $y = \log_2 (x^2 - 6x + 13)$은
$f(x) = 8$, 즉 $x = 5$일 때 최댓값 $\log_2 8 = \log_2 2^3 = 3$,
$f(x) = 4$, 즉 $x = 3$일 때 최솟값 $\log_2 4 = \log_2 2^2 = 2$를 갖는다.

4-3 답 21

$\log_5 x = t$라 하면 주어진 함수는
$$y = t^2 - 2t + 4 = (t-1)^2 + 3$$
이때 $\frac{1}{5} \leq x \leq 25$에서

$\log_5 \frac{1}{5} \leq \log_5 x \leq \log_5 25$

$\log_5 5^{-1} \leq \log_5 x \leq \log_5 5^2$

$\therefore -1 \leq t \leq 2$

따라서 $-1 \leq t \leq 2$에서 함수 $y = (t-1)^2 + 3$은
$t = -1$, 즉 $x = \frac{1}{5}$일 때 최댓값 $(-1-1)^2 + 3 = 7$,
$t = 1$, 즉 $x = 5$일 때 최솟값 $(1-1)^2 + 3 = 3$을 갖는다.
따라서 $M = 7$, $m = 3$이므로
$$Mm = 7 \times 3 = 21$$

필수 예제 5 답 (1) $x = 4$ (2) $x = 3$ (3) $x = 2$ 또는 $x = 8$
(4) $x = \frac{1}{2}$ 또는 $x = 16$

(1) 진수의 조건에서 $x+1 > 0$, $4x+9 > 0$이므로
$$x > -1, \ x > -\frac{9}{4} \quad \therefore x > -1 \quad \cdots\cdots \ \textcircled{\scriptsize 1}$$
$2 \log_3 (x+1) = \log_3 (4x+9)$에서
$$\log_3 (x+1)^2 = \log_3 (4x+9)$$
$$(x+1)^2 = 4x+9, \ x^2 + 2x + 1 = 4x + 9$$
$$x^2 - 2x - 8 = 0, \ (x+2)(x-4) = 0$$
$$\therefore x = -2 \ \text{또는} \ x = 4$$
$\textcircled{\scriptsize 1}$에 의하여 구하는 해는 $x = 4$이다.

(2) 진수의 조건에서 $2x+3 > 0$, $x > 0$이므로
$$x > -\frac{3}{2}, \ x > 0 \quad \therefore x > 0 \quad \cdots\cdots \ \textcircled{\scriptsize 1}$$
$\log_{\frac{1}{4}} (2x+3) = \log_{\frac{1}{2}} x$에서
$$\log_{\left(\frac{1}{2}\right)^2} (2x+3) = \log_{\frac{1}{2}} x, \ \frac{1}{2} \log_{\frac{1}{2}} (2x+3) = \log_{\frac{1}{2}} x$$
$$\log_{\frac{1}{2}} (2x+3) = 2 \log_{\frac{1}{2}} x, \ \log_{\frac{1}{2}} (2x+3) = \log_{\frac{1}{2}} x^2$$
$$2x+3 = x^2, \ x^2 - 2x - 3 = 0$$
$$(x+1)(x-3) = 0 \quad \therefore x = -1 \ \text{또는} \ x = 3$$
$\textcircled{\scriptsize 1}$에 의하여 구하는 해는 $x = 3$이다.

(3) $\log_2 x = t$라 하면 $t^2 - 4t + 3 = 0$
$$(t-1)(t-3) = 0 \quad \therefore t = 1 \ \text{또는} \ t = 3$$
즉, $\log_2 x = 1$ 또는 $\log_2 x = 3$이므로
$$x = 2 \ \text{또는} \ x = 2^3 = 8$$

(4) $\log_4 x - \log_x 4 = \dfrac{3}{2}$에서

$\log_4 x - \dfrac{1}{\log_4 x} = \dfrac{3}{2}$

$\log_4 x = t$라 하면 $t - \dfrac{1}{t} = \dfrac{3}{2}$

양변에 $2t$를 곱하여 정리하면

$2t^2 - 3t - 2 = 0$

$(2t+1)(t-2) = 0$ $\quad \therefore t = -\dfrac{1}{2}$ 또는 $t = 2$

즉, $\log_4 x = -\dfrac{1}{2}$ 또는 $\log_4 x = 2$이므로

$x = 4^{-\frac{1}{2}} = (2^2)^{-\frac{1}{2}} = 2^{-1} = \dfrac{1}{2}$ 또는 $x = 4^2 = 16$

5-1 답 (1) $x = \dfrac{\sqrt{2}}{2}$ (2) $x = -3$ 또는 $x = -2$

　　　　(3) $x = \dfrac{1}{27}$ 또는 $x = 9$ (4) $x = \dfrac{1}{5}$ 또는 $x = 25$

(1) 진수의 조건에서 $2x+1 > 0$, $2x-1 > 0$이므로

$x > -\dfrac{1}{2}$, $x > \dfrac{1}{2}$ $\quad \therefore x > \dfrac{1}{2}$ ······ ㉠

$\log_{\frac{1}{2}}(2x+1) = \log_2(2x-1)$에서

$\log_{2^{-1}}(2x+1) = \log_2(2x-1)$

$\log_2(2x+1)^{-1} = \log_2(2x-1)$

$\dfrac{1}{2x+1} = 2x-1$, $(2x+1)(2x-1) = 1$

$4x^2 - 1 = 1$, $2x^2 = 1$

$x^2 = \dfrac{1}{2}$ $\quad \therefore x = \pm\dfrac{\sqrt{2}}{2}$

㉠에 의하여 구하는 해는 $x = \dfrac{\sqrt{2}}{2}$이다.

(2) 진수의 조건에서 $x+4 > 0$, $3x+10 > 0$이므로

$x > -4$, $x > -\dfrac{10}{3}$ $\quad \therefore x > -\dfrac{10}{3}$ ······ ㉠

$\log_{\sqrt{5}}(x+4) = \log_5(3x+10)$에서

$\log_{5^{\frac{1}{2}}}(x+4) = \log_5(3x+10)$

$2\log_5(x+4) = \log_5(3x+10)$

$\log_5(x+4)^2 = \log_5(3x+10)$

$(x+4)^2 = 3x+10$, $x^2 + 8x + 16 = 3x+10$

$x^2 + 5x + 6 = 0$, $(x+3)(x+2) = 0$

$\therefore x = -3$ 또는 $x = -2$

㉠에 의하여 구하는 해는 $x = -3$ 또는 $x = -2$이다.

(3) $(\log_3 x - 1)(\log_3 x + 2) = 4$에서

$(\log_3 x)^2 + \log_3 x - 2 = 4$

$\therefore (\log_3 x)^2 + \log_3 x - 6 = 0$

$\log_3 x = t$라 하면 $t^2 + t - 6 = 0$

$(t+3)(t-2) = 0$ $\quad \therefore t = -3$ 또는 $t = 2$

즉, $\log_3 x = -3$ 또는 $\log_3 x = 2$이므로

$x = 3^{-3} = \dfrac{1}{27}$ 또는 $x = 3^2 = 9$

(4) $\log_5 x - \log_x 25 = 1$에서 $\log_5 x - \dfrac{\log_5 25}{\log_5 x} = 1$

$\therefore \log_5 x - \dfrac{2}{\log_5 x} = 1$

$\log_5 x = t$라 하면 $t - \dfrac{2}{t} = 1$

양변에 t를 곱하여 정리하면 $t^2 - t - 2 = 0$

$(t-2)(t+1) = 0$ $\quad \therefore t = -1$ 또는 $t = 2$

즉, $\log_5 x = -1$ 또는 $\log_5 x = 2$이므로

$x = 5^{-1} = \dfrac{1}{5}$ 또는 $x = 5^2 = 25$

5-2 답 (1) $x = \dfrac{1}{2}$ 또는 $x = 8$ (2) $x = \dfrac{1}{100}$ 또는 $x = 10$

(1) $x^{\log_2 x} = 8x^2$의 양변에 밑이 2인 로그를 취하면

$\log_2 x^{\log_2 x} = \log_2 8x^2$

$\log_2 x \times \log_2 x = \log_2 8 + \log_2 x^2$

$\therefore (\log_2 x)^2 - 2\log_2 x - 3 = 0$ $(\because x > 0)$

$\log_2 x = t$라 하면 $t^2 - 2t - 3 = 0$

$(t+1)(t-3) = 0$ $\quad \therefore t = -1$ 또는 $t = 3$

즉, $\log_2 x = -1$ 또는 $\log_2 x = 3$이므로

$x = 2^{-1} = \dfrac{1}{2}$ 또는 $x = 2^3 = 8$

(2) $x^{\log x} - \dfrac{100}{x} = 0$에서 $x^{\log x} = \dfrac{100}{x}$

양변에 상용로그를 취하면

$\log x^{\log x} = \log \dfrac{100}{x}$

$\log x \times \log x = \log 100 - \log x$

$\therefore (\log x)^2 + \log x - 2 = 0$

$\log x = t$라 하면 $t^2 + t - 2 = 0$

$(t+2)(t-1) = 0$ $\quad \therefore t = -2$ 또는 $t = 1$

즉, $\log x = -2$ 또는 $\log x = 1$이므로

$x = 10^{-2} = \dfrac{1}{100}$ 또는 $x = 10$

5-3 답 $\dfrac{99}{8}$

초기 온도가 30 ℃인 화재실에서 화재가 발생한 지 $\dfrac{9}{8}$분 후의

온도가 390 ℃이므로

$30 + k\log\left(8 \times \dfrac{9}{8} + 1\right) = 390$, $30 + k\log 10 = 390$

$\therefore k = 390 - 30 = 360$

또한, 화재가 발생한 지 a분 후의 온도는 750 ℃이므로

$30 + 360\log(8a+1) = 750$

$360\log(8a+1) = 720$

$\log(8a+1) = 2$, $8a+1 = 10^2$

$\therefore a = \dfrac{99}{8}$

필수 예제 6 답 (1) $x \geq -1$ (2) $2 < x < 3$ (3) $\dfrac{1}{5} < x < 125$

　　　　　　(4) $8 \leq x \leq 64$

(1) 진수의 조건에서 $x+5 > 0$, $x+3 > 0$이므로

$x > -5$, $x > -3$ $\quad \therefore x > -3$ ······ ㉠

$\log_2(x+5) \leq 2\log_2(x+3)$에서

$\log_2(x+5) \leq \log_2(x+3)^2$

밑이 2이고 $2 > 1$이므로

$x+5 \leq (x+3)^2$, $x+5 \leq x^2 + 6x + 9$

$x^2 + 5x + 4 \geq 0$, $(x+4)(x+1) \geq 0$

$\therefore x \leq -4$ 또는 $x \geq -1$ ······ ㉡

㉠, ㉡의 공통부분을 구하면 $x \geq -1$

(2) 진수의 조건에서 $x-2>0$, $x+6>0$이므로

$x>2$, $x>-6$ ∴ $x>2$ ······ ㉠

$\log_{\frac{1}{3}}(x-2)+\log_{\frac{1}{3}}(x+6)>-2$에서

$\log_{\frac{1}{3}}(x-2)(x+6)>\log_{\frac{1}{3}}\left(\frac{1}{3}\right)^{-2}$

밑이 $\frac{1}{3}$이고 $0<\frac{1}{3}<1$이므로

$(x-2)(x+6)<9$, $x^2+4x-12<9$

$x^2+4x-21<0$, $(x+7)(x-3)<0$

∴ $-7<x<3$ ······ ㉡

㉠, ㉡의 공통부분을 구하면 $2<x<3$

(3) 진수의 조건에서 $x>0$, $x^2>0$이므로

$x>0$ ······ ㉠

$(\log_5 x)^2-\log_5 x^2<3$에서

$(\log_5 x)^2-2\log_5 x<3$

$\log_5 x=t$라 하면 $t^2-2t<3$

$t^2-2t-3<0$, $(t+1)(t-3)<0$

∴ $-1<t<3$

즉, $-1<\log_5 x<3$이므로

$\log_5 5^{-1}<\log_5 x<\log_5 5^3$

밑이 5이고 $5>1$이므로

$\frac{1}{5}<x<125$ ······ ㉡

㉠, ㉡의 공통부분을 구하면 $\frac{1}{5}<x<125$

(4) 진수의 조건에서 $x>0$ ······ ㉠

$\log_{\frac{1}{2}} x=t$라 하면 $t^2+9t+18\leq0$

$(t+6)(t+3)\leq0$

∴ $-6\leq t\leq-3$

즉, $-6\leq\log_{\frac{1}{2}} x\leq-3$이므로

$\log_{\frac{1}{2}}\left(\frac{1}{2}\right)^{-6}\leq\log_{\frac{1}{2}} x\leq\log_{\frac{1}{2}}\left(\frac{1}{2}\right)^{-3}$

밑이 $\frac{1}{2}$이고 $0<\frac{1}{2}<1$이므로

$8\leq x\leq64$ ······ ㉡

㉠, ㉡의 공통부분을 구하면 $8\leq x\leq64$

6-1 달 (1) $6<x<10$ (2) $1<x\leq3$ (3) $0<x\leq\frac{1}{2}$ 또는 $x\geq32$

  (4) $\frac{1}{81}<x<\frac{1}{3}$

(1) 진수의 조건에서 $x+6>0$, $x-6>0$이므로

$x>-6$, $x>6$ ∴ $x>6$ ······ ㉠

$\log_9(x+6)>\log_3(x-6)$에서

$\log_{3^2}(x+6)>\log_3(x-6)$

$\frac{1}{2}\log_3(x+6)>\log_3(x-6)$

$\log_3(x+6)>2\log_3(x-6)$

∴ $\log_3(x+6)>\log_3(x-6)^2$

밑이 3이고 $3>1$이므로

$x+6>(x-6)^2$, $x+6>x^2-12x+36$

$x^2-13x+30<0$, $(x-3)(x-10)<0$

∴ $3<x<10$ ······ ㉡

㉠, ㉡의 공통부분을 구하면 $6<x<10$

(2) 진수의 조건에서 $x-1>0$, $x+5>0$, $x+13>0$이므로

$x>1$, $x>-5$, $x>-13$

∴ $x>1$ ······ ㉠

$\log(x-1)+\log(x+5)\leq\log(x+13)$에서

$\log(x-1)(x+5)\leq\log(x+13)$

밑이 10이고 $10>1$이므로

$(x-1)(x+5)\leq x+13$, $x^2+4x-5\leq x+13$

$x^2+3x-18\leq0$, $(x+6)(x-3)\leq0$

∴ $-6\leq x\leq3$ ······ ㉡

㉠, ㉡의 공통부분을 구하면 $1<x\leq3$

(3) 진수의 조건에서 $x>0$, $32x^4>0$이므로

$x>0$ ······ ㉠

$(\log_2 x)^2-\log_2 32x^4\geq0$에서

$(\log_2 x)^2-(\log_2 32+\log_2 x^4)\geq0$

$(\log_2 x)^2-4\log_2 x-5\geq0$

$\log_2 x=t$라 하면 $t^2-4t-5\geq0$

$(t+1)(t-5)\geq0$

∴ $t\leq-1$ 또는 $t\geq5$

즉, $\log_2 x\leq-1$ 또는 $\log_2 x\geq5$에서

$\log_2 x\leq\log_2\frac{1}{2}$ 또는 $\log_2 x\geq\log_2 32$

밑이 2이고 $2>1$이므로

$x\leq\frac{1}{2}$ 또는 $x\geq32$ ······ ㉡

㉠, ㉡의 공통부분을 구하면

$0<x\leq\frac{1}{2}$ 또는 $x\geq32$

(4) 진수의 조건에서 $9x>0$, $27x>0$이므로

$x>0$ ······ ㉠

$\log_{\frac{1}{3}} 9x\times\log_{\frac{1}{3}} 27x<2$에서

$(-2+\log_{\frac{1}{3}} x)(-3+\log_{\frac{1}{3}} x)<2$

$(\log_{\frac{1}{3}} x)^2-5\log_{\frac{1}{3}} x+4<0$

$\log_{\frac{1}{3}} x=t$라 하면 $t^2-5t+4<0$

$(t-1)(t-4)<0$ ∴ $1<t<4$

즉, $1<\log_{\frac{1}{3}} x<4$에서

$\log_{\frac{1}{3}}\frac{1}{3}<\log_{\frac{1}{3}} x<\log_{\frac{1}{3}}\left(\frac{1}{3}\right)^4$

밑이 $\frac{1}{3}$이고 $0<\frac{1}{3}<1$이므로

$\frac{1}{81}<x<\frac{1}{3}$ ······ ㉡

㉠, ㉡의 공통부분을 구하면

$\frac{1}{81}<x<\frac{1}{3}$

6-2 달 (1) $\frac{1}{4}<x<4$ (2) $0<x\leq\frac{1}{3}$ 또는 $x\geq81$

(1) 진수의 조건에서 $x>0$ ······ ㉠

$x^{\log_2 x}<16$의 양변에 밑이 2인 로그를 취하면

$\log_2 x^{\log_2 x}<\log_2 16$, $\log_2 x\times\log_2 x<4$

∴ $(\log_2 x)^2-4<0$

$\log_2 x=t$라 하면 $t^2-4<0$

$(t+2)(t-2)<0$ ∴ $-2<t<2$

즉, $-2 < \log_2 x < 2$에서

$\log_2 2^{-2} < \log_2 x < \log_2 2^2$

밑이 2이고 2>1이므로

$\dfrac{1}{4} < x < 4$ ······ ㉡

㉠, ㉡의 공통부분을 구하면

$\dfrac{1}{4} < x < 4$

(2) 진수의 조건에서 $x>0$ ······ ㉠

$x^{\log_3 x} \geq 81x^3$의 양변에 밑이 3인 로그를 취하면

$\log_3 x^{\log_3 x} \geq \log_3 81x^3$

$\log_3 x \times \log_3 x \geq \log_3 81 + \log_3 x^3$

$\therefore (\log_3 x)^2 - 3\log_3 x - 4 \geq 0$

$\log_3 x = t$라 하면 $t^2 - 3t - 4 \geq 0$

$(t+1)(t-4) \geq 0$ $\therefore t \leq -1$ 또는 $t \geq 4$

즉, $\log_3 x \leq -1$ 또는 $\log_3 x \geq 4$에서

$\log_3 x \leq \log_3 3^{-1}$ 또는 $\log_3 x \geq \log_3 3^4$

밑이 3이고 3>1이므로

$x \leq \dfrac{1}{3}$ 또는 $x \geq 81$ ······ ㉡

㉠, ㉡의 공통부분을 구하면

$0 < x \leq \dfrac{1}{3}$ 또는 $x \geq 81$

6-3 답 15년

현재의 미세 먼지 농도를 $a\,(a>0)$라 하면 n년 후의 미세 먼지 농도는 $a(1+0.05)^n = 1.05^n a$

이므로 n년 후 미세 먼지 농도가 현재의 2배 이상이 된다고 하면

$1.05^n a \geq 2a$ $\therefore 1.05^n \geq 2\ (\because a>0)$

양변에 상용로그를 취하면

$n\log 1.05 \geq \log 2,\ 0.02n \geq 0.3$ $\therefore n \geq 15$

따라서 미세 먼지 농도가 현재의 2배 이상이 되는 것은 최소 15년 후이다.

실전 문제로 단원 마무리   • 본문 050~051쪽

01 ③, ⑤	**02** 3	**03** ②	**04** ④
05 −9	**06** 32	**07** 125	**08** 63
09 ④	**10** ①		

01

① 밑이 1보다 크므로 x의 값이 증가하면 y의 값도 증가한다.

②, ③ 함수 $y = \log_3 (x-1) - 2$의 그래프는 함수 $y = \log_3 x$의 그래프를 x축의 방향으로 1만큼, y축의 방향으로 −2만큼 평행이동한 것이므로 오른쪽 그림과 같다. 이때 정의역은 $\{x \mid x > 1\}$이고, 치역은 실수 전체의 집합이다.

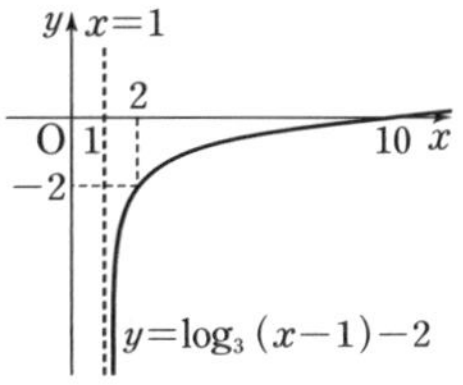

④ 로그함수는 일대일함수이므로 $f(x_1) = f(x_2)$이면 $x_1 = x_2$이다.

⑤ $y = \log_3 (x-1) - 2$의 그래프를 원점에 대하여 대칭이동한 그래프의 식은

$-y = \log_3 (-x-1) - 2$

$\therefore y = -\log_3 (-x-1) + 2$

    $= \log_{\frac{1}{3}} (-x-1) + 2$

따라서 옳지 않은 것은 ③, ⑤이다.

02

주어진 그래프의 점근선의 방정식이 $x = -1$이므로

$a = 1$

그래프가 점 $(3, 0)$을 지나므로

$0 = \log_2 (3+1) + b,\ 0 = \log_2 4 + b$

$\therefore b = -2$

$\therefore a - b = 1 - (-2) = 3$

03

$A = 3\log_{\frac{1}{3}} 2 = \log_{\frac{1}{3}} 2^3 = \log_{\frac{1}{3}} 8$

$B = -1 = \log_{\frac{1}{3}} \left(\dfrac{1}{3}\right)^{-1} = \log_{\frac{1}{3}} 3$

$C = \log_{\frac{1}{3}} 5$

이때 $3 < 5 < 8$이고, 함수 $y = \log_{\frac{1}{3}} x$는 x의 값이 증가하면 y의 값은 감소하므로

$\log_{\frac{1}{3}} 8 < \log_{\frac{1}{3}} 5 < \log_{\frac{1}{3}} 3$

$\therefore A < C < B$

04

$f(x) = x^2 - 2x + 3$이라 하면

$f(x) = (x-1)^2 + 2$

$f(-1) = 6,\ f(1) = 2,\ f(2) = 3$이므로 $-1 \leq x \leq 2$에서

$f(x)$는 $x = -1$일 때 최댓값 6, $x = 1$일 때 최솟값 2를 갖는다.

이때 함수 $y = \log_{\frac{1}{2}} (x^2 - 2x + 3) = \log_{\frac{1}{2}} f(x)$는 밑이 $\dfrac{1}{2}$이고

$0 < \dfrac{1}{2} < 1$이므로 $f(x)$가 최소일 때 y는 최대이고, $f(x)$가 최대일 때 y는 최소이다.

따라서 $-1 \leq x \leq 2$에서 함수 $y = \log_{\frac{1}{2}} (x^2 - 2x + 3)$은

$f(x) = 2$, 즉 $x = 1$일 때 최댓값

$\log_{\frac{1}{2}} 2 = -\log_2 2 = -1$을 갖는다.

05

$y = \log_3 \dfrac{x}{9} \times \log_3 3x$

    $= (\log_3 x - \log_3 9)(\log_3 3 + \log_3 x)$

    $= (\log_3 x - 2)(\log_3 x + 1)$

    $= (\log_3 x)^2 - \log_3 x - 2$

$\log_3 x = t$라 하면 주어진 함수는

$y = t^2 - t - 2 = \left(t - \dfrac{1}{2}\right)^2 - \dfrac{9}{4}$

이때 $\dfrac{1}{3} \leq x \leq 27$에서 $\log_3 \dfrac{1}{3} \leq \log_3 x \leq \log_3 27$

$\log_3 3^{-1} \leq \log_3 x \leq \log_3 3^3$

$\therefore -1 \leq t \leq 3$

$-1 \leq t \leq 3$에서 함수 $y=\left(t-\dfrac{1}{2}\right)^2-\dfrac{9}{4}$는

$t=3$, 즉 $x=1$일 때 최댓값

$\left(3-\dfrac{1}{2}\right)^2-\dfrac{9}{4}=4$,

$t=\dfrac{1}{2}$, 즉 $x=\sqrt{3}$일 때 최솟값

$\left(\dfrac{1}{2}-\dfrac{1}{2}\right)^2-\dfrac{9}{4}=-\dfrac{9}{4}$를 갖는다.

따라서 구하는 곱은

$4 \times \left(-\dfrac{9}{4}\right)=-9$

06

진수의 조건에서 $x>0$, $x-3>0$이므로

$x>0$, $x>3$ $\quad \therefore x>3$ $\quad\cdots\cdots$ ㉠

$\log_{\sqrt{10}} \sqrt{x}+\log_{10}(x-3)=1$에서

$\log_{10^{\frac{1}{2}}} x^{\frac{1}{2}}+\log_{10}(x-3)=1$, $\log_{10} x+\log_{10}(x-3)=1$

$\log_{10} x(x-3)=1$, $x(x-3)=10$

$x^2-3x-10=0$, $(x+2)(x-5)=0$

$\therefore x=-2$ 또는 $x=5$

㉠에 의하여 $a=5$이므로

$2^a=2^5=32$

07

$\log_5 x=t$라 하면 $t^2-3t-6=0$

이 이차방정식의 두 근은 $\log_5 \alpha$, $\log_5 \beta$이므로 이차방정식의 근과 계수의 관계에 의하여

$\log_5 \alpha+\log_5 \beta=3$

$\log_5 \alpha\beta=3$

$\therefore \alpha\beta=5^3=125$

플러스 강의

x에 대한 방정식

$\qquad p(\log_a x)^2+q\log_a x+r=0\,(p,\,q,\,r$는 상수$)$

의 두 근이 α, β일 때, $\log_a x=t$라 하면 t에 대한 이차방정식 $pt^2+qt+r=0$의 두 근은 $\log_a \alpha$, $\log_a \beta$이다.

08

진수의 조건에서 $\dfrac{8}{x}>0$, $\dfrac{32}{x}>0$이므로

$x>0$ $\quad\cdots\cdots$ ㉠

$\left(\log_2 \dfrac{8}{x}\right)\left(\log_2 \dfrac{32}{x}\right)<3$에서

$(\log_2 8-\log_2 x)(\log_2 32-\log_2 x)<3$

$(3-\log_2 x)(5-\log_2 x)<3$

$15-8\log_2 x+(\log_2 x)^2<3$

$\therefore (\log_2 x)^2-8\log_2 x+12<0$

$\log_2 x=t$라 하면 $t^2-8t+12<0$

$(t-2)(t-6)<0$ $\quad \therefore 2<t<6$

즉, $2<\log_2 x<6$에서

$\log_2 2^2<\log_2 x<\log_2 2^6$

밑이 2이고 $2>1$이므로

$4<x<64$ $\quad\cdots\cdots$ ㉡

㉠, ㉡의 공통부분을 구하면

$4<x<64$

따라서 주어진 부등식을 만족시키는 자연수 x의 최댓값은 63이다.

09

함수 $y=\log_3 x$의 그래프를 x축의 방향으로 a만큼, y축의 방향으로 2만큼 평행이동한 그래프의 식은

$y=\log_3 (x-a)+2$ $\quad \therefore f(x)=\log_3 (x-a)+2$

$y=\log_3 (x-a)+2$에서 $\log_3 (x-a)=y-2$

로그의 정의에 의하여 $x-a=3^{y-2}$

$\therefore x=3^{y-2}+a$

x와 y를 서로 바꾸면 $y=3^{x-2}+a$

$\therefore f^{-1}(x)=3^{x-2}+a$

이것이 $f^{-1}(x)=3^{x-2}+4$와 일치해야 하므로

$a=4$

10

진수의 조건에서 $x-1>0$, $\dfrac{1}{2}x+k>0$이고 k는 자연수이므로

$x>1$ $\quad\cdots\cdots$ ㉠

$\log_5 (x-1)\leq\log_5 \left(\dfrac{1}{2}x+k\right)$에서 밑이 5이고 $5>1$이므로

$x-1\leq\dfrac{1}{2}x+k$, $2x-2\leq x+2k$

$\therefore x\leq 2k+2$ $\quad\cdots\cdots$ ㉡

㉠, ㉡을 동시에 만족시키는 정수 x의 개수가 3이므로 오른쪽 그림에서

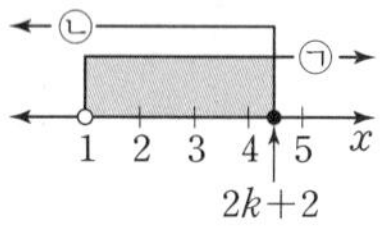

$4\leq 2k+2<5$

$2\leq 2k<3$ $\quad \therefore 1\leq k<\dfrac{3}{2}$

따라서 구하는 자연수 k의 값은 1이다.

개념으로 단원 마무리
• 본문 052쪽

1 답 (1) 양의 실수, 감소, y

(2) $y=\log_a(x-m)+n$, $y=\log_a(-x)$, $y=a^x$

(3) $f(n)$, $f(m)$ (4) $f(x)=g(x)$ (5) $0<f(x)<g(x)$

2 답 (1) $\times$ (2) $\bigcirc$ (3) $\times$ (4) $\bigcirc$ (5) $\bigcirc$

(1) $y=\log_{\frac{1}{a}} x=\log_{a^{-1}} x=-\log_a x$이므로

두 함수 $y=\log_a x$와 $y=\log_{\frac{1}{a}} x$의 그래프는 x축에 대하여 대칭이다.

(3) 함수 $y=\log_{\frac{1}{2}}(x+1)-3$의 정의역은 $\{x\,|\,x>-1\}$이다.

05 삼각함수

교과서 개념 확인하기 ○ 본문 055쪽

1 답 (1) $360°×n+30°$, 제1사분면

(2) $360°×n+220°$, 제3사분면

(3) $360°×n+110°$, 제2사분면

(4) $360°×n+300°$, 제4사분면

(1) $390°=360°×1+30°$이므로 일반각은

$360°×n+30°$

따라서 $390°$는 제1사분면의 각이다.

(2) $940°=360°×2+220°$이므로 일반각은

$360°×n+220°$

따라서 $940°$는 제3사분면의 각이다.

(3) $-250°=360°×(-1)+110°$이므로 일반각은

$360°×n+110°$

따라서 $-250°$는 제2사분면의 각이다.

(4) $-420°=360°×(-2)+300°$이므로 일반각은

$360°×n+300°$

따라서 $-420°$는 제4사분면의 각이다.

2 답 (1) $\dfrac{3}{4}\pi$ (2) $-\dfrac{7}{6}\pi$ (3) $240°$ (4) $-390°$

(1) $135°=135×\dfrac{\pi}{180}=\dfrac{3}{4}\pi$

(2) $-210°=-210×\dfrac{\pi}{180}=-\dfrac{7}{6}\pi$

(3) $\dfrac{4}{3}\pi=\dfrac{4}{3}\pi×\dfrac{180°}{\pi}=240°$

(4) $-\dfrac{13}{6}\pi=-\dfrac{13}{6}\pi×\dfrac{180°}{\pi}=-390°$

3 답 $l=2\pi$, $S=6\pi$

$l=6×\dfrac{\pi}{3}=2\pi$, $S=\dfrac{1}{2}×6×2\pi=6\pi$

4 답 $\sin\theta=\dfrac{4}{5}$, $\cos\theta=-\dfrac{3}{5}$, $\tan\theta=-\dfrac{4}{3}$

오른쪽 그림에서

$\overline{\mathrm{OP}}=\sqrt{(-3)^2+4^2}=5$

이므로

$\sin\theta=\dfrac{4}{5}$, $\cos\theta=-\dfrac{3}{5}$, $\tan\theta=-\dfrac{4}{3}$

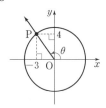

5 답 (1) $\sin\theta<0$, $\cos\theta<0$, $\tan\theta>0$

(2) $\sin\theta>0$, $\cos\theta<0$, $\tan\theta<0$

(3) $\sin\theta>0$, $\cos\theta>0$, $\tan\theta>0$

(4) $\sin\theta<0$, $\cos\theta>0$, $\tan\theta<0$

(1) $\theta=200°$는 제3사분면의 각이므로

$\sin\theta<0$, $\cos\theta<0$, $\tan\theta>0$

(2) $\theta=-570°=360°×(-2)+150°$

즉, 각 θ는 제2사분면의 각이므로

$\sin\theta>0$, $\cos\theta<0$, $\tan\theta<0$

(3) $\theta=\dfrac{9}{4}\pi=2\pi×1+\dfrac{\pi}{4}$

즉, 각 θ는 제1사분면의 각이므로

$\sin\theta>0$, $\cos\theta>0$, $\tan\theta>0$

(4) $\theta=-\dfrac{7}{3}\pi=2\pi×(-2)+\dfrac{5}{3}\pi$

즉, 각 θ는 제4사분면의 각이므로

$\sin\theta<0$, $\cos\theta>0$, $\tan\theta<0$

6 답 $\sin\theta=-\dfrac{2\sqrt{2}}{3}$, $\tan\theta=-2\sqrt{2}$

$\sin^2\theta=1-\cos^2\theta=1-\left(\dfrac{1}{3}\right)^2=\dfrac{8}{9}$

이때 각 θ는 제4사분면의 각이므로 $\sin\theta<0$

$\therefore \sin\theta=-\dfrac{2\sqrt{2}}{3}$, $\tan\theta=\dfrac{\sin\theta}{\cos\theta}=\dfrac{-\dfrac{2\sqrt{2}}{3}}{\dfrac{1}{3}}=-2\sqrt{2}$

교과서 예제로 개념 익히기 • 본문 056~059쪽

필수 예제 1 답 ①, ⑤

① $-650°=360°×(-2)+70°$

② $-240°=360°×(-1)+120°$

③ $530°=360°×1+170°$

④ $770°=360°×2+50°$

⑤ $1150°=360°×3+70°$

따라서 각을 나타내는 동경이 $70°$를 나타내는 동경과 일치하는 것은 ①, ⑤이다.

1-1 답 ③, ④

① $-1300°=360°×(-4)+140°$

② $-600°=360°×(-2)+120°$

③ $-120°=360°×(-1)+240°$

④ $600°=360°×1+240°$

⑤ $980°=360°×2+260°$

따라서 각을 나타내는 동경이 $240°$를 나타내는 동경과 일치하는 것은 ③, ④이다.

1-2 답 ⑤

① $-910°=360°×(-3)+170°$

② $-220°=360°×(-1)+140°$

③ $450°=360°×1+90°$

④ $630°=360°×1+270°$

⑤ $1140°=360°×3+60°$

따라서 α의 값이 가장 작은 것은 ⑤이다.

1-3 답 $120°$

각 θ를 나타내는 동경과 각 4θ를 나타내는 동경이 일치하므로

$4\theta-\theta=360°×n$ (n은 정수)

$3\theta=360°×n$

$\therefore \theta=120°×n$

이때 $0° < \theta < 180°$이므로

$0° < 120° \times n < 180°$

$\therefore 0 < n < \dfrac{3}{2}$

n은 정수이므로 $n = 1$

$\therefore \theta = 120° \times 1 = 120°$

플러스 강의

두 각 α, β를 나타내는 동경이 일치하거나 원점에 대하여 대칭이면 다음과 같이 두 각의 차를 일반각으로 나타낸다. (단, n은 정수)

일치	원점에 대하여 대칭
$\alpha - \beta = 2n\pi$	$\alpha - \beta = (2n+1)\pi$

필수 예제 2 답 ①, ⑤

① $30° = 30 \times \dfrac{\pi}{180} = \dfrac{\pi}{6}$

② $140° = 140 \times \dfrac{\pi}{180} = \dfrac{7}{9}\pi$

③ $\dfrac{5}{2}\pi = \dfrac{5}{2}\pi \times \dfrac{180°}{\pi} = 450°$

④ $\dfrac{11}{9}\pi = \dfrac{11}{9}\pi \times \dfrac{180°}{\pi} = 220°$

⑤ $-\dfrac{5}{6}\pi = -\dfrac{5}{6}\pi \times \dfrac{180°}{\pi} = -150°$

따라서 옳은 것은 ①, ⑤이다.

2-1 답 ㄴ, ㄹ

ㄱ. $100° = 100 \times \dfrac{\pi}{180} = \dfrac{5}{9}\pi$

ㄴ. $330° = 330 \times \dfrac{\pi}{180} = \dfrac{11}{6}\pi$

ㄷ. $\dfrac{7}{3}\pi = \dfrac{7}{3}\pi \times \dfrac{180°}{\pi} = 420°$

ㄹ. $-\dfrac{3}{10}\pi = -\dfrac{3}{10}\pi \times \dfrac{180°}{\pi} = -54°$

따라서 옳은 것은 ㄴ, ㄹ이다.

2-2 답 ⑤

① $-930° = 360° \times (-3) + 150°$이므로

$-930°$를 나타내는 동경은 제2사분면에 존재한다.

② $1180° = 360° \times 3 + 100°$이므로

$1180°$를 나타내는 동경은 제2사분면에 존재한다.

③ $-\dfrac{13}{9}\pi = 2\pi \times (-1) + \dfrac{5}{9}\pi$이므로

$-\dfrac{13}{9}\pi$를 나타내는 동경은 제2사분면에 존재한다.

④ $\dfrac{17}{6}\pi = 2\pi \times 1 + \dfrac{5}{6}\pi$이므로

$\dfrac{17}{6}\pi$를 나타내는 동경은 제2사분면에 존재한다.

⑤ $\dfrac{16}{3}\pi = 2\pi \times 2 + \dfrac{4}{3}\pi$이므로

$\dfrac{16}{3}\pi$를 나타내는 동경은 제3사분면에 존재한다.

따라서 각을 나타내는 동경이 존재하는 사분면이 나머지 넷과 다른 하나는 ⑤이다.

필수 예제 3 답 2π

부채꼴의 반지름의 길이를 r라 하면 중심각의 크기가 $\dfrac{\pi}{4}$, 호의 길이가 π이므로

$r \times \dfrac{\pi}{4} = \pi$　$\therefore r = 4$

따라서 구하는 부채꼴의 넓이는

$\dfrac{1}{2} \times 4^2 \times \dfrac{\pi}{4} = 2\pi$

3-1 답 10π

부채꼴의 반지름의 길이를 r라 하면 부채꼴의 중심각의 크기가 $\dfrac{5}{6}\pi$, 넓이가 60π이므로

$\dfrac{1}{2} \times r^2 \times \dfrac{5}{6}\pi = 60\pi$, $r^2 = 144$

$\therefore r = 12$ $(\because r > 0)$

따라서 구하는 부채꼴의 호의 길이는

$12 \times \dfrac{5}{6}\pi = 10\pi$

3-2 답 16π

원뿔의 전개도는 오른쪽 그림과 같고, 옆면인 부채꼴의 호의 길이는 밑면인 원의 둘레의 길이와 같으므로

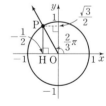

$2\pi \times 2 = 4\pi$

따라서 옆면인 부채꼴의 넓이는

$\dfrac{1}{2} \times 6 \times 4\pi = 12\pi$

$\therefore$ (원뿔의 겉넓이) $= 12\pi + \pi \times 2^2 = 16\pi$

필수 예제 4 답 $\sin\theta = \dfrac{\sqrt{3}}{2}$, $\cos\theta = -\dfrac{1}{2}$, $\tan\theta = -\sqrt{3}$

오른쪽 그림과 같이 각 $\theta = \dfrac{2}{3}\pi$를 나타내는 동경과 원점 O를 중심으로 하고 반지름의 길이가 1인 원의 교점을 P, 점 P에서 x축에 내린 수선의 발을 H라 하자.

$\overline{\mathrm{OP}} = 1$이고, $\angle\mathrm{POH} = \dfrac{\pi}{3}$이므로

$\mathrm{P}\left(-\dfrac{1}{2}, \dfrac{\sqrt{3}}{2}\right)$

$\therefore \sin\theta = \dfrac{\sqrt{3}}{2}$, $\cos\theta = -\dfrac{1}{2}$, $\tan\theta = -\sqrt{3}$

4-1 답 $\sin\theta = -\dfrac{\sqrt{2}}{2}$, $\cos\theta = -\dfrac{\sqrt{2}}{2}$, $\tan\theta = 1$

오른쪽 그림과 같이 각 $\theta = \dfrac{5}{4}\pi$를 나타내는 동경과 원점 O를 중심으로 하고 반지름의 길이가 1인 원의 교점을 P, 점 P에서 x축에 내린 수선의 발을 H라 하자.

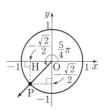

$\overline{\mathrm{OP}}=1$이고, $\angle\mathrm{POH}=\dfrac{\pi}{4}$이므로

$\mathrm{P}\left(-\dfrac{\sqrt{2}}{2},\ -\dfrac{\sqrt{2}}{2}\right)$

$\therefore\ \sin\theta=-\dfrac{\sqrt{2}}{2},\ \cos\theta=-\dfrac{\sqrt{2}}{2},\ \tan\theta=1$

4-2 답 $\dfrac{1}{5}$

오른쪽 그림에서

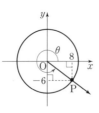

$\overline{\mathrm{OP}}=\sqrt{8^2+(-6)^2}=10$이므로

$\sin\theta=\dfrac{-6}{10}=-\dfrac{3}{5},\ \cos\theta=\dfrac{8}{10}=\dfrac{4}{5}$

$\therefore\ \sin\theta+\cos\theta=-\dfrac{3}{5}+\dfrac{4}{5}=\dfrac{1}{5}$

필수 예제 5 답 제4사분면

$\sin\theta<0$이므로 각 θ는 제3사분면 또는 제4사분면의 각이다.

$\cos\theta>0$이므로 각 θ는 제1사분면 또는 제4사분면의 각이다.

따라서 각 θ는 제4사분면의 각이다.

5-1 답 제2사분면

$\sin\theta>0$이므로 각 θ는 제1사분면 또는 제2사분면의 각이다.

$\tan\theta<0$이므로 각 θ는 제2사분면 또는 제4사분면의 각이다.

따라서 각 θ는 제2사분면의 각이다.

5-2 답 $-\sin\theta$

각 θ가 제3사분면의 각이므로 $\sin\theta<0,\ \cos\theta<0$

$\therefore\ \sin\theta+\cos\theta<0$

$\therefore\ \sqrt{(\sin\theta+\cos\theta)^2}-|\cos\theta|$

$\quad=-(\sin\theta+\cos\theta)-(-\cos\theta)$

$\quad=-\sin\theta$

필수 예제 6 답 5

$\cos^2\theta=1-\sin^2\theta=1-\left(\dfrac{4}{5}\right)^2=\dfrac{9}{25}$

이때 각 θ는 제2사분면의 각이므로 $\cos\theta<0$

$\therefore\ \cos\theta=-\dfrac{3}{5}$

따라서 $\tan\theta=\dfrac{\sin\theta}{\cos\theta}=-\dfrac{4}{3}$이므로

$5\cos\theta-6\tan\theta=5\times\left(-\dfrac{3}{5}\right)-6\times\left(-\dfrac{4}{3}\right)=5$

6-1 답 $-3\sqrt{3}$

$\sin^2\theta=1-\cos^2\theta=1-\left(\dfrac{1}{2}\right)^2=\dfrac{3}{4}$

이때 각 θ는 제4사분면의 각이므로 $\sin\theta<0$

$\therefore\ \sin\theta=-\dfrac{\sqrt{3}}{2}$

따라서 $\tan\theta=\dfrac{\sin\theta}{\cos\theta}=-\sqrt{3}$이므로

$4\sin\theta+\tan\theta=4\times\left(-\dfrac{\sqrt{3}}{2}\right)+(-\sqrt{3})=-3\sqrt{3}$

6-2 답 (1) 2 (2) $-2\tan\theta$ (3) -1

(1) $(\sin\theta+\cos\theta)^2+(\sin\theta-\cos\theta)^2$

$=\sin^2\theta+2\sin\theta\cos\theta+\cos^2\theta$

$\qquad\qquad\qquad\quad+\sin^2\theta-2\sin\theta\cos\theta+\cos^2\theta$

$=2(\sin^2\theta+\cos^2\theta)=2$

(2) $\dfrac{\cos\theta}{1+\sin\theta}-\dfrac{\cos\theta}{1-\sin\theta}$

$=\dfrac{\cos\theta(1-\sin\theta)-\cos\theta(1+\sin\theta)}{(1+\sin\theta)(1-\sin\theta)}$

$=\dfrac{\cos\theta-\sin\theta\cos\theta-\cos\theta-\sin\theta\cos\theta}{1-\sin^2\theta}$

$=\dfrac{-2\sin\theta\cos\theta}{\cos^2\theta}$

$=-\dfrac{2\sin\theta}{\cos\theta}$

$=-2\tan\theta$

(3) $\cos\theta\tan\theta-\dfrac{\cos^2\theta}{1-\sin\theta}$

$=\cos\theta\times\dfrac{\sin\theta}{\cos\theta}-\dfrac{1-\sin^2\theta}{1-\sin\theta}$

$=\sin\theta-\dfrac{(1+\sin\theta)(1-\sin\theta)}{1-\sin\theta}$

$=\sin\theta-(1+\sin\theta)=-1$

6-3 답 (1) $-\dfrac{4}{9}$ (2) $-\dfrac{9}{4}$

(1) $\sin\theta+\cos\theta=\dfrac{1}{3}$의 양변을 제곱하면

$\sin^2\theta+2\sin\theta\cos\theta+\cos^2\theta=\dfrac{1}{9}$

$1+2\sin\theta\cos\theta=\dfrac{1}{9},\ 2\sin\theta\cos\theta=-\dfrac{8}{9}$

$\therefore\ \sin\theta\cos\theta=-\dfrac{4}{9}$

(2) $\dfrac{\cos\theta}{\sin\theta}+\dfrac{\sin\theta}{\cos\theta}=\dfrac{\cos^2\theta+\sin^2\theta}{\sin\theta\cos\theta}$

$=\dfrac{1}{\sin\theta\cos\theta}$

$=-\dfrac{9}{4}$

실전 문제로 단원 마무리 · 본문 060~061쪽

01 ②	**02** 제2사분면 또는 제4사분면		
03 ①, ④	**04** ②	**05** -19	**06** ⑤
07 $-\dfrac{\sqrt{5}}{3}$	**08** $-\dfrac{1}{2}$	**09** 27	**10** ②

01

① $-680°=360°\times(-2)+40°$

② $-400°=360°\times(-2)+320°$

③ $-320°=360°\times(-1)+40°$

④ $400°=360°\times1+40°$

⑤ $760°=360°\times2+40°$

따라서 동경 OP가 나타내는 각이 될 수 없는 것은 ②이다.

02

각 θ가 제4사분면의 각이므로

$360° \times n + 270° < \theta < 360° \times n + 360°$ (n은 정수)

$\therefore 180° \times n + 135° < \dfrac{\theta}{2} < 180° \times n + 180°$

(ⅰ) $n = 2k$ (k는 정수)일 때,

$360° \times k + 135° < \dfrac{\theta}{2} < 360° \times k + 180°$이므로

각 $\dfrac{\theta}{2}$는 제2사분면의 각이다.

(ⅱ) $n = 2k + 1$ (k는 정수)일 때,

$360° \times k + 315° < \dfrac{\theta}{2} < 360° \times k + 360°$이므로

각 $\dfrac{\theta}{2}$는 제4사분면의 각이다.

(ⅰ), (ⅱ)에서 각 $\dfrac{\theta}{2}$는 제2사분면 또는 제4사분면의 각이다.

플러스 강의

θ가 제몇 사분면의 각인지 주어진 경우 다음을 이용하여 θ의 범위를 일반각으로 나타낸다.
① θ가 제1사분면의 각 ➡ $360° \times n < \theta < 360° \times n + 90°$
② θ가 제2사분면의 각 ➡ $360° \times n + 90° < \theta < 360° \times n + 180°$
③ θ가 제3사분면의 각 ➡ $360° \times n + 180° < \theta < 360° \times n + 270°$
④ θ가 제4사분면의 각 ➡ $360° \times n + 270° < \theta < 360° \times n + 360°$

(단, n은 정수)

03

① $-550° = 360° \times (-2) + 170°$이므로 제2사분면의 각이다.

② $200° = 360° \times 0 + 200°$이므로 제3사분면의 각이다.

③ $-\dfrac{5}{8}\pi = 2\pi \times (-1) + \dfrac{11}{8}\pi$이므로 제3사분면의 각이다.

④ $\dfrac{13}{5}\pi = 2\pi \times 1 + \dfrac{3}{5}\pi$이므로 제2사분면의 각이다.

⑤ $\dfrac{31}{6}\pi = 2\pi \times 2 + \dfrac{7}{6}\pi$이므로 제3사분면의 각이다.

따라서 제2사분면의 각은 ①, ④이다.

04

부채꼴의 반지름의 길이를 r, 중심각의 크기를 θ라 하면

부채꼴의 넓이가 8π이므로

$\dfrac{1}{2} \times r \times 2\pi = 8\pi$ $\quad \therefore r = 8$

따라서 부채꼴의 호의 길이에서 $8\theta = 2\pi$이므로

$\theta = \dfrac{\pi}{4}$

05

오른쪽 그림에서

$\overline{\mathrm{OP}} = \sqrt{(-5)^2 + (-12)^2} = 13$이므로

$\sin\theta = -\dfrac{12}{13}$, $\cos\theta = -\dfrac{5}{13}$,

$\tan\theta = \dfrac{12}{5}$

$\therefore 13(\sin\theta - \cos\theta) - 5\tan\theta$

$= 13\left\{-\dfrac{12}{13} - \left(-\dfrac{5}{13}\right)\right\} - 5 \times \dfrac{12}{5}$

$= 13 \times \left(-\dfrac{7}{13}\right) - 12 = -19$

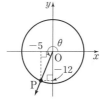

06

$\sin\theta\cos\theta < 0$에서

$\sin\theta > 0$, $\cos\theta < 0$ 또는 $\sin\theta < 0$, $\cos\theta > 0$

이므로 각 θ는 제2사분면 또는 제4사분면의 각이다.

또한, $\cos\theta\tan\theta < 0$에서

$\cos\theta > 0$, $\tan\theta < 0$ 또는 $\cos\theta < 0$, $\tan\theta > 0$

이므로 각 θ는 제4사분면 또는 제3사분면의 각이다.

따라서 각 θ는 제4사분면의 각이므로 θ의 값이 될 수 있는 것은 ⑤이다.

07

$\dfrac{\sin\theta}{1 - \cos\theta} + \dfrac{1 - \cos\theta}{\sin\theta} = \dfrac{\sin^2\theta + (1 - \cos\theta)^2}{\sin\theta(1 - \cos\theta)}$

$\qquad = \dfrac{\sin^2\theta + 1 - 2\cos\theta + \cos^2\theta}{\sin\theta(1 - \cos\theta)}$

$\qquad = \dfrac{2(1 - \cos\theta)}{\sin\theta(1 - \cos\theta)}$

$\qquad = \dfrac{2}{\sin\theta}$

즉, $\dfrac{2}{\sin\theta} = 3$에서 $\sin\theta = \dfrac{2}{3}$이므로

$\cos^2\theta = 1 - \sin^2\theta = 1 - \left(\dfrac{2}{3}\right)^2 = \dfrac{5}{9}$

이때 $\dfrac{\pi}{2} < \theta < \pi$이므로 $\cos\theta < 0$

$\therefore \cos\theta = -\dfrac{\sqrt{5}}{3}$

08

이차방정식 $2x^2 - \sqrt{2}x + k = 0$의 근과 계수의 관계에 의하여

$\sin\theta + \cos\theta = \dfrac{\sqrt{2}}{2}$, $\sin\theta\cos\theta = \dfrac{k}{2}$ $\qquad \cdots\cdots$ ㉠

$\sin\theta + \cos\theta = \dfrac{\sqrt{2}}{2}$의 양변을 제곱하면

$\sin^2\theta + 2\sin\theta\cos\theta + \cos^2\theta = \dfrac{1}{2}$

$1 + 2\sin\theta\cos\theta = \dfrac{1}{2}$

$\therefore \sin\theta\cos\theta = -\dfrac{1}{4}$ $\qquad \cdots\cdots$ ㉡

㉠, ㉡에서 $\dfrac{k}{2} = -\dfrac{1}{4}$

$\therefore k = -\dfrac{1}{2}$

09

오른쪽 그림과 같이 반원의 중심을 O라 하고 $\overline{\mathrm{OC}}$를 그은 후 $\angle\mathrm{BOC} = \theta$라 하자.

호 BC의 길이가 4π이므로

$6\theta = 4\pi$ $\quad \therefore \theta = \dfrac{2}{3}\pi$

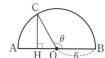

이때 $\angle\mathrm{COH} = \pi - \dfrac{2}{3}\pi = \dfrac{\pi}{3}$이므로

$\overline{\mathrm{CH}} = \overline{\mathrm{OC}}\sin\dfrac{\pi}{3} = 6 \times \dfrac{\sqrt{3}}{2} = 3\sqrt{3}$

$\therefore \overline{\mathrm{CH}}^2 = (3\sqrt{3})^2 = 27$

10

$\sin\theta+\cos\theta=\dfrac{1}{2}$의 양변을 제곱하면

$$\sin^2\theta+2\sin\theta\cos\theta+\cos^2\theta=\dfrac{1}{4}$$

$$1+2\sin\theta\cos\theta=\dfrac{1}{4}$$

$$\therefore \sin\theta\cos\theta=-\dfrac{3}{8}$$

$$\therefore \dfrac{1+\tan\theta}{\sin\theta}=\dfrac{1+\dfrac{\sin\theta}{\cos\theta}}{\sin\theta}=\dfrac{\dfrac{\cos\theta+\sin\theta}{\cos\theta}}{\sin\theta}$$

$$=\dfrac{\sin\theta+\cos\theta}{\sin\theta\cos\theta}=\dfrac{\dfrac{1}{2}}{-\dfrac{3}{8}}=-\dfrac{4}{3}$$

개념으로 단원 마무리 ○ 본문 062쪽

1 답 (1) 일반각 (2) 라디안, 호도법, $\dfrac{\pi}{180}$ (3) $r\theta$, $\dfrac{1}{2}rl$

(4) $\dfrac{y}{r}$, $\dfrac{x}{r}$, 탄젠트함수 (5) $\sin\theta$, 1

2 답 (1) ✕ (2) ○ (3) ○ (4) ✕ (5) ○

(1) 각 θ를 나타내는 동경이 제2사분면에 있으면
$360°\times n+90°<\theta<360°\times n+180°$이다.

(4) 오른쪽 그림에서

$\overline{\mathrm{OP}}=\sqrt{1^2+(-\sqrt{3})^2}=2$이므로

$\sin\theta=-\dfrac{\sqrt{3}}{2}$, $\cos\theta=\dfrac{1}{2}$

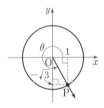

---

06 삼각함수의 그래프

교과서 개념 확인하기 ──────○ 본문 065쪽

1 답 ㄱ, ㄹ

ㄴ. 치역은 $\{y\,|-1\le y\le 1\}$이다.

ㄷ. 주기가 2π인 주기함수이다.

따라서 옳은 것은 ㄱ, ㄹ이다.

2 답 해설 참조

(1) 함수 $y=3\sin x$의 그래프는 함수 $y=\sin x$의 그래프를 y축
의 방향으로 3배한 것과 같다.

따라서 그래프는 다음 그림과 같고, 최댓값은 3, 최솟값은
-3, 주기는 2π이다.

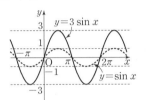

(2) 함수 $y=\cos 2x$의 그래프는 함수 $y=\cos x$의 그래프를 x축
의 방향으로 $\dfrac{1}{2}$배한 것과 같다.

따라서 그래프는 다음 그림과 같고, 최댓값은 1, 최솟값은
-1, 주기는 $\dfrac{2\pi}{2}=\pi$이다.

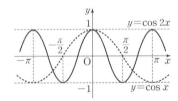

(3) 함수 $y=\tan\dfrac{x}{3}$의 그래프는 함수 $y=\tan x$의 그래프를 x축
의 방향으로 3배한 것과 같다.

따라서 그래프는 다음 그림과 같고, 최댓값, 최솟값은 없으
며 주기는 $\dfrac{\pi}{\frac{1}{3}}=3\pi$이다.

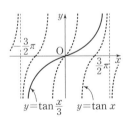

3 답 (1) $\dfrac{\sqrt{3}}{2}$ (2) $\dfrac{\sqrt{2}}{2}$ (3) $-\dfrac{\sqrt{3}}{3}$

(1) $\sin\dfrac{7}{3}\pi=\sin\left(2\pi+\dfrac{\pi}{3}\right)=\sin\dfrac{\pi}{3}=\dfrac{\sqrt{3}}{2}$

(2) $\cos\left(-\dfrac{\pi}{4}\right)=\cos\dfrac{\pi}{4}=\dfrac{\sqrt{2}}{2}$

(3) $\tan\dfrac{5}{6}\pi=\tan\left(\pi-\dfrac{\pi}{6}\right)=-\tan\dfrac{\pi}{6}=-\dfrac{\sqrt{3}}{3}$

4 답 (1) $x=\dfrac{\pi}{6}$ 또는 $x=\dfrac{5}{6}\pi$　(2) $x=\dfrac{3}{4}\pi$ 또는 $x=\dfrac{5}{4}\pi$

　　(3) $x=\dfrac{\pi}{3}$ 또는 $x=\dfrac{4}{3}\pi$

(1) 오른쪽 그림과 같이 $0\le x<2\pi$에서 함수 $y=\sin x$의 그래프와 직선 $y=\dfrac{1}{2}$의 교점의 x좌표가 $\dfrac{\pi}{6}$, $\dfrac{5}{6}\pi$이므로

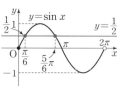

$x=\dfrac{\pi}{6}$ 또는 $x=\dfrac{5}{6}\pi$

(2) 오른쪽 그림과 같이 $0\le x<2\pi$에서 함수 $y=\cos x$의 그래프와 직선 $y=-\dfrac{\sqrt{2}}{2}$의 교점의 x좌표가 $\dfrac{3}{4}\pi$, $\dfrac{5}{4}\pi$이므로

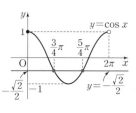

$x=\dfrac{3}{4}\pi$ 또는 $x=\dfrac{5}{4}\pi$

(3) 오른쪽 그림과 같이 $0\le x<2\pi$에서 함수 $y=\tan x$의 그래프와 직선 $y=\sqrt{3}$의 교점의 x좌표가 $\dfrac{\pi}{3}$, $\dfrac{4}{3}\pi$이므로

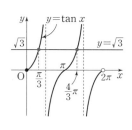

$x=\dfrac{\pi}{3}$ 또는 $x=\dfrac{4}{3}\pi$

5 답 (1) $\dfrac{4}{3}\pi<x<\dfrac{5}{3}\pi$

　　(2) $0\le x\le\dfrac{\pi}{3}$ 또는 $\dfrac{5}{3}\pi\le x<2\pi$

　　(3) $\dfrac{\pi}{4}<x<\dfrac{\pi}{2}$ 또는 $\dfrac{5}{4}\pi<x<\dfrac{3}{2}\pi$

(1) 부등식 $\sin x<-\dfrac{\sqrt{3}}{2}$의 해는 $0\le x<2\pi$에서 함수 $y=\sin x$의 그래프가 직선 $y=-\dfrac{\sqrt{3}}{2}$보다 아래쪽에 있는 부분의 x의 값의 범위이므로 위의 그림에서

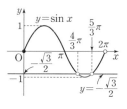

$\dfrac{4}{3}\pi<x<\dfrac{5}{3}\pi$

(2) 부등식 $\cos x\ge\dfrac{1}{2}$의 해는 $0\le x<2\pi$에서 함수 $y=\cos x$의 그래프가 직선 $y=\dfrac{1}{2}$과 만나는 부분 또는 위쪽에 있는 부분의 x의 값의 범위이므로 위의 그림에서

$0\le x\le\dfrac{\pi}{3}$ 또는 $\dfrac{5}{3}\pi\le x<2\pi$

(3) 부등식 $\tan x>1$의 해는 $0\le x<2\pi$에서 함수 $y=\tan x$의 그래프가 직선 $y=1$보다 위쪽에 있는 부분의 x의 값의 범위이므로 오른쪽 그림에서

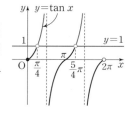

$\dfrac{\pi}{4}<x<\dfrac{\pi}{2}$ 또는 $\dfrac{5}{4}\pi<x<\dfrac{3}{2}\pi$

교과서 예제로 개념 익히기　　• 본문 066~071쪽

필수 예제 1 답 해설 참조

(1) 함수 $y=2\sin 4x$의 그래프는 함수 $y=\sin x$의 그래프를 x축의 방향으로 $\dfrac{1}{4}$배, y축의 방향으로 2배한 것과 같다.

따라서 그래프는 다음 그림과 같고, 최댓값은 2, 최솟값은 -2, 주기는 $\dfrac{2\pi}{4}=\dfrac{\pi}{2}$이다.

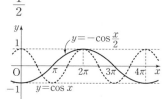

(2) 함수 $y=-\cos\dfrac{x}{2}$의 그래프는 함수 $y=\cos x$의 그래프를 x축에 대하여 대칭이동한 후 x축의 방향으로 2배한 것과 같다.

따라서 그래프는 다음 그림과 같고, 최댓값은 1, 최솟값은 -1, 주기는 $\dfrac{2\pi}{\frac{1}{2}}=4\pi$이다.

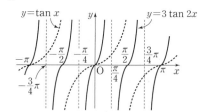

(3) 함수 $y=3\tan 2x$의 그래프는 함수 $y=\tan x$의 그래프를 x축의 방향으로 $\dfrac{1}{2}$배, y축의 방향으로 3배한 것과 같다.

따라서 그래프는 다음 그림과 같고, 최댓값, 최솟값은 없고, 주기는 $\dfrac{\pi}{2}$이다.

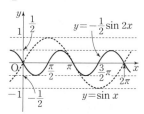

1-1 답 해설 참조

(1) 함수 $y=-\dfrac{1}{2}\sin 2x$의 그래프는 함수 $y=\sin x$의 그래프를 x축에 대하여 대칭이동한 후 x축의 방향으로 $\dfrac{1}{2}$배, y축의 방향으로 $\dfrac{1}{2}$배한 것과 같다.

따라서 그래프는 다음 그림과 같고, 최댓값은 $\dfrac{1}{2}$, 최솟값은 $-\dfrac{1}{2}$, 주기는 $\dfrac{2\pi}{2}=\pi$이다.

(2) 함수 $y=2\cos 4x$의 그래프는 함수 $y=\cos x$의 그래프를 x축의 방향으로 $\frac{1}{4}$배, y축의 방향으로 2배한 것과 같다.

따라서 그래프는 다음 그림과 같고, 최댓값은 2, 최솟값은 -2, 주기는 $\frac{2\pi}{4}=\frac{\pi}{2}$이다.

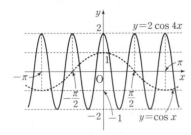

(3) 함수 $y=-\tan\dfrac{3}{2}x$의 그래프는 함수 $y=\tan x$의 그래프를 x축에 대하여 대칭이동한 후 x축의 방향으로 $\frac{2}{3}$배한 것과 같다.

따라서 그래프는 다음 그림과 같고, 최댓값, 최솟값은 없으며 주기는 $\dfrac{\pi}{\frac{3}{2}}=\dfrac{2}{3}\pi$이다.

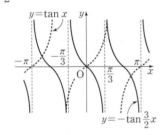

1-2 답 $\dfrac{17}{9}$

함수 $y=\dfrac{1}{3}\cos\pi x$의 그래프는 함수 $y=\cos x$의 그래프를 x축의 방향으로 $\frac{1}{\pi}$배, y축의 방향으로 $\frac{1}{3}$배한 것과 같다.

따라서 최댓값은 $\frac{1}{3}$, 최솟값은 $-\frac{1}{3}$, 주기는 $\frac{2\pi}{\pi}=2$이므로

$M=\dfrac{1}{3}$, $m=-\dfrac{1}{3}$, $p=2$

$\therefore Mm+p=\dfrac{1}{3}\times\left(-\dfrac{1}{3}\right)+2=\dfrac{17}{9}$

1-3 답 ㄱ, ㄷ

함수 $y=2\tan\dfrac{x}{4}$의 그래프는 함수 $y=\tan x$의 그래프를 x축의 방향으로 4배, y축의 방향으로 2배한 것과 같다.

ㄱ. 주기는 $\dfrac{\pi}{\frac{1}{4}}=4\pi$이다. (참)

ㄴ. 최댓값은 없다. (거짓)

ㄷ. $x=0$을 대입하면

$\quad y=2\tan 0=0$

즉, 그래프는 원점을 지난다. (참)

ㄹ. 그래프의 점근선의 방정식은 $\dfrac{x}{4}=n\pi+\dfrac{\pi}{2}$ (n은 정수)에서

$\quad x=4n\pi+2\pi$ (n은 정수)이다. (거짓)

따라서 옳은 것은 ㄱ, ㄷ이다.

필수 예제 2 답 해설 참조

(1) 함수 $y=\sin\left(x+\dfrac{\pi}{2}\right)$의 그래프는 함수 $y=\sin x$의 그래프를 x축의 방향으로 $-\dfrac{\pi}{2}$만큼 평행이동한 것과 같다.

따라서 그래프는 다음 그림과 같고, 최댓값은 1, 최솟값은 -1, 주기는 2π이다.

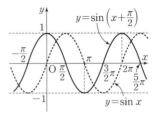

(2) 함수 $y=3\cos x-1$의 그래프는 함수 $y=\cos x$의 그래프를 y축의 방향으로 3배한 후 y축의 방향으로 -1만큼 평행이동한 것과 같다.

따라서 그래프는 다음 그림과 같고, 최댓값은 2, 최솟값은 -4, 주기는 2π이다.

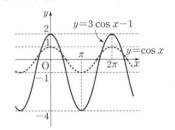

(3) 함수 $y=\tan(2x-\pi)=\tan 2\left(x-\dfrac{\pi}{2}\right)$의 그래프는 함수 $y=\tan x$의 그래프를 x축의 방향으로 $\frac{1}{2}$배한 후 x축의 방향으로 $\frac{\pi}{2}$만큼 평행이동한 것과 같다.

따라서 그래프는 다음 그림과 같고, 최댓값, 최솟값은 없으며 주기는 $\dfrac{\pi}{2}$이다.

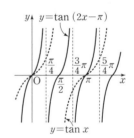

2-1 답 해설 참조

(1) 함수 $y=2\sin(x-\pi)$의 그래프는 함수 $y=\sin x$의 그래프를 y축의 방향으로 2배한 후 x축의 방향으로 π만큼 평행이동한 것과 같다.

따라서 그래프는 다음 그림과 같고, 최댓값은 2, 최솟값은 -2, 주기는 2π이다.

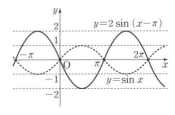

(2) 함수 $y=\cos\left(\dfrac{x}{2}-\dfrac{\pi}{4}\right)=\cos\dfrac{1}{2}\left(x-\dfrac{\pi}{2}\right)$의 그래프는 함수

$y=\cos x$의 그래프를 x축의 방향으로 2배한 후 x축의 방향

으로 $\dfrac{\pi}{2}$만큼 평행이동한 것과 같다.

따라서 그래프는 다음 그림과 같고, 최댓값은 1, 최솟값은

-1, 주기는 $\dfrac{2\pi}{\frac{1}{2}}=4\pi$이다.

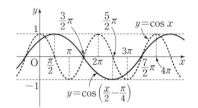

(3) 함수 $y=\tan\left(x+\dfrac{\pi}{4}\right)+1$의 그래프는 함수 $y=\tan x$의 그

래프를 x축의 방향으로 $-\dfrac{\pi}{4}$만큼, y축의 방향으로 1만큼 평

행이동한 것과 같다.

따라서 그래프는 다음 그림과 같고, 최댓값, 최솟값은 없으

며 주기는 π이다.

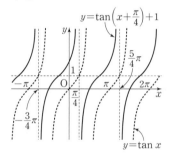

2-2 답 5

함수 $y=3\sin\left(2\pi x+\dfrac{\pi}{2}\right)+2=3\sin 2\pi\left(x+\dfrac{1}{4}\right)+2$의 그래프

는 함수 $y=\sin x$의 그래프를 x축의 방향으로 $\dfrac{1}{2\pi}$배, y축의 방

향으로 3배한 후 x축의 방향으로 $-\dfrac{1}{4}$만큼, y축의 방향으로 2만

큼 평행이동한 것과 같다.

따라서 최댓값은 $3+2=5$, 최솟값은 $-3+2=-1$, 주기는

$\dfrac{2\pi}{2\pi}=1$이므로

$M=5$, $m=-1$, $p=1$

$\therefore M+m+p=5+(-1)+1=5$

2-3 답 ㄱ, ㄹ

함수 $y=\dfrac{1}{2}\cos\left(4x-\dfrac{\pi}{2}\right)$의 주기는 $\dfrac{2\pi}{4}=\dfrac{\pi}{2}$

또한, 각 함수의 주기는 다음과 같다.

ㄱ. $\dfrac{2\pi}{4}=\dfrac{\pi}{2}$ ㄴ. $\dfrac{2\pi}{2}=\pi$

ㄷ. $\dfrac{\pi}{4}$ ㄹ. $\dfrac{\pi}{2}$

따라서 함수 $y=\dfrac{1}{2}\cos\left(4x-\dfrac{\pi}{2}\right)$와 주기가 같은 함수는 ㄱ, ㄹ

이다.

필수 예제 3 답 6

함수 $f(x)=a\sin bx+c$의 최댓값이 4이고 $a>0$이므로

$a+c=4$ ······ ㉠

주기가 π이고 $b>0$이므로 $\dfrac{2\pi}{b}=\pi$

$\therefore b=2$

또한, $f\left(\dfrac{\pi}{12}\right)=1$이므로 $a\sin\dfrac{\pi}{6}+c=1$

$\therefore \dfrac{1}{2}a+c=1$ ······ ㉡

㉠, ㉡을 연립하여 풀면 $a=6$, $c=-2$

$\therefore a-b-c=6-2-(-2)=6$

3-1 답 11

함수 $f(x)=a\cos bx+c$의 최솟값이 -3이고 $a>0$이므로

$-a+c=-3$ ······ ㉠

주기가 $\dfrac{\pi}{3}$이고 $b>0$이므로 $\dfrac{2\pi}{b}=\dfrac{\pi}{3}$

$\therefore b=6$

또한, $f\left(\dfrac{\pi}{3}\right)=5$이므로 $a\cos 2\pi+c=5$

$\therefore a+c=5$ ······ ㉡

㉠, ㉡을 연립하여 풀면 $a=4$, $c=1$

$\therefore a+b+c=4+6+1=11$

3-2 답 π

함수 $y=\tan(ax+b)+3$의 주기가 2π이고 $a>0$이므로

$\dfrac{\pi}{a}=2\pi$ $\therefore a=\dfrac{1}{2}$

즉, 함수 $y=\tan\left(\dfrac{1}{2}x+b\right)+3$의 그래프의 점근선의 방정식은

$\dfrac{1}{2}x+b=n\pi+\dfrac{\pi}{2}$에서 $\dfrac{1}{2}x=n\pi+\dfrac{\pi}{2}-b$

$\therefore x=2n\pi+\pi-2b$ (n은 정수)

이 방정식이 $x=2n\pi$와 일치하므로

$\pi-2b=2k\pi$ (k는 정수)

이때 $0<b<\pi$에서 $-\pi<\pi-2b<\pi$이므로

$\pi-2b=0$ $\therefore b=\dfrac{\pi}{2}$

$\therefore \dfrac{b}{a}=\dfrac{\frac{\pi}{2}}{\frac{1}{2}}=\pi$

3-3 답 6

함수 $y=a\cos bx$의 최댓값이 3, 최솟값이 -3이고 $a>0$이므로

$a=3$

또한, 주기가 $\dfrac{2}{3}\pi$이고 $b>0$이므로 $\dfrac{2\pi}{b}=\dfrac{2}{3}\pi$

$\therefore b=3$

$\therefore a+b=3+3=6$

필수 예제 4 답 (1) $-\sqrt{3}$ (2) $-\dfrac{1}{2}$

(1) $\sin\dfrac{4}{3}\pi=\sin\left(\pi+\dfrac{\pi}{3}\right)=-\sin\dfrac{\pi}{3}=-\dfrac{\sqrt{3}}{2}$

$\cos\dfrac{13}{6}\pi=\cos\left(2\pi+\dfrac{\pi}{6}\right)=\cos\dfrac{\pi}{6}=\dfrac{\sqrt{3}}{2}$

$$\therefore \text{(수어진 식)} = -\frac{\sqrt{3}}{2} - \frac{\sqrt{3}}{2} = -\sqrt{3}$$

(2) $\sin(-60°) = -\sin 60° = -\frac{\sqrt{3}}{2}$

$\tan 750° = \tan(360° \times 2 + 30°) = \tan 30° = \frac{\sqrt{3}}{3}$

$$\therefore \text{(주어진 식)} = -\frac{\sqrt{3}}{2} \times \frac{\sqrt{3}}{3} = -\frac{1}{2}$$

4-1 답 (1) $-\frac{1}{2}$ (2) $\frac{1}{2}$

(1) $\cos\left(-\frac{13}{3}\pi\right) = \cos\frac{13}{3}\pi = \cos\left(4\pi + \frac{\pi}{3}\right) = \cos\frac{\pi}{3} = \frac{1}{2}$

$\tan\frac{3}{4}\pi = \tan\left(\pi - \frac{\pi}{4}\right) = -\tan\frac{\pi}{4} = -1$

$$\therefore \text{(주어진 식)} = \frac{1}{2} + (-1) = -\frac{1}{2}$$

(2) $\sin 135° = \sin(90° + 45°) = \cos 45° = \frac{\sqrt{2}}{2}$

$\cos(-1125°) = \cos 1125° = \cos(360° \times 3 + 45°)$

$$= \cos 45° = \frac{\sqrt{2}}{2}$$

$$\therefore \text{(주어진 식)} = \frac{\sqrt{2}}{2} \times \frac{\sqrt{2}}{2} = \frac{1}{2}$$

4-2 답 (1) 1 (2) 0

(1) $\sin(\pi - \theta) = \sin\theta$, $\sin\left(\frac{3}{2}\pi + \theta\right) = -\cos\theta$이므로

$\sin^2(\pi - \theta) + \sin^2\left(\frac{3}{2}\pi + \theta\right) = \sin^2\theta + (-\cos\theta)^2$

$$= \sin^2\theta + \cos^2\theta = 1$$

(2) $\sin(2\pi - \theta) = -\sin\theta$, $\cos\left(\frac{\pi}{2} - \theta\right) = \sin\theta$이므로

$\sin^2(2\pi - \theta) - \cos^2\left(\frac{\pi}{2} - \theta\right) = (-\sin\theta)^2 - \sin^2\theta$

$$= \sin^2\theta - \sin^2\theta = 0$$

4-3 답 1

$\tan(90° - x) = \frac{1}{\tan x}$이므로

$\tan 89° = \tan(90° - 1°) = \frac{1}{\tan 1°}$

$\tan 88° = \tan(90° - 2°) = \frac{1}{\tan 2°}$

$\tan 87° = \tan(90° - 3°) = \frac{1}{\tan 3°}$

$$\vdots$$

$\tan 46° = \tan(90° - 44°) = \frac{1}{\tan 44°}$

$\therefore \tan 1° \times \tan 2° \times \cdots \times \tan 88° \times \tan 89°$

$= \tan 1° \times \tan 2° \times \tan 3° \times \cdots \times \tan 44° \times \tan 45°$

$\times \frac{1}{\tan 44°} \times \cdots \times \frac{1}{\tan 3°} \times \frac{1}{\tan 2°} \times \frac{1}{\tan 1°}$

$= \left(\tan 1° \times \frac{1}{\tan 1°}\right) \times \left(\tan 2° \times \frac{1}{\tan 2°}\right)$

$\times \left(\tan 3° \times \frac{1}{\tan 3°}\right) \times \cdots \times \left(\tan 44° \times \frac{1}{\tan 44°}\right)$

$\times \tan 45°$

$= \tan 45° = 1$

필수 예제 5 답 (1) $x = \frac{5}{4}\pi$ 또는 $x = \frac{7}{4}\pi$ (2) $x = \frac{\pi}{3}$ 또는 $x = \frac{5}{3}\pi$

(1) $2\sin x = -\sqrt{2}$에서 $\sin x = -\frac{\sqrt{2}}{2}$

오른쪽 그림과 같이 $0 \le x < 2\pi$
에서 함수 $y = \sin x$의 그래프와
직선 $y = -\frac{\sqrt{2}}{2}$의 교점의 x좌
표가 $\frac{5}{4}\pi$, $\frac{7}{4}\pi$이므로

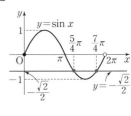

$x = \frac{5}{4}\pi$ 또는 $x = \frac{7}{4}\pi$

(2) $2\cos x - 1 = 0$에서 $\cos x = \frac{1}{2}$

오른쪽 그림과 같이 $0 \le x < 2\pi$
에서 함수 $y = \cos x$의 그래프
와 직선 $y = \frac{1}{2}$의 교점의 x좌표
가 $\frac{\pi}{3}$, $\frac{5}{3}\pi$이므로

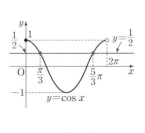

$x = \frac{\pi}{3}$ 또는 $x = \frac{5}{3}\pi$

5-1 답 (1) $x = \frac{5}{6}\pi$ 또는 $x = \frac{7}{6}\pi$ (2) $x = \frac{\pi}{6}$ 또는 $x = \frac{7}{6}\pi$

(1) $2\cos x = -\sqrt{3}$에서 $\cos x = -\frac{\sqrt{3}}{2}$

오른쪽 그림과 같이 $0 \le x < 2\pi$에
서 함수 $y = \cos x$의 그래프와 직선
$y = -\frac{\sqrt{3}}{2}$의 교점의 x좌표가 $\frac{5}{6}\pi$,
$\frac{7}{6}\pi$이므로

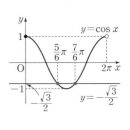

$x = \frac{5}{6}\pi$ 또는 $x = \frac{7}{6}\pi$

(2) $3\tan x - \sqrt{3} = 0$에서 $\tan x = \frac{\sqrt{3}}{3}$

오른쪽 그림과 같이 $0 \le x < 2\pi$
에서 함수 $y = \tan x$의 그래프와
직선 $y = \frac{\sqrt{3}}{3}$의 교점의 x좌표가

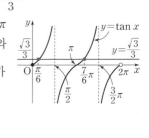

$\frac{\pi}{6}$, $\frac{7}{6}\pi$이므로

$x = \frac{\pi}{6}$ 또는 $x = \frac{7}{6}\pi$

5-2 답 (1) $x = \pi$ 또는 $x = \frac{5}{3}\pi$ (2) $x = \frac{4}{3}\pi$

(1) $x + \frac{\pi}{6} = \theta$라 하면

$0 \le x < 2\pi$에서 $\frac{\pi}{6} \le \theta < \frac{13}{6}\pi$이고, 주어진 방정식은

$2\sin\theta = -1$, 즉 $\sin\theta = -\frac{1}{2}$

오른쪽 그림과 같이
$\frac{\pi}{6} \le \theta < \frac{13}{6}\pi$에서 함수
$y = \sin\theta$의 그래프와 직선
$y = -\frac{1}{2}$의 교점의 θ좌표가

$\frac{7}{6}\pi$, $\frac{11}{6}\pi$이므로

$\theta=\dfrac{7}{6}\pi$ 또는 $\theta=\dfrac{11}{6}\pi$

따라서 $x+\dfrac{\pi}{6}=\dfrac{7}{6}\pi$ 또는 $x+\dfrac{\pi}{6}=\dfrac{11}{6}\pi$이므로

$x=\pi$ 또는 $x=\dfrac{5}{3}\pi$

(2) $\dfrac{x}{2}=\theta$라 하면

$0\leq x<2\pi$에서 $0\leq\theta<\pi$이고, 주어진 방정식은

$\tan\theta+\sqrt{3}=0$, 즉 $\tan\theta=-\sqrt{3}$

오른쪽 그림과 같이 $0\leq\theta<\pi$에서 함
수 $y=\tan\theta$의 그래프와 직선
$y=-\sqrt{3}$의 교점의 θ좌표가 $\dfrac{2}{3}\pi$이므로

$\theta=\dfrac{2}{3}\pi$

따라서 $\dfrac{x}{2}=\dfrac{2}{3}\pi$이므로

$x=\dfrac{4}{3}\pi$

5-3 답 (1) $x=\dfrac{2}{3}\pi$ 또는 $x=\dfrac{4}{3}\pi$

  (2) $x=\dfrac{\pi}{6}$ 또는 $x=\dfrac{5}{6}\pi$ 또는 $x=\dfrac{3}{2}\pi$

(1) $2\sin^2 x+3\cos x=0$에서

$2(1-\cos^2 x)+3\cos x=0$

$2\cos^2 x-3\cos x-2=0$

$(2\cos x+1)(\cos x-2)=0$

$\therefore \cos x=-\dfrac{1}{2}\ (\because -1\leq\cos x\leq 1)$

오른쪽 그림과 같이 $0\leq x<2\pi$
에서 함수 $y=\cos x$의 그래프와
직선 $y=-\dfrac{1}{2}$의 교점의 x좌표가

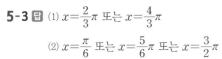

$\dfrac{2}{3}\pi$, $\dfrac{4}{3}\pi$이므로

$x=\dfrac{2}{3}\pi$ 또는 $x=\dfrac{4}{3}\pi$

(2) $2\cos^2 x-\sin x-1=0$에서

$2(1-\sin^2 x)-\sin x-1=0$

$2\sin^2 x+\sin x-1=0$

$(\sin x+1)(2\sin x-1)=0$

$\therefore \sin x=-1$ 또는 $\sin x=\dfrac{1}{2}$

(i) $\sin x=-1$일 때

오른쪽 그림과 같이
$0\leq x<2\pi$에서 함수
$y=\sin x$의 그래프와 직선
$y=-1$의 교점의 x좌표가

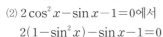

$\dfrac{3}{2}\pi$이므로

$x=\dfrac{3}{2}\pi$

(ii) $\sin x=\dfrac{1}{2}$일 때

위의 그림과 같이 $0\leq x<2\pi$에서 함수 $y=\sin x$의 그래
프와 직선 $y=\dfrac{1}{2}$의 교점의 x좌표가 $\dfrac{\pi}{6}$, $\dfrac{5}{6}\pi$이므로

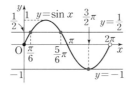

$x=\dfrac{\pi}{6}$ 또는 $x=\dfrac{5}{6}\pi$

(i), (ii)에서 주어진 방정식의 해는

$x=\dfrac{\pi}{6}$ 또는 $x=\dfrac{5}{6}\pi$ 또는 $x=\dfrac{3}{2}\pi$

필수 예제 6 답 (1) $\dfrac{\pi}{6}\leq x\leq\dfrac{5}{6}\pi$

  (2) $\dfrac{3}{4}\pi<x<\dfrac{5}{4}\pi$

(1) $2\sin x\geq 1$에서 $\sin x\geq\dfrac{1}{2}$

부등식 $\sin x\geq\dfrac{1}{2}$의 해는

$0\leq x<2\pi$에서 함수 $y=\sin x$의
그래프가 직선 $y=\dfrac{1}{2}$과 만나는
부분 또는 위쪽에 있는 부분의 x의
값의 범위이므로 위의 그림에서

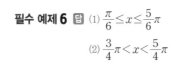

$\dfrac{\pi}{6}\leq x\leq\dfrac{5}{6}\pi$

(2) $2\cos x+\sqrt{2}<0$에서 $\cos x<-\dfrac{\sqrt{2}}{2}$

부등식 $\cos x<-\dfrac{\sqrt{2}}{2}$의 해는

$0\leq x<2\pi$에서 함수 $y=\cos x$의
그래프가 직선 $y=-\dfrac{\sqrt{2}}{2}$보다 아
래쪽에 있는 부분의 x의 값의 범
위이므로 위의 그림에서

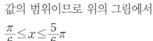
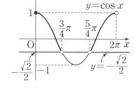

$\dfrac{3}{4}\pi<x<\dfrac{5}{4}\pi$

6-1 답 (1) $0\leq x<\dfrac{5}{4}\pi$ 또는 $\dfrac{7}{4}\pi<x<2\pi$

  (2) $0\leq x\leq\dfrac{\pi}{6}$ 또는 $\dfrac{\pi}{2}<x\leq\dfrac{7}{6}\pi$ 또는 $\dfrac{3}{2}\pi<x<2\pi$

(1) $2\sin x>-\sqrt{2}$에서 $\sin x>-\dfrac{\sqrt{2}}{2}$

부등식 $\sin x>-\dfrac{\sqrt{2}}{2}$의 해는

$0\leq x<2\pi$에서 함수 $y=\sin x$
의 그래프가 직선 $y=-\dfrac{\sqrt{2}}{2}$보
다 위쪽에 있는 부분의 x의 값
의 범위이므로 위의 그림에서

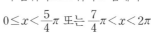

$0\leq x<\dfrac{5}{4}\pi$ 또는 $\dfrac{7}{4}\pi<x<2\pi$

(2) $\sqrt{3}\tan x-1\leq 0$에서 $\tan x\leq\dfrac{\sqrt{3}}{3}$

부등식 $\tan x\leq\dfrac{\sqrt{3}}{3}$의 해는

$0\leq x<2\pi$에서 함수 $y=\tan x$의
그래프가 직선 $y=\dfrac{\sqrt{3}}{3}$과 만나는
부분 또는 아래쪽에 있는 부분의
x의 값의 범위이므로 위의 그림에서

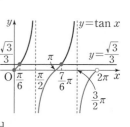

$0\leq x\leq\dfrac{\pi}{6}$ 또는 $\dfrac{\pi}{2}<x\leq\dfrac{7}{6}\pi$ 또는 $\dfrac{3}{2}\pi<x<2\pi$

6-2 답 (1) $\dfrac{\pi}{3}<x<\pi$ (2) $\dfrac{4}{3}\pi\leq x<2\pi$

(1) $x+\dfrac{\pi}{3}=\theta$라 하면

$0\leq x<2\pi$에서 $\dfrac{\pi}{3}\leq\theta<\dfrac{7}{3}\pi$이고, 주어진 부등식은

$\cos\theta<-\dfrac{1}{2}$

부등식 $\cos\theta<-\dfrac{1}{2}$의 해는 $\dfrac{\pi}{3}\leq\theta<\dfrac{7}{3}\pi$에서 함수

$y=\cos\theta$의 그래프가 직선

$y=-\dfrac{1}{2}$보다 아래쪽에 있는

부분의 θ의 값의 범위이므로

오른쪽 그림에서

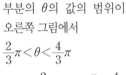

$\dfrac{2}{3}\pi<\theta<\dfrac{4}{3}\pi$

따라서 $\dfrac{2}{3}\pi<x+\dfrac{\pi}{3}<\dfrac{4}{3}\pi$이므로

$\dfrac{\pi}{3}<x<\pi$

(2) $\dfrac{x}{4}=\theta$라 하면

$0\leq x<2\pi$에서 $0\leq\theta<\dfrac{\pi}{2}$이고, 주어진 부등식은

$\tan\theta-\sqrt{3}\geq 0$, 즉 $\tan\theta\geq\sqrt{3}$

부등식 $\tan\theta\geq\sqrt{3}$의 해는 $0\leq\theta<\dfrac{\pi}{2}$에서 함수 $y=\tan\theta$의

그래프가 직선 $y=\sqrt{3}$과 만나는 부분 또는 위쪽에 있는 부분의 θ의 값의 범위이므로 오른쪽 그림에서

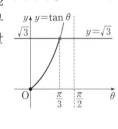

$\dfrac{\pi}{3}\leq\theta<\dfrac{\pi}{2}$

따라서 $\dfrac{\pi}{3}\leq\dfrac{x}{4}<\dfrac{\pi}{2}$이므로

$\dfrac{4}{3}\pi\leq x<2\pi$

6-3 답 (1) $\dfrac{\pi}{3}<x<\dfrac{5}{3}\pi$ (2) $0\leq x\leq\dfrac{7}{6}\pi$ 또는 $\dfrac{11}{6}\pi\leq x<2\pi$

(1) $2\sin^2 x+5\cos x-4<0$에서

$2(1-\cos^2 x)+5\cos x-4<0$

$2\cos^2 x-5\cos x+2>0$

$(2\cos x-1)(\cos x-2)>0$

$0\leq x<2\pi$에서 $\cos x-2<0$이므로

$2\cos x-1<0$ $\therefore \cos x<\dfrac{1}{2}$

부등식 $\cos x<\dfrac{1}{2}$의 해는 $0\leq x<2\pi$에서 함수 $y=\cos x$의

그래프가 직선 $y=\dfrac{1}{2}$보다 아래쪽에 있는 부분의 x의 값의 범위이므로 오른쪽 그림에서

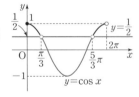

$\dfrac{\pi}{3}<x<\dfrac{5}{3}\pi$

(2) $2\cos^2 x+\sin x-1\geq 0$에서

$2(1-\sin^2 x)+\sin x-1\geq 0$

$2\sin^2 x-\sin x-1\leq 0$

$(2\sin x+1)(\sin x-1)\leq 0$

$\therefore -\dfrac{1}{2}\leq\sin x\leq 1$

부등식 $-\dfrac{1}{2}\leq\sin x\leq 1$의 해는

$0\leq x<2\pi$에서 함수

$y=\sin x$의 그래프가 직선

$y=-\dfrac{1}{2}$과 만나는 부분 또는

위쪽에 있는 부분의 x의 값의 범위이므로 위의 그림에서

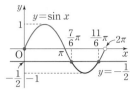

$0\leq x\leq\dfrac{7}{6}\pi$ 또는 $\dfrac{11}{6}\pi\leq x<2\pi$

실전 문제로 **단원 마무리** • 본문 072~073쪽

01 ⑤	**02** 16	**03** ㄱ, ㄴ	**04** 2π
05 1.4819	**06** $\dfrac{91}{2}$	**07** π	**08** $-\dfrac{\sqrt{3}}{2}$
09 9	**10** ④		

01

③ 함수 $y=\cos x$의 그래프는 y축에 대하여 대칭이므로

$\cos(-x)=\cos x$

④ 함수 $y=\cos x$의 주기가 2π이므로

$\cos(x+2\pi)=\cos x$

⑤ $0<x<\dfrac{\pi}{2}$에서 x의 값이 증가하면 y의 값은 감소한다.

따라서 옳지 않은 것은 ⑤이다.

02

함수 $y=3\sin\dfrac{1}{4}x$의 그래프를 x축의 방향으로 $-\dfrac{\pi}{2}$만큼, y축의 방향으로 5만큼 평행이동한 그래프의 식은

$y=3\sin\dfrac{1}{4}\left(x+\dfrac{\pi}{2}\right)+5$

이 함수의 최댓값은 $3+5=8$, 최솟값은 $-3+5=2$이므로

$M=8$, $m=2$

$\therefore Mm=8\times 2=16$

03

ㄱ. 함수 $y=2\sin\left(\pi x-\dfrac{\pi}{2}\right)+3=2\sin\pi\left(x-\dfrac{1}{2}\right)+3$의 그래프는 함수 $y=2\sin\pi x+1$의 그래프를 x축의 방향으로 $\dfrac{1}{2}$만큼, y축의 방향으로 2만큼 평행이동한 것이다.

ㄴ. 함수 $y=\cos 3\pi(x-1)$의 그래프는 함수 $y=\cos 3\pi x-4$의 그래프를 x축의 방향으로 1만큼, y축의 방향으로 4만큼 평행이동한 것이다.

ㄷ. 함수 $y=\tan\dfrac{\pi}{2}x-1$의 그래프의 주기는 $\dfrac{\pi}{\frac{\pi}{2}}=2$이고, 함수

$y=\tan\dfrac{x}{2}+4$의 주기는 $\dfrac{\pi}{\frac{1}{2}}=2\pi$이므로 두 함수의 그래프는 평행이동에 의하여 겹쳐질 수 없다.

따라서 두 함수의 그래프가 평행이동에 의하여 겹쳐질 수 있는 것은 ㄱ, ㄴ이다.

04

함수 $y=a\sin(bx-c)$의 최댓값이 3, 최솟값이 -3이고
$a>0$이므로
$a=3$
또한, 주기가 $\dfrac{7}{6}\pi-\dfrac{\pi}{6}=\pi$이고 $b>0$이므로
$\dfrac{2\pi}{b}=\pi$ $\therefore b=2$
즉, 주어진 함수는 $y=3\sin(2x-c)$이고, 이 함수의 그래프가
점 $\left(\dfrac{\pi}{6},\ 0\right)$을 지나므로
$0=3\sin\left(\dfrac{\pi}{3}-c\right)$, $\sin\left(\dfrac{\pi}{3}-c\right)=0$
이때 $0<c<\pi$에서 $-\dfrac{2}{3}\pi<\dfrac{\pi}{3}-c<\dfrac{\pi}{3}$이므로
$\dfrac{\pi}{3}-c=0$ $\therefore c=\dfrac{\pi}{3}$
$\therefore abc=3\times2\times\dfrac{\pi}{3}=2\pi$

05

$\sin140°=\sin(90°\times1+50°)=\cos50°=0.6428$
$\tan220°=\tan(90°\times2+40°)=\tan40°=0.8391$
$\therefore \sin140°+\tan220°=0.6428+0.8391=1.4819$

06

$\sin(90°-x)=\cos x$이므로
$\sin89°=\sin(90°-1°)=\cos1°$
$\sin88°=\sin(90°-2°)=\cos2°$
$\sin87°=\sin(90°-3°)=\cos3°$
       $\vdots$
$\sin46°=\sin(90°-44°)=\cos44°$
$\therefore \sin^2 1°+\sin^2 2°+\cdots+\sin^2 90°$
   $=(\sin^2 1°+\sin^2 89°)+(\sin^2 2°+\sin^2 88°)+\cdots$
             $+(\sin^2 44°+\sin^2 46°)+\sin^2 45°+\sin^2 90°$
   $=(\sin^2 1°+\cos^2 1°)+(\sin^2 2°+\cos^2 2°)+\cdots$
             $+(\sin^2 44°+\cos^2 44°)+\dfrac{1}{2}+1$
   $=1\times44+\dfrac{3}{2}=\dfrac{91}{2}$

07

(i) $\cos x\ne0$일 때
$\sqrt{3}\sin x=\cos x$의 양변을 $\sqrt{3}\cos x$로 나누면
$\dfrac{\sin x}{\cos x}=\dfrac{1}{\sqrt{3}}$
$\therefore \tan x=\dfrac{\sqrt{3}}{3}$
즉, 오른쪽 그림과 같이
$0\le x<2\pi$에서 함수 $y=\tan x$의
그래프와 직선 $y=\dfrac{\sqrt{3}}{3}$의 교점의
x좌표가 $\dfrac{\pi}{6}$, $\dfrac{7}{6}\pi$이므로
$x=\dfrac{\pi}{6}$ 또는 $x=\dfrac{7}{6}\pi$

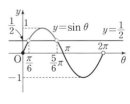

(ii) $\cos x=0$일 때
$x=\dfrac{\pi}{2}$ 또는 $x=\dfrac{3}{2}\pi$
이것은 모두 주어진 방정식을 만족시키지 않는다.
(i), (ii)에서 $\alpha=\dfrac{7}{6}\pi$, $\beta=\dfrac{\pi}{6}$ $(\because \alpha>\beta)$이므로
$\alpha-\beta=\dfrac{7}{6}\pi-\dfrac{\pi}{6}=\pi$

08

부등식 $\cos x>\dfrac{1}{2}$는 $0\le x<2\pi$에서
함수 $y=\cos x$의 그래프가 직선
$y=\dfrac{1}{2}$보다 위쪽에 있는 부분의 x의
값의 범위이므로 오른쪽 그림에서
$0\le x<\dfrac{\pi}{3}$ 또는 $\dfrac{5}{3}\pi<x<2\pi$

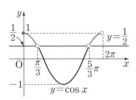

즉, $\alpha=\dfrac{\pi}{3}$, $\beta=\dfrac{5}{3}\pi$이므로
$\beta-\alpha=\dfrac{5}{3}\pi-\dfrac{\pi}{3}=\dfrac{4}{3}\pi$
$\therefore \sin(\beta-\alpha)=\sin\dfrac{4}{3}\pi=\sin\left(\pi+\dfrac{\pi}{3}\right)$
                 $=-\sin\dfrac{\pi}{3}=-\dfrac{\sqrt{3}}{2}$

09

함수 $y=4\sin\dfrac{\pi}{2}x$의 주기는 $\dfrac{2\pi}{\dfrac{\pi}{2}}=4$이고, 최댓값은 4, 최솟값
은 -4이다.
즉, $0\le x<2$에서 곡선 $y=4\sin\dfrac{\pi}{2}x$
는 오른쪽 그림과 같고, 이 곡선 위의
점 중 y좌표가 정수인 점은 곡선과 직
선 $y=k$ (k는 정수)의 교점과 같다.
따라서 구하는 점의 개수는 9이다.

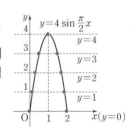

10

이차방정식 $6x^2+(4\cos\theta)x+\sin\theta=0$의 판별식을 D라 할
때, 이 이차방정식이 실근을 갖지 않으려면
$\dfrac{D}{4}=4\cos^2\theta-6\sin\theta<0$
$4(1-\sin^2\theta)-6\sin\theta<0$
$2\sin^2\theta+3\sin\theta-2>0$
$\therefore (2\sin\theta-1)(\sin\theta+2)>0$
$0\le\theta<2\pi$에서 $\sin\theta+2>0$이므로
$2\sin\theta-1>0$ $\therefore \sin\theta>\dfrac{1}{2}$
$0\le\theta<2\pi$에서 함수 $y=\sin\theta$의
그래프가 직선 $y=\dfrac{1}{2}$보다 위쪽에
있는 θ의 값의 범위이므로 오른쪽
그림에서
부등식 $\sin\theta>\dfrac{1}{2}$의 해를 구하면
$\dfrac{\pi}{6}<\theta<\dfrac{5}{6}\pi$

따라서 $\alpha=\dfrac{\pi}{6}$, $\beta=\dfrac{5}{6}\pi$이므로

$3\alpha+\beta=3\times\dfrac{\pi}{6}+\dfrac{5}{6}\pi=\dfrac{4}{3}\pi$

개념으로 단원 마무리 • 본문 074쪽

1 답 (1) $-1\leq y\leq1$, y축, 2π

　(2) $n\pi+\dfrac{\pi}{2}$ (n은 정수), 원점, π, $\dfrac{\pi}{2}$

　(3) $-|a|+d$, $|a|+d$, $\dfrac{\pi}{|b|}$

　(4) $-\sin x$, $-\tan x$, $-\sin x$, $\cos x$

2 답 (1) ◯　(2) ✕　(3) ✕　(4) ◯

(2) 함수 $y=a\sin bx$의 그래프는 함수 $y=\sin x$의 그래프를

　x축의 방향으로 $\dfrac{1}{|b|}$배, y축의 방향으로 $|a|$배한 것이다.

(3) $\sin\dfrac{10}{6}\pi=\sin\left(\dfrac{\pi}{2}\times3+\dfrac{\pi}{6}\right)=-\cos\dfrac{\pi}{6}=-\dfrac{\sqrt{3}}{2}$

---

07 삼각함수의 활용

교과서 개념 확인하기 ──────── ○ 본문 077쪽

1 답 (1) $2\sqrt{2}$　(2) 2

(1) 사인법칙에 의하여 $\dfrac{2\sqrt{3}}{\sin60°}=\dfrac{b}{\sin45°}$이므로

　$2\sqrt{3}\sin45°=b\sin60°$, $2\sqrt{3}\times\dfrac{\sqrt{2}}{2}=b\times\dfrac{\sqrt{3}}{2}$

　$\therefore b=2\sqrt{2}$

(2) 사인법칙에 의하여 $\dfrac{2\sqrt{3}}{\sin60°}=2R$이므로

　$R=\dfrac{2\sqrt{3}}{\dfrac{\sqrt{3}}{2}}\times\dfrac{1}{2}=2$

2 답 (1) $\dfrac{1}{4}$　(2) 4

(1) 사인법칙에 의하여 $\dfrac{3}{\sin A}=2\times6$이므로

　$\sin A=\dfrac{3}{12}=\dfrac{1}{4}$

(2) 사인법칙에 의하여 $\dfrac{b}{\sin30°}=2\times4$이므로

　$b=8\sin30°=8\times\dfrac{1}{2}=4$

3 답 (1) $\sqrt{10}$　(2) $\sqrt{21}$

(1) 코사인법칙에 의하여

　$b^2-4^2+(3\sqrt{2})^2-2\times4\times3\sqrt{2}\times\cos45°$

　　$=16+18-2\times4\times3\sqrt{2}\times\dfrac{\sqrt{2}}{2}$

　　$=10$

　$b>0$이므로 $b=\sqrt{10}$

(2) 코사인법칙에 의하여

　$a^2=(\sqrt{3})^2+(2\sqrt{3})^2-2\times\sqrt{3}\times2\sqrt{3}\times\cos120°$

　　$=3+12-2\times\sqrt{3}\times2\sqrt{3}\times\left(-\dfrac{1}{2}\right)$

　　$=21$

　$a>0$이므로 $a=\sqrt{21}$

4 답 $\dfrac{7}{8}$

코사인법칙에 의하여

$\cos C=\dfrac{4^2+3^2-2^2}{2\times4\times3}=\dfrac{7}{8}$

5 답 (1) 5　(2) 3

(1) $\triangle ABC=\dfrac{1}{2}\times5\times4\times\sin30°$

　　$=\dfrac{1}{2}\times5\times4\times\dfrac{1}{2}$

　　$=5$

(2) $\triangle ABC=\dfrac{2\times\sqrt{10}\times3\sqrt{2}}{4\times\sqrt{5}}=3$

6 답 (1) $3\sqrt{2}$ (2) 30

(1) $\square ABCD = 2 \times 3 \times \sin 45°$

$\qquad = 2 \times 3 \times \dfrac{\sqrt{2}}{2} = 3\sqrt{2}$

(2) $\square ABCD = \dfrac{1}{2} \times 10 \times 4\sqrt{3} \times \sin 60°$

$\qquad = \dfrac{1}{2} \times 10 \times 4\sqrt{3} \times \dfrac{\sqrt{3}}{2} = 30$

교과서 예제로 **개념 익히기**

• 본문 078~081쪽

필수 예제 1 답 (1) $b=4$, $R=2\sqrt{2}$ (2) $30°$

(1) $B = 180° - (60° + 75°) = 45°$

사인법칙에 의하여 $\dfrac{2\sqrt{6}}{\sin 60°} = \dfrac{b}{\sin 45°}$이므로

$2\sqrt{6}\sin 45° = b\sin 60°$, $2\sqrt{6} \times \dfrac{\sqrt{2}}{2} = b \times \dfrac{\sqrt{3}}{2}$

$\therefore b = 4$

또한, 사인법칙에 의하여 $\dfrac{2\sqrt{6}}{\sin 60°} = 2R$이므로

$R = \dfrac{2\sqrt{6}}{\dfrac{\sqrt{3}}{2}} \times \dfrac{1}{2} = 2\sqrt{2}$

(2) 사인법칙에 의하여 $\dfrac{4}{\sin A} = \dfrac{4\sqrt{2}}{\sin 45°}$이므로

$4\sin 45° = 4\sqrt{2}\sin A$, $4 \times \dfrac{\sqrt{2}}{2} = 4\sqrt{2}\sin A$

$\therefore \sin A = \dfrac{1}{2}$

이때 $0° < A < 180°$이므로 $A = 30°$ 또는 $A = 150°$

그런데 $A = 150°$이면 $A + B > 180°$이므로

$A = 30°$

1-1 답 (1) $c = 4\sqrt{2}$, $R = 4\sqrt{2}$ (2) $45°$

(1) $C = 180° - (105° + 45°) = 30°$

사인법칙에 의하여 $\dfrac{8}{\sin 45°} = \dfrac{c}{\sin 30°}$이므로

$8\sin 30° = c\sin 45°$, $8 \times \dfrac{1}{2} = c \times \dfrac{\sqrt{2}}{2}$

$\therefore c = 4\sqrt{2}$

또한, 사인법칙에 의하여 $\dfrac{8}{\sin 45°} = 2R$이므로

$R = \dfrac{8}{\dfrac{\sqrt{2}}{2}} \times \dfrac{1}{2} = 4\sqrt{2}$

(2) 사인법칙에 의하여 $\dfrac{3\sqrt{6}}{\sin 120°} = \dfrac{6}{\sin B}$이므로

$3\sqrt{6}\sin B = 6\sin 120°$, $3\sqrt{6}\sin B = 6 \times \dfrac{\sqrt{3}}{2}$

$\therefore \sin B = \dfrac{\sqrt{2}}{2}$

이때 $0° < B < 180°$이므로 $B = 45°$ 또는 $B = 135°$

그런데 $B = 135°$이면 $A + B > 180°$이므로

$B = 45°$

1-2 답 (1) $1 : \sqrt{3} : 2$ (2) $20 : 12 : 15$

(1) $A + B + C = 180°$이므로

$A = 180° \times \dfrac{1}{6} = 30°$, $B = 180° \times \dfrac{2}{6} = 60°$,

$C = 180° \times \dfrac{3}{6} = 90°$

$\therefore a : b : c = 2R\sin A : 2R\sin B : 2R\sin C$

$\qquad = \sin A : \sin B : \sin C$

$\qquad = \sin 30° : \sin 60° : \sin 90°$

$\qquad = \dfrac{1}{2} : \dfrac{\sqrt{3}}{2} : 1$

$\qquad = 1 : \sqrt{3} : 2$

(2) $a : b : c = \sin A : \sin B : \sin C = 5 : 4 : 3$이므로

$a = 5k$, $b = 4k$, $c = 3k$ $(k > 0)$라 하면

$ab = 5k \times 4k = 20k^2$, $bc = 4k \times 3k = 12k^2$,

$ca = 3k \times 5k = 15k^2$

$\therefore ab : bc : ca = 20k^2 : 12k^2 : 15k^2 = 20 : 12 : 15$

1-3 답 $20\sqrt{6}$ m

$C = 180° - (45° + 75°) = 60°$

B지점에서 C지점까지의 거리를 x m라 하면 사인법칙에 의하여

$\dfrac{60}{\sin 60°} = \dfrac{x}{\sin 45°}$이므로

$60\sin 45° = x\sin 60°$, $60 \times \dfrac{\sqrt{2}}{2} = x \times \dfrac{\sqrt{3}}{2}$

$\therefore x = 20\sqrt{6}$

따라서 두 지점 B, C 사이의 거리는 $20\sqrt{6}$ m이다.

필수 예제 2 답 (1) 3 (2) $b = \sqrt{21}$, $R = \sqrt{7}$

(1) 코사인법칙에 의하여

$(\sqrt{21})^2 = c^2 + (\sqrt{3})^2 - 2 \times c \times \sqrt{3} \times \cos 150°$

즉, $21 = c^2 + 3 - 2 \times c \times \sqrt{3} \times \left(-\dfrac{\sqrt{3}}{2}\right)$에서

$c^2 + 3c - 18 = 0$, $(c+6)(c-3) = 0$

$c > 0$이므로 $c = 3$

(2) 코사인법칙에 의하여

$b^2 = 5^2 + 4^2 - 2 \times 5 \times 4 \times \cos 60°$

$\qquad = 25 + 16 - 2 \times 5 \times 4 \times \dfrac{1}{2}$

$\qquad = 21$

$b > 0$이므로 $b = \sqrt{21}$

사인법칙에 의하여 $\dfrac{b}{\sin B} = 2R$, 즉 $\dfrac{\sqrt{21}}{\sin 60°} = 2R$이므로

$R = \dfrac{\sqrt{21}}{\dfrac{\sqrt{3}}{2}} \times \dfrac{1}{2} = \sqrt{7}$

2-1 답 (1) 2 (2) $a = \sqrt{3}$, $R = \sqrt{3}$

(1) 코사인법칙에 의하여

$(\sqrt{10})^2 = (\sqrt{2})^2 + b^2 - 2 \times \sqrt{2} \times b \times \cos 135°$

즉, $10 = 2 + b^2 - 2 \times \sqrt{2} \times b \times \left(-\dfrac{\sqrt{2}}{2}\right)$에서

$b^2 + 2b - 8 = 0$, $(b+4)(b-2) = 0$

$b > 0$이므로 $b = 2$

(2) 코사인법칙에 의하여
$$a^2=(2\sqrt{3})^2+3^2-2\times2\sqrt{3}\times3\times\cos30°$$
$$=12+9-2\times2\sqrt{3}\times3\times\frac{\sqrt{3}}{2}$$
$$=3$$
$a>0$이므로 $a=\sqrt{3}$

사인법칙에 의하여 $\dfrac{a}{\sin A}=2R$, 즉 $\dfrac{\sqrt{3}}{\sin30°}=2R$이므로
$$R=\frac{\sqrt{3}}{\frac{1}{2}}\times\frac{1}{2}=\sqrt{3}$$

2-2 답 ④
삼각형 ABC의 외접원의 반지름의 길이를 R라 하면 사인법칙에 의하여
$$\frac{a}{\sin A}=\frac{b}{\sin B}=\frac{c}{\sin C}=2R$$
$$\therefore \sin A=\frac{a}{2R},\ \sin B=\frac{b}{2R},\ \sin C=\frac{c}{2R}$$
이때 $\sin A:\sin B:\sin C=4:5:6$이므로
$$\frac{a}{2R}:\frac{b}{2R}:\frac{c}{2R}=4:5:6$$
$$\therefore a:b:c=4:5:6$$
즉, $a=4k,\ b=5k,\ c=6k\,(k>0)$라 하면 코사인법칙에 의하여
$$\cos A=\frac{b^2+c^2-a^2}{2bc}=\frac{(5k)^2+(6k)^2-(4k)^2}{2\times5k\times6k}$$
$$=\frac{45k^2}{60k^2}=\frac{3}{4}$$

2-3 답 $20\sqrt{7}$ m
코사인법칙에 의하여
$$\overline{AB}^2=40^2+20^2-2\times40\times20\times\cos120°$$
$$=1600+400-2\times40\times20\times\left(-\frac{1}{2}\right)$$
$$=2800$$
$$\therefore \overline{AB}=\sqrt{2800}=20\sqrt{7}$$
따라서 두 건물 A, B 사이의 거리는 $20\sqrt{7}$ m이다.

필수 예제 3 답 $A=90°$인 직각삼각형
삼각형 ABC의 외접원의 반지름의 길이를 R라 하면 사인법칙에 의하여
$$\sin A=\frac{a}{2R},\ \sin B=\frac{b}{2R},\ \sin C=\frac{c}{2R}$$
위의 식을 주어진 식에 대입하면
$$a\times\frac{a}{2R}=b\times\frac{b}{2R}+c\times\frac{c}{2R}$$
$$\therefore a^2=b^2+c^2$$
따라서 삼각형 ABC는 $A=90°$인 직각삼각형이다.

3-1 답 $a=b$인 이등변삼각형
코사인법칙에 의하여
$$\cos A=\frac{b^2+c^2-a^2}{2bc},\ \cos B=\frac{c^2+a^2-b^2}{2ca}$$
위의 식을 주어진 식에 대입하면
$$b\times\frac{b^2+c^2-a^2}{2bc}=a\times\frac{c^2+a^2-b^2}{2ca}$$

$$b^2+c^2-a^2=c^2+a^2-b^2$$
$$a^2=b^2 \quad \therefore a=b\ (\because a>0,\ b>0)$$
따라서 삼각형 ABC는 $a=b$인 이등변삼각형이다.

3-2 답 ②
삼각형 ABC의 외접원의 반지름의 길이를 R라 하면 사인법칙에 의하여
$$\sin A=\frac{a}{2R},\ \sin B=\frac{b}{2R}$$
코사인법칙에 의하여
$$\cos C=\frac{a^2+b^2-c^2}{2ab}$$
위의 식을 주어진 식에 대입하면
$$2\times\frac{a}{2R}\times\frac{a^2+b^2-c^2}{2ab}=\frac{b}{2R}$$
$$a^2+b^2-c^2=b^2$$
$$a^2=c^2 \quad \therefore a=c\ (\because a>0,\ c>0)$$
따라서 삼각형 ABC는 $a=c$인 이등변삼각형이다.

3-3 답 ㄴ, ㄷ
삼각형 ABC의 외접원의 반지름의 길이를 R라 하면 사인법칙에 의하여
$$\sin A=\frac{a}{2R},\ \sin B=\frac{b}{2R}$$
코사인법칙에 의하여
$$\cos A=\frac{b^2+c^2-a^2}{2bc},\ \cos B=\frac{c^2+a^2-b^2}{2ca}$$
위의 식을 주어진 식에 대입하면
$$\frac{a}{2R}\times\frac{b^2+c^2-a^2}{2bc}-\frac{b}{2R}\times\frac{c^2+a^2-b^2}{2ca}$$
$$a^2(b^2+c^2-a^2)=b^2(c^2+a^2-b^2)$$
$$a^2b^2+a^2c^2-a^4=b^2c^2+a^2b^2-b^4$$
$$a^4-b^4-a^2c^2+b^2c^2=0$$
$$(a^2+b^2)(a^2-b^2)-c^2(a^2-b^2)=0$$
$$(a^2-b^2)(a^2+b^2-c^2)=0$$
$$\therefore (a+b)(a-b)(a^2+b^2-c^2)=0$$
그런데 $a+b>0$이므로
$a-b=0$ 또는 $a^2+b^2-c^2=0$
$$\therefore a=b \text{ 또는 } a^2+b^2=c^2$$
따라서 삼각형 ABC의 모양이 될 수 있는 것은 ㄴ, ㄷ이다.

필수 예제 4 답 $5\sqrt{3}$
$\overline{AB}=x\,(x>0)$라 하면 코사인법칙에 의하여
$$(\sqrt{21})^2=x^2+4^2-2\times x\times4\times\cos60°$$
즉, $21=x^2+16-2\times x\times4\times\dfrac{1}{2}$에서
$$x^2-4x-5=0,\ (x+1)(x-5)=0$$
$$\therefore x=5\ (\because x>0)$$
$$\therefore \triangle ABC=\frac{1}{2}\times5\times4\times\sin60°$$
$$=\frac{1}{2}\times5\times4\times\frac{\sqrt{3}}{2}$$
$$=5\sqrt{3}$$

4-1 답 $\dfrac{9\sqrt{3}}{2}$

$\overline{AC}=x\,(x>0)$라 하면 코사인법칙에 의하여

$(3\sqrt{7})^2=3^2+x^2-2\times3\times x\times\cos120°$

즉, $63=9+x^2-2\times3\times x\times\left(-\dfrac{1}{2}\right)$에서

$x^2+3x-54=0,\ (x+9)(x-6)=0$

$\therefore x=6\ (\because x>0)$

$\therefore \triangle ABC=\dfrac{1}{2}\times3\times6\times\sin120°$

$\qquad\qquad=\dfrac{1}{2}\times3\times6\times\dfrac{\sqrt{3}}{2}=\dfrac{9\sqrt{3}}{2}$

4-2 답 (1) $\dfrac{\sqrt{5}}{3}$ (2) $\sqrt{5}$

(1) 코사인법칙에 의하여

$\cos B=\dfrac{3^2+2^2-(\sqrt{5})^2}{2\times3\times2}=\dfrac{2}{3}$

$0°<B<180°$에서 $\sin B>0$이므로

$\sin B=\sqrt{1-\cos^2B}=\sqrt{1-\left(\dfrac{2}{3}\right)^2}=\dfrac{\sqrt{5}}{3}$

(2) $\triangle ABC=\dfrac{1}{2}ca\sin B$

$\qquad\qquad=\dfrac{1}{2}\times2\times3\times\dfrac{\sqrt{5}}{3}=\sqrt{5}$

4-3 답 (1) $\sqrt{17}$ (2) 32

(1) 평행사변형 ABCD의 넓이가 20
이므로

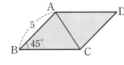

$20=5\times\overline{BC}\times\sin45°$

$\therefore \overline{BC}=4\times\dfrac{1}{\sin45°}$

$\qquad\quad=4\times\dfrac{1}{\dfrac{\sqrt{2}}{2}}=4\sqrt{2}$

삼각형 ABC에서 코사인법칙에 의하여

$\overline{AC}^2=5^2+(4\sqrt{2})^2-2\times5\times4\sqrt{2}\times\cos45°$

$\qquad\ =25+32-2\times5\times4\sqrt{2}\times\dfrac{\sqrt{2}}{2}=17$

$\therefore \overline{AC}=\sqrt{17}\ (\because \overline{AC}>0)$

(2) 사각형 ABCD의 넓이가 8이므로

$8=\dfrac{1}{2}\times\overline{AC}\times\overline{BD}\times\sin150°$

즉, $8=\dfrac{1}{2}\times\overline{AC}\times\overline{BD}\times\dfrac{1}{2}$에서

$\overline{AC}\times\overline{BD}=32$

따라서 두 대각선의 길이의 곱은 32이다.

01

사인법칙에 의하여 $\dfrac{4\sqrt{2}}{\sin A}=2\times4$이므로

$\sin A=\dfrac{4\sqrt{2}}{8}=\dfrac{\sqrt{2}}{2}$

이때 $0°<A<180°$이므로

$A=45°$ 또는 $A=135°$

그런데 $A=135°$이면 $A+C>180°$이므로

$A=45°$

$\therefore B=180°-(A+C)=180°-(45°+60°)=75°$

02

삼각형 ABC의 외접원의 반지름의 길이를 R라 하면 사인법칙
에 의하여

$\dfrac{a}{\sin A}=\dfrac{b}{\sin B}=\dfrac{c}{\sin C}=2R$

$\therefore \sin A=\dfrac{a}{2R},\ \sin B=\dfrac{b}{2R},\ \sin C=\dfrac{c}{2R}$

이때 $R=3,\ a+b+c=12$이므로

$\sin A+\sin B+\sin C=\dfrac{a}{2R}+\dfrac{b}{2R}+\dfrac{c}{2R}$

$\qquad\qquad\qquad\qquad\quad=\dfrac{a+b+c}{2R}=\dfrac{12}{2\times3}=2$

03

삼각형 ABQ에서

$\angle AQB=180°-(60°+75°)=45°$

삼각형 ABQ에서 사인법칙에 의하여

$\dfrac{20}{\sin45°}=\dfrac{\overline{BQ}}{\sin60°}$이므로

$20\sin60°=\overline{BQ}\sin45°,\ 20\times\dfrac{\sqrt{3}}{2}=\overline{BQ}\times\dfrac{\sqrt{2}}{2}$

$\therefore \overline{BQ}=10\sqrt{6}$

직각삼각형 PBQ에서

$\overline{PQ}=\overline{BQ}\tan30°=10\sqrt{6}\times\dfrac{\sqrt{3}}{3}=10\sqrt{2}$

따라서 나무의 높이는 $10\sqrt{2}$ m이다.

04

길이가 가장 긴 변의 대각의 크기가 가장 크므로

$a=3$

코사인법칙에 의하여

$\cos A=\dfrac{b^2+c^2-a^2}{2bc}=\dfrac{(2\sqrt{2})^2+(\sqrt{5})^2-3^2}{2\times2\sqrt{2}\times\sqrt{5}}=\dfrac{\sqrt{10}}{10}$

플러스 강의

① 삼각형의 세 변 중 길이가 가장 긴 변의 대각의 크기가 가장 크다.
② 삼각형의 세 변 중 길이가 가장 짧은 변의 대각의 크기가 가장 작다.

05

삼각형 ABC에서 코사인법칙에 의하여

$\cos B=\dfrac{\overline{BC}^2+\overline{AB}^2-\overline{AC}^2}{2\times\overline{BC}\times\overline{AB}}$

$\qquad\quad=\dfrac{9^2+7^2-5^2}{2\times9\times7}=\dfrac{5}{6}$

삼각형 ABD에서 코사인법칙에 의하여
$$\overline{AD}^2=\overline{BD}^2+\overline{AB}^2-2\times\overline{BD}\times\overline{AB}\cos B$$
$$=3^2+7^2-2\times3\times7\times\frac{5}{6}=23$$
$$\therefore \overline{AD}=\sqrt{23}\ (\because \overline{AD}>0)$$

06

삼각형 ABC의 외접원의 반지름의 길이를 R라 하면 사인법칙에 의하여
$$\frac{a}{\sin A}=\frac{b}{\sin B}=2R$$
$$\therefore \sin A=\frac{a}{2R},\ \sin B=\frac{b}{2R}$$
위의 식을 주어진 식에 대입하면
$$a\times\frac{a}{2R}=b\times\frac{b}{2R}$$
$$a^2=b^2 \quad \therefore a=b\ (\because a>0,\ b>0)$$
따라서 삼각형 ABC는 $a=b$인 이등변삼각형이다.

07

삼각형 ABC에서 $C=180°-(120°+30°)=30°$
사인법칙에 의하여 $\dfrac{6}{\sin120°}=\dfrac{b}{\sin30°}$이므로
$$6\sin30°=b\sin120°,\ 6\times\frac{1}{2}=b\times\frac{\sqrt{3}}{2}$$
$$\therefore b=2\sqrt{3}$$
$$\therefore \triangle ABC=\frac{1}{2}ab\sin C$$

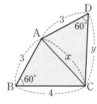

$$=\frac{1}{2}\times6\times2\sqrt{3}\times\sin30°$$
$$=\frac{1}{2}\times6\times2\sqrt{3}\times\frac{1}{2}=3\sqrt{3}$$

08

오른쪽 그림과 같이 $\overline{AC}$를 그은 후
$\overline{AC}=x\ (x>0)$라 하면 삼각형 ABC에
서 코사인법칙에 의하여
$$x^2=3^2+4^2-2\times3\times4\times\cos60°$$
$$=9+16-2\times3\times4\times\frac{1}{2}$$
$$=13$$
$$\therefore x=\sqrt{13}\ (\because x>0)$$
$\overline{CD}=y\ (y>0)$라 하면 삼각형 ACD에서 코사인법칙에 의하여
$$(\sqrt{13})^2=3^2+y^2-2\times3\times y\times\cos60°$$
$$=9+y^2-2\times3\times y\times\frac{1}{2}$$
$$=9+y^2-3y$$
즉, $y^2-3y-4=0$에서
$$(y+1)(y-4)=0 \quad \therefore y=4\ (\because y>0)$$
$$\therefore \square ABCD=\triangle ABC+\triangle ACD$$
$$=2\triangle ABC\ (\because \triangle ABC\equiv\triangle ADC\,(\text{SSS 합동}))$$
$$=2\times\left(\frac{1}{2}\times3\times4\times\sin60°\right)$$
$$=2\times\left(\frac{1}{2}\times3\times4\times\frac{\sqrt{3}}{2}\right)$$
$$=6\sqrt{3}$$

09

$\overline{AC}=a\ (a>0)$라 하면 $\overline{AB}:\overline{AC}=3:1$이므로
$$\overline{AB}=3a$$
삼각형 ABC에서 코사인법칙에 의하여
$$\overline{BC}^2=(3a^2)+a^2-2\times3a\times a\times\cos\frac{\pi}{3}$$
$$=9a^2+a^2-2\times3a\times a\times\frac{1}{2}=7a^2$$
$$\therefore \overline{BC}=\sqrt{7}a\ (\because \overline{BC}>0)$$
삼각형 ABC에서 사인법칙에 의하여
$$\frac{\overline{BC}}{\sin\frac{\pi}{3}}=2\times7,\ \frac{\sqrt{7}a}{\frac{\sqrt{3}}{2}}=14$$
$$\therefore a=\sqrt{21}$$
따라서 선분 AC의 길이는 $\sqrt{21}$이다.

10

오른쪽 그림과 같이 반원의 중심을 O라
하고 $\overline{OC}$를 그으면 부채꼴 COB에서
$$\overline{OB}=\frac{1}{2}\overline{AB}=\frac{1}{2}\times12=6$$

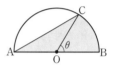

호 CB의 길이가 2π이므로 부채꼴 COB의 넓이는
$$\frac{1}{2}\times6\times2\pi=6\pi$$
부채꼴 COB의 중심각의 크기를 θ라 하면 호의 길이가 2π이므로
$$6\theta=2\pi \quad \therefore \theta=\frac{\pi}{3}$$
즉, $\angle AOC=\pi-\dfrac{\pi}{3}=\dfrac{2}{3}\pi$이고, $\overline{OA}=\overline{OC}=\overline{OB}=6$이므로
삼각형 ΛOC의 넓이는
$$\frac{1}{2}\times6\times6\times\sin\frac{2}{3}\pi=\frac{1}{2}\times6\times6\times\frac{\sqrt{3}}{2}=9\sqrt{3}$$
따라서 두 선분 AB, AC와 호 CB로 둘러싸인 부분의 넓이는
부채꼴 COB의 넓이와 삼각형 AOC의 넓이의 합과 같으므로
$$6\pi+9\sqrt{3}$$

개념으로 단원 마무리 • 본문 084쪽

1 답 (1) b, $\sin C$, $2R$ (2) $2ca\cos B$, a
(3) $\sin A$, ca (4) $ab\sin\theta$ (5) $\dfrac{1}{2}ab\sin\theta$

2 답 (1) ○ (2) ○ (3) × (4) ○ (5) ×
(3) 코사인법칙에 의하여
$$c^2=3^2+4^2-2\times3\times4\times\cos60°$$
$$=9+16-2\times3\times4\times\frac{1}{2}=13$$
$$\therefore c=\sqrt{13}\ (\because c>0)$$
(5) 구하는 사각형의 넓이는
$$\frac{1}{2}\times4\times8\times\sin30°=\frac{1}{2}\times4\times8\times\frac{1}{2}=8$$

08 등차수열

◦ 본문 087쪽

교과서 개념 확인하기

1 답 (1) $a_1=-1$, $a_2=2$, $a_3=5$, $a_4=8$
　　(2) $a_1=4$, $a_2=5$, $a_3=7$, $a_4=11$

(1) $a_1=3\times1-4=-1$, $a_2=3\times2-4=2$,
　 $a_3=3\times3-4=5$, $a_4=3\times4-4=8$

(2) $a_1=2^{1-1}+3=4$, $a_2=2^{2-1}+3=5$,
　 $a_3=2^{3-1}+3=7$, $a_4=2^{4-1}+3=11$

2 답 (1) $a_n=5n$　(2) $a_n=n^2$　(3) $a_n=\dfrac{n}{n+1}$　(4) $a_n=10^n-1$

(1) $a_1=5=5\times1$, $a_2=10=5\times2$, $a_3=15=5\times3$,
　 $a_4=20=5\times4$, $a_5=25=5\times5$, $\cdots$
　 이므로 $a_n=5n$

(2) $a_1=1=1^2$, $a_2=4=2^2$, $a_3=9=3^2$,
　 $a_4=16=4^2$, $a_5=25=5^2$, $\cdots$
　 이므로 $a_n=n^2$

(3) $a_1=\dfrac{1}{2}=\dfrac{1}{1+1}$, $a_2=\dfrac{2}{3}=\dfrac{2}{2+1}$, $a_3=\dfrac{3}{4}=\dfrac{3}{3+1}$,
　 $a_4=\dfrac{4}{5}=\dfrac{4}{4+1}$, $a_5=\dfrac{5}{6}=\dfrac{5}{5+1}$, $\cdots$
　 이므로 $a_n=\dfrac{n}{n+1}$

(4) $a_1=9=10^1-1$, $a_2=99=10^2-1$, $a_3=999=10^3-1$,
　 $a_4=9999=10^4-1$, $a_5=99999=10^5-1$, $\cdots$
　 이므로 $a_n=10^n-1$

3 답 (1) 8　(2) -2

(1) 주어진 수열의 공차는 $2-(-1)=3$이므로
　 □ 안에 알맞은 수는
　 $5+3=8$

(2) 주어진 수열의 공차는 $-14-(-8)=-6$이므로
　 □ 안에 알맞은 수는
　 $4+(-6)=-2$

4 답 (1) $a_n=4n-6$　(2) $a_n=-3n+4$

(1) $a_n=-2+(n-1)\times4=4n-6$

(2) 첫째항이 1, 공차가 $-2-1=-3$이므로
　 $a_n=1+(n-1)\times(-3)=-3n+4$

5 답 (1) 12　(2) 3

(1) x는 5와 19의 등차중항이므로
　 $x=\dfrac{5+19}{2}=12$

(2) x는 8과 -2의 등차중항이므로
　 $x=\dfrac{8+(-2)}{2}=3$

6 답 (1) 85　(2) -100

(1) $S_{10}=\dfrac{10\{2\times(-5)+(10-1)\times3\}}{2}=85$

(2) 첫째항이 -1, 공차가 $-3-(-1)=-2$인 수열이므로
$$S_{10}=\dfrac{10\{2\times(-1)+(10-1)\times(-2)\}}{2}=-100$$

교과서 예제로 개념 익히기

• 본문 088~093쪽

필수 예제 1 답 (1) $a_n=3n-2$　(2) $a_n=4n-9$

(1) 등차수열 $\{a_n\}$의 첫째항을 a라 하면
　 $a_5=13$에서 $a+(5-1)\times3=13$　∴ $a=1$
　 따라서 첫째항이 1, 공차가 3인 등차수열의 일반항 a_n은
　 $a_n=1+(n-1)\times3=3n-2$

(2) 등차수열 $\{a_n\}$의 첫째항을 a, 공차를 d라 하면
　 $a_4=7$에서 $a+(4-1)\times d=7$
　 ∴ $a+3d=7$　　　$\cdots\cdots$ ㉠
　 $a_{10}=31$에서 $a+(10-1)\times d=31$
　 ∴ $a+9d=31$　　　$\cdots\cdots$ ㉡
　 ㉠, ㉡을 연립하여 풀면
　 $a=-5$, $d=4$
　 따라서 첫째항이 -5, 공차가 4인 등차수열의 일반항 a_n은
　 $a_n=-5+(n-1)\times4=4n-9$

1-1 답 (1) $a_n=-2n+17$　(2) $a_n=-3n+13$

(1) 등차수열 $\{a_n\}$의 첫째항을 a라 하면
　 $a_6=5$에서 $a+(6-1)\times(-2)=5$　∴ $a=15$
　 따라서 첫째항이 15, 공차가 -2인 등차수열의 일반항 a_n은
　 $a_n=15+(n-1)\times(-2)=-2n+17$

(2) 등차수열 $\{a_n\}$의 첫째항을 a, 공차를 d라 하면
　 $a_3=4$에서 $a+(3-1)\times d=4$
　 ∴ $a+2d=4$　　　$\cdots\cdots$ ㉠
　 $a_8=-11$에서 $a+(8-1)\times d=-11$
　 ∴ $a+7d=-11$　　　$\cdots\cdots$ ㉡
　 ㉠, ㉡을 연립하여 풀면
　 $a=10$, $d=-3$
　 따라서 첫째항이 10, 공차가 -3인 등차수열의 일반항 a_n은
　 $a_n=10+(n-1)\times(-3)=-3n+13$

1-2 답 $a_n=2n+3$

등차수열 $\{a_n\}$의 첫째항을 a, 공차를 d라 하면
$a_2+a_5=20$에서 $(a+d)+(a+4d)=20$
∴ $2a+5d=20$　　　$\cdots\cdots$ ㉠
$a_6+a_{12}=42$에서 $(a+5d)+(a+11d)=42$
∴ $a+8d=21$　　　$\cdots\cdots$ ㉡
㉠, ㉡을 연립하여 풀면
$a=5$, $d=2$
따라서 첫째항이 5, 공차가 2인 등차수열의 일반항 a_n은
$a_n=5+(n-1)\times2=2n+3$

1-3 답 $a_n=3n-13$

등차수열 $\{a_n\}$의 첫째항을 a, 공차를 d라 하면
$a_3=-4$에서 $a+2d=-4$　　　$\cdots\cdots$ ㉠

$a_5 : a_9 = 1 : 7$에서 $a_9 = 7a_5$이므로

$a+8d=7(a+4d)$, $a+8d=7a+28d$

$6a+20d=0$ $\therefore 3a+10d=0$ …… ㉡

㉠, ㉡을 연립하여 풀면

$a=-10$, $d=3$

따라서 첫째항이 -10, 공차가 3인 등차수열의 일반항 a_n은

$a_n=-10+(n-1)\times3=3n-13$

필수 예제 2 답 (1) 제16항 (2) 제13항

등차수열 $\{a_n\}$의 첫째항을 a, 공차를 d라 하면

$a_4=41$에서 $a+3d=41$ …… ㉠

$a_9=16$에서 $a+8d=16$ …… ㉡

㉠, ㉡을 연립하여 풀면

$a=56$, $d=-5$

즉, 첫째항이 56, 공차가 -5인 등차수열의 일반항 a_n은

$a_n=56+(n-1)\times(-5)=-5n+61$

(1) -19를 제n항이라 하면

$-5n+61=-19$, $5n=80$ $\therefore n=16$

따라서 -19는 제16항이다.

(2) 구하는 항은 $a_n<0$을 만족시키는 최초의 항이므로

$-5n+61<0$, $5n>61$ $\therefore n>12.2$

따라서 처음으로 음수가 되는 항은 제13항이다.

2-1 답 (1) 제25항 (2) 제19항

등차수열 $\{a_n\}$의 첫째항을 a, 공차를 d라 하면

$a_3=-46$에서 $a+2d=-46$ …… ㉠

$a_{10}=-25$에서 $a+9d=-25$ …… ㉡

㉠, ㉡을 연립하여 풀면

$a=-52$, $d=3$

즉, 첫째항이 -52, 공차가 3인 등차수열의 일반항 a_n은

$a_n=-52+(n-1)\times3=3n-55$

(1) 20을 제n항이라 하면

$3n-55=20$, $3n=75$ $\therefore n=25$

따라서 20은 제25항이다.

(2) 구하는 항은 $a_n>0$을 만족시키는 최초의 항이므로

$3n-55>0$, $3n>55$ $\therefore n>18.333\cdots$

따라서 처음으로 양수가 되는 항은 제19항이다.

2-2 답 제11항

등차수열 $\{a_n\}$의 첫째항이 39, 공차가 -3이므로 일반항 a_n은

$a_n=39+(n-1)\times(-3)=-3n+42$

구하는 항은 $a_n<10$을 만족시키는 최초의 항이므로

$-3n+42<10$, $3n>32$

$\therefore n>10.666\cdots$

따라서 처음으로 10보다 작아지는 항은 제11항이다.

필수 예제 3 답 7

주어진 등차수열의 공차를 d라 하면 첫째항이 5, 제5항이 33 이므로

$5+4d=33$, $4d=28$ $\therefore d=7$

따라서 주어진 수열의 공차는 7이다.

3-1 답 11

주어진 등차수열의 공차를 d라 하면 첫째항이 3, 제6항이 58 이므로

$3+5d=58$, $5d=55$

$\therefore d=11$

따라서 주어진 수열의 공차는 11이다.

3-2 답 12

주어진 등차수열의 공차가 -4, 첫째항이 10, 제$(n+2)$항이 -42이므로

$10+(n+1)\times(-4)=-42$, $-4n=-48$

$\therefore n=12$

필수 예제 4 답 4

세 수 2, a, 14가 이 순서대로 등차수열을 이루므로

$a=\dfrac{2+14}{2}=8$

세 수 a, 6, b, 즉 8, 6, b도 이 순서대로 등차수열을 이루므로

$6=\dfrac{8+b}{2}$ $\therefore b=4$

$\therefore a-b=8-4=4$

4-1 답 21

세 수 13, a, 5가 이 순서대로 등차수열을 이루므로

$a=\dfrac{13+5}{2}=9$

세 수 a, b, 15, 즉 9, b, 15도 이 순서대로 등차수열을 이루므로

$b=\dfrac{9+15}{2}=12$

$\therefore a+b=9+12=21$

4-2 답 5

세 수 a^2, a^2-5, $3a$가 이 순서대로 등차수열을 이루므로

$a^2-5=\dfrac{a^2+3a}{2}$

$2a^2-10=a^2+3a$, $a^2-3a-10=0$

$(a+2)(a-5)=0$

$\therefore a=5 \ (\because a>0)$

필수 예제 5 답 3, 5, 7

등차수열을 이루는 세 수를 각각 $a-d$, a, $a+d$라 하면

$(a-d)+a+(a+d)=15$ …… ㉠

$(a-d)\times a\times(a+d)=105$ …… ㉡

㉠에서 $3a=15$ $\therefore a=5$

$a=5$를 ㉡에 대입하면

$(5-d)\times5\times(5+d)=105$

$25-d^2=21$, $d^2=4$

$\therefore d=\pm2$

따라서 구하는 세 수는 3, 5, 7이다.

참고 세 수를 a, $a+d$, $a+2d$라 해도 되지만 $a-d$, a, $a+d$라 하면 세 수의 합이 $3a$가 되어 계산이 편리해진다.

5-1 답 53

등차수열을 이루는 세 수를 $a-d$, a, $a+d$라 하면

$(a-d)+a+(a+d)=-3$ ····· ㉠

$(a-d)\times a\times(a+d)=24$ ····· ㉡

㉠에서 $3a=-3$ $\therefore a=-1$

$a=-1$을 ㉡에 대입하면

$(-1-d)\times(-1)\times(-1+d)=24$

$1-d^2=-24$, $d^2=25$

$\therefore d=\pm5$

따라서 세 수는 -6, -1, 4이므로 이 세 수의 제곱의 합은

$(-6)^2+(-1)^2+4^2=53$

5-2 답 12

등차수열을 이루는 네 수를 각각 $a-3d$, $a-d$, $a+d$, $a+3d$라 하면

$(a-3d)+(a-d)+(a+d)+(a+3d)=36$ ····· ㉠

$(a-3d)(a+3d)=72$ ····· ㉡

㉠에서 $4a=36$ $\therefore a=9$

$a=9$를 ㉡에 대입하면

$(9-3d)(9+3d)=72$, $(3-d)(3+d)=8$

$9-d^2=8$, $d^2=1$

$\therefore d=\pm1$

따라서 네 수는 6, 8, 10, 12이므로 가장 큰 수는 12이다.

필수 예제 6 답 -20

등차수열 $\{a_n\}$의 첫째항을 a, 공차를 d라 하면

$a_2=5$에서 $a+d=5$ ····· ㉠

$a_6=-3$에서 $a+5d=-3$ ····· ㉡

㉠, ㉡을 연립하여 풀면

$a=7$, $d=-2$

따라서 첫째항이 7, 공차가 -2인 등차수열 $\{a_n\}$의 첫째항부터 제10항까지의 합 S_{10}은

$$S_{10}=\frac{10\{2\times7+(10-1)\times(-2)\}}{2}=-20$$

6-1 답 165

등차수열 $\{a_n\}$의 첫째항을 a, 공차를 d라 하면

$a_3=-4$에서 $a+2d=-4$ ····· ㉠

$a_8=11$에서 $a+7d=11$ ····· ㉡

㉠, ㉡을 연립하여 풀면

$a=-10$, $d=3$

따라서 첫째항이 -10, 공차가 3인 등차수열 $\{a_n\}$의 첫째항부터 제15항까지의 합 S_{15}는

$$S_{15}=\frac{15\{2\times(-10)+(15-1)\times3\}}{2}=165$$

6-2 답 (1) 310 (2) -64

(1) 4, 10, 16, 22, ⋯, 58은 첫째항이 4, 공차가

$10-4=6$인 등차수열이므로 일반항 a_n은

$a_n=4+(n-1)\times6=6n-2$

58을 제n항이라 하면

$6n-2=58$

$6n=60$ $\therefore n=10$

따라서 구하는 합은 첫째항이 4, 제10항이 58인 등차수열의 첫째항부터 제10항까지의 합과 같으므로

$$\frac{10(4+58)}{2}=310$$

(2) 26, 22, 18, 14, ⋯, -34는 첫째항이 26, 공차가

$22-26=-4$인 등차수열이므로 일반항 a_n은

$a_n=26+(n-1)\times(-4)=-4n+30$

-34를 제n항이라 하면

$-4n+30=-34$

$-4n=-64$ $\therefore n=16$

따라서 구하는 합은 첫째항이 26, 제16항이 -34인 등차수열의 첫째항부터 제16항까지의 합과 같으므로

$$\frac{16\{26+(-34)\}}{2}=-64$$

6-3 답 (1) 첫째항: -13, 공차: 5 (2) 690

(1) 등차수열 $\{a_n\}$의 첫째항을 a, 공차를 d라 하면

$S_5=-15$에서 $\dfrac{5(2a+4d)}{2}=-15$

$\therefore a+2d=-3$ ····· ㉠

$S_{10}=95$에서 $\dfrac{10(2a+9d)}{2}=95$

$\therefore 2a+9d=19$ ····· ㉡

㉠, ㉡을 연립하여 풀면

$a=-13$, $d=5$

따라서 등차수열 $\{a_n\}$의 첫째항은 -13, 공차는 5이다.

(2) $S_{20}=\dfrac{20\{2\times(-13)+(20-1)\times5\}}{2}=690$

필수 예제 7 답 (1) 제8항 (2) $n=7$, $S_7=105$

(1) 첫째항이 27, 공차가 -4인 등차수열의 일반항 a_n은

$a_n=27+(n-1)\times(-4)=-4n+31$

이므로

$a_n<0$에서 $-4n+31<0$, $4n>31$

$\therefore n>7.75$

따라서 처음으로 음수가 되는 항은 제8항이다.

(2) 주어진 수열은 제8항부터 음수이므로 첫째항부터 제7항까지의 합이 최대이다.

$\therefore n=7$

$$\therefore S_7=\frac{7\{2\times27+(7-1)\times(-4)\}}{2}=105$$

7-1 답 (1) 제12항 (2) $n=11$, $S_{11}=-187$

(1) 첫째항이 -32, 공차가 3인 등차수열의 일반항 a_n은

$a_n=-32+(n-1)\times3=3n-35$

이므로

$a_n>0$에서 $3n-35>0$, $3n>35$

$\therefore n>11.666\cdots$

따라서 처음으로 양수가 되는 항은 제12항이다.

(2) 주어진 수열은 제12항부터 양수이므로 첫째항부터 제11항
까지의 합이 최소이다.

$\therefore n=11$

$\therefore S_{11}=\dfrac{11\{2\times(-32)+(11-1)\times 3\}}{2}$

$\qquad =-187$

7-2 탑 444

주어진 등차수열의 공차를 d라 하면 첫째항이 70, 제7항이 34
이므로

$70+6d=34,\ 6d=-36 \qquad \therefore d=-6$

첫째항이 70, 공차가 -6인 등차수열의 일반항 a_n은

$a_n=70+(n-1)\times(-6)=-6n+76$이므로

$a_n<0$에서 $-6n+76<0,\ 6n>76$

$\therefore n>12.666\cdots$

즉, 수열 $\{a_n\}$은 제13항부터 음수이므로 첫째항부터 제12항
까지의 합이 최대이다.

따라서 S_n의 최댓값은

$S_{12}=\dfrac{12\{2\times 70+(12-1)\times(-6)\}}{2}=444$

7-3 탑 -506

주어진 등차수열의 공차를 d라 하면 첫째항이 -45, 첫째항부
터 제5항까지의 합이 -205이므로

$\dfrac{5\{2\times(-45)+(5-1)\times d\}}{2}=-205$

$-45+2d=-41,\ 2d=4 \qquad \therefore d=2$

첫째항이 -45, 공차가 2인 등차수열의 일반항 a_n은

$a_n=-45+(n-1)\times 2=2n-47$이므로

$a_n>0$에서 $2n-47>0,\ 2n>47$

$\therefore n>23.5$

즉, 수열 $\{a_n\}$은 제24항부터 양수이므로 첫째항부터 제23항
까지의 합이 최소이다.

따라서 수열의 합의 최솟값은

$\dfrac{23\{2\times(-45)+(23-1)\times 2\}}{2}=-529$

이므로 $n=23,\ S=-529$

$\therefore n+S=23+(-529)=-506$

필수 예제 8 탑 30

$S_n=2n^2+5n$에서

$a_1=S_1=2\times 1^2+5\times 1=7$

$a_5=S_5-S_4=(2\times 5^2+5\times 5)-(2\times 4^2+5\times 4)=23$

$\therefore a_1+a_5=7+23=30$

다른 풀이

$S_n=2n^2+5n$에서

(i) $n=1$일 때

$\quad a_1=S_1=2\times 1^2+5\times 1=7$

(ii) $n\geq 2$일 때

$\quad a_n=S_n-S_{n-1}$

$\qquad =2n^2+5n-\{2(n-1)^2+5(n-1)\}$

$\qquad =4n+3 \qquad \cdots\cdots ㉠$

(i), (ii)에서 $a_1=7$은 ㉠에 $n=1$을 대입한 것과 같으므로

$a_n=4n+3$

$\therefore a_1+a_5=7+(4\times 5+3)=30$

8-1 탑 -15

$S_n=-3n^2+n+1$에서

$a_1=S_1=-3\times 1^2+1+1=-1$

$a_3=S_3-S_2=-3\times 3^2+3+1-(-3\times 2^2+2+1)=-14$

$\therefore a_1+a_3=-1+(-14)=-15$

다른 풀이

$S_n=-3n^2+n+1$에서

(i) $n=1$일 때

$\quad a_1=S_1=-3\times 1^2+1+1=-1$

(ii) $n\geq 2$일 때

$\quad a_n=S_n-S_{n-1}$

$\qquad =-3n^2+n+1-\{-3(n-1)^2+(n-1)+1\}$

$\qquad =-6n+4 \qquad \cdots\cdots ㉠$

(i), (ii)에서 $a_1=-1$은 ㉠에 $n=1$을 대입한 것과 같지 않으므로

$a_1=-1,\ a_n=-6n+4\ (n\geq 2)$

$\therefore a_1+a_3=-1+(-6\times 3+4)=-15$

8-2 탑 제16항

$S_n=-\dfrac{1}{5}n^2+6n$에서

(i) $n=1$일 때

$\quad a_1=S_1=-\dfrac{1}{5}\times 1^2+6\times 1=\dfrac{29}{5}$

(ii) $n\geq 2$일 때

$\quad a_n=S_n-S_{n-1}$

$\qquad =-\dfrac{1}{5}n^2+6n-\left\{-\dfrac{1}{5}(n-1)^2+6(n-1)\right\}$

$\qquad =-\dfrac{2}{5}n+\dfrac{31}{5} \qquad \cdots\cdots ㉠$

(i), (ii)에서 $a_1=\dfrac{29}{5}$는 ㉠에 $n=1$을 대입한 것과 같으므로

$a_n=-\dfrac{2}{5}n+\dfrac{31}{5}$

$a_n<0$에서 $-\dfrac{2}{5}n+\dfrac{31}{5}<0,\ \dfrac{2}{5}n>\dfrac{31}{5}$

$\therefore n>15.5$

따라서 처음으로 음수가 되는 항은 제16항이다.

8-3 탑 0

$S_n=n^2-4n+k$에서

(i) $n=1$일 때

$\quad a_1=S_1=1^2-4\times 1+k=-3+k$

(ii) $n\geq 2$일 때

$\quad a_n=S_n-S_{n-1}$

$\qquad =n^2-4n+k-\{(n-1)^2-4(n-1)+k\}$

$\qquad =2n-5 \qquad \cdots\cdots ㉠$

(i), (ii)에서 수열 $\{a_n\}$이 첫째항부터 등차수열을 이루려면

$a_1=-3+k$는 ㉠에 $n=1$을 대입한 것과 같아야 하므로

$-3+k=-3 \qquad \therefore k=0$

01 ③	**02** 제21항	**03** 10	**04** ②
05 3	**06** ④	**07** ①	**08** 11
09 ③	**10** ①		

01

등차수열 $\{a_n\}$의 첫째항을 a, 공차를 d라 하면

제3항이 11, 제9항이 29이므로

$a_3=a+2d=11$ ······ ㉠

$a_9=a+8d=29$ ······ ㉡

㉠, ㉡을 연립하여 풀면

$a=5$, $d=3$

따라서 첫째항이 5, 공차가 3인 등차수열의 일반항 a_n은

$a_n=5+(n-1)\times 3=3n+2$

이므로 세100항은

$a_{100}=3\times 100+2=302$

02

등차수열 $\{a_n\}$의 첫째항을 a, 공차를 d라 하면

$a_6=2$에서 $a+5d=2$ ······ ㉠

$a_2+a_8=-4$에서 $(a+d)+(a+7d)=-4$

$2a+8d=-4$ ∴ $a+4d=-2$ ······ ㉡

㉠, ㉡을 연립하여 풀면

$a=-18$, $d=4$

즉, 첫째항이 -18, 공차가 4인 등차수열의 일반항 a_n은

$a_n=-18+(n-1)\times 4=4n-22$

구하는 항은 $a_n>60$을 만족시키는 최초의 항이므로

$4n-22>60$, $4n>82$ ∴ $n>20.5$

따라서 처음으로 60보다 커지는 항은 제21항이다.

03

주어진 등차수열의 공차를 d라 하면 첫째항이 -6,

제$(n+2)$항이 38이므로

$-6+(n+1)\times d=38$

∴ $(n+1)d=44$ ······ ㉠

한편, $a_3=6$, 즉 주어진 등차수열의 제4항이 6이므로

$-6+3\times d=6$, $3d=12$

∴ $d=4$

$d=4$를 ㉠에 대입하면

$(n+1)\times 4=44$ ∴ $n=10$

04

세 수 $-2a+1$, a^2+1, 13이 이 순서대로 등차수열을 이루므로

$a^2+1=\dfrac{(-2a+1)+13}{2}$

$a^2+1=-a+7$

$a^2+a-6=0$, $(a+3)(a-2)=0$

∴ $a=-3$ 또는 $a=2$

따라서 구하는 모든 실수 a의 값의 합은

$-3+2=-1$

05

주어진 삼차방정식의 세 실근을 $a-d$, a, $a+d$라 하면 삼차방정식의 근과 계수의 관계에 의하여

$(a-d)+a+(a+d)=-6$

$3a=-6$ ∴ $a=-2$

따라서 주어진 방정식의 한 근이 -2이므로 방정식에 $x=-2$를 대입하면

$(-2)^3+6\times(-2)^2+k\times(-2)-10=0$

$2k=6$ ∴ $k=3$

다른 풀이

$a=-2$이므로 삼차방정식의 세 실근은 $-2-d$, -2, $-2+d$이다.

삼차방정식의 근과 계수의 관계에 의하여 세 근의 곱은

$-2(-2+d)(-2-d)=10$ ∴ $d=\pm 3$

따라서 세 근은 -5, -2, 1이므로 삼차방정식의 근과 계수의 관계에 의하여

$k=-5\times(-2)+(-2)\times 1+1\times(-5)=3$

 플러스 강의

삼차방정식의 근과 계수의 관계

삼차방정식 $ax^3+bx^2+cx+d=0$의 세 근을 α, β, γ라 하면

$\alpha+\beta+\gamma=-\dfrac{b}{a}$, $\alpha\beta+\beta\gamma+\gamma\alpha=\dfrac{c}{a}$, $\alpha\beta\gamma=-\dfrac{d}{a}$

06

주어진 조건을 만족시키는 100 이하의 자연수를 작은 것부터 차례로 나열하면

3, 11, 19, $\cdots$, 99

이것은 첫째항이 3, 공차가 8인 등차수열이므로 일반항 a_n은

$a_n=3+(n-1)\times 8=8n-5$

등차수열 $\{a_n\}$의 제n항을 99라 하면

$8n-5=99$

$8n=104$ ∴ $n=13$

따라서 구하는 총합은 등차수열 $\{a_n\}$의 첫째항부터 제13항까지의 합과 같으므로

$\dfrac{13(3+99)}{2}=663$

07

등차수열 $\{a_n\}$의 공차를 d라 하면 첫째항부터 제12항까지의 합이 96이므로

$\dfrac{12\{2\times 30+(12-1)\times d\}}{2}=96$

$60+11d=16$, $11d=-44$ ∴ $d=-4$

첫째항이 30, 공차가 -4인 등차수열의 일반항 a_n은

$a_n=30+(n-1)\times(-4)=-4n+34$

이므로

$-4n+34<0$, $4n>34$

∴ $n>8.5$

즉, 수열 $\{a_n\}$은 제9항부터 음수이므로 첫째항부터 제8항까지의 합이 최대이다.

따라서 S_n의 최댓값은

$$S_8 = \frac{8\{2 \times 30 + (8-1) \times (-4)\}}{2} = 128$$

다른 풀이

등차수열 $\{a_n\}$의 공차를 d라 하면 첫째항부터 제12항까지의 합이 96이므로

$$\frac{12\{2 \times 30 + (12-1) \times d\}}{2} = 96$$

$60 + 11d = 16$, $11d = -44$ $\therefore d = -4$

$$\therefore S_n = \frac{n\{2 \times 30 + (n-1) \times (-4)\}}{2}$$
$$= -2n^2 + 32n$$
$$= -2(n-8)^2 + 128$$

따라서 $n=8$일 때 S_n은 최대이고 최댓값은 128이다.

08

$S_n = 4n^2 - 2n$에서

(i) $n=1$일 때

     $a_1 = S_1 = 4 \times 1^2 - 2 \times 1 = 2$

(ii) $n \geq 2$일 때

     $a_n = S_n - S_{n-1}$
         $= 4n^2 - 2n - \{4(n-1)^2 - 2(n-1)\}$
         $= 8n - 6$ …… ㉠

(i), (ii)에서 $a_1 = 2$는 ㉠에 $n=1$을 대입한 것과 같으므로

$a_n = 8n - 6$

$a_n > 74$에서 $8n - 6 > 74$

$8n > 80$ $\therefore n > 10$

따라서 $a_n > 74$를 만족시키는 자연수 n의 최솟값은 11이다.

09

등차수열 $\{a_n\}$의 첫째항을 a라 하면

$a_3 = a + (3-1) \times (-3) = a - 6$,

$a_7 = a + (7-1) \times (-3) = a - 18$

이므로 $a_3 a_7 = 64$에서

$(a-6)(a-18) = 64$, $a^2 - 24a + 108 = 64$

$a^2 - 24a + 44 = 0$, $(a-2)(a-22) = 0$

$\therefore a = 2$ 또는 $a = 22$

(i) $a = 2$일 때

     $a_8 = 2 + (8-1) \times (-3) = -19$

     이므로 $a_8 > 0$을 만족시키지 않는다.

(ii) $a = 22$일 때

     $a_8 = 22 + (8-1) \times (-3) = 1$

     이므로 $a_8 > 0$을 만족시킨다.

(i), (ii)에서 $a = 22$

$\therefore a_2 = 22 + (-3) = 19$

10

등차수열 $\{a_n\}$의 첫째항을 a, 공차를 $d(d>0)$라 하면

$S_9 = 27$에서 $\dfrac{9(2a+8d)}{2} = 27$

$\therefore a + 4d = 3$ …… ㉠

$|S_3| = 27$에서 $\left| \dfrac{3(2a+2d)}{2} \right| = 27$

$|3(a+d)| = 27$, $|a+d| = 9$

$\therefore a + d = -9$ 또는 $a + d = 9$

(i) $a + d = -9$인 경우

     ㉠과 $a+d = -9$를 연립하여 풀면

     $a = -13$, $d = 4$

(ii) $a + d = 9$인 경우

     ㉠과 $a+d = 9$를 연립하여 풀면

     $a = 11$, $d = -2$

     이때 $d > 0$이라는 조건을 만족시키지 않는다.

(i), (ii)에서 수열 $\{a_n\}$은 첫째항이 -13, 공차가 4이므로

$a_{10} = -13 + (10-1) \times 4 = 23$

개념으로 단원 마무리   • 본문 096쪽

1 답 (1) 수열, 항   (2) 등차수열, 공차   (3) $a + (n-1)d$

     (4) 등차중항, $\dfrac{a+c}{2}$ (5) $\dfrac{n(a+l)}{2}$, $\dfrac{n\{2a+(n-1)d\}}{2}$

     (6) $S_n - S_{n-1}$

2 답 (1) ◯   (2) ×   (3) ◯   (4) ×   (5) ◯

(2) 공차가 d인 등차수열 $\{a_n\}$에 대하여 $a_{n+1} = a_n + d$가 성립한다.

(4) 세 수 6, x, -4가 이 순서대로 등차수열을 이루면

     $x = \dfrac{6 + (-4)}{2} = 1$이다.

09 등비수열

교과서 개념 확인하기 ○ 본문 098쪽

1 답 (1) 64 (2) -9

(1) 주어진 수열의 공비는 $\dfrac{4}{1}=4$이므로

□ 안에 알맞은 수는

$16 \times 4 = 64$

(2) 주어진 수열의 공비는 $\dfrac{-81}{27}=-3$이므로

□ 안에 알맞은 수는

$3 \times (-3) = -9$

2 답 (1) $a_n = 5 \times 3^{n-1}$ (2) $a_n = -(-2)^{n-1}$

(2) 첫째항이 -1, 공비가 $\dfrac{2}{-1}=-2$이므로

$a_n = -1 \times (-2)^{n-1} = -(-2)^{n-1}$

3 답 (1) -8 또는 8 (2) -10 또는 10

(1) x는 2와 32의 등비중항이므로

$x^2 = 2 \times 32 = 64$

$\therefore x = \pm 8$

(2) x는 -4와 -25의 등비중항이므로

$x^2 = -4 \times (-25) = 100$

$\therefore x = \pm 10$

4 답 (1) 0 (2) -189

(1) $S_6 = \dfrac{4\{1-(-1)^6\}}{1-(-1)} = 0$

(2) 첫째항이 -3, 공비가 $\dfrac{-6}{-3}=2$인 등비수열이므로

$S_6 = \dfrac{-3(2^6-1)}{2-1} = -189$

교과서 예제로 개념 익히기 • 본문 099~103쪽

필수 예제 1 답 (1) $a_n = 3 \times 2^{n-1}$ (2) $a_n = -5 \times (-3)^{n-1}$

(1) 등비수열 $\{a_n\}$의 첫째항을 a라 하면 $a_6 = 96$에서

$a \times 2^5 = 96$ $\therefore a = 3$

따라서 첫째항이 3, 공비가 2인 등비수열의 일반항 a_n은

$a_n = 3 \times 2^{n-1}$

(2) 등비수열 $\{a_n\}$의 첫째항을 a, 공비를 r라 하면

$a_2 = 15$에서 $ar = 15$ $\cdots\cdots$ ㉠

$a_5 = -405$에서 $ar^4 = -405$ $\cdots\cdots$ ㉡

㉡$\div$㉠을 하면

$r^3 = -27$ $\therefore r = -3$

$r = -3$을 ㉠에 대입하면 $-3a = 15$

$\therefore a = -5$

따라서 첫째항이 -5, 공비가 -3인 등비수열의 일반항 a_n은

$a_n = -5 \times (-3)^{n-1}$

1-1 답 (1) $a_n = 12 \times \left(\dfrac{1}{3}\right)^{n-1}$ (2) $a_n = \dfrac{1}{8} \times (-4)^{n-1}$

(1) 등비수열 $\{a_n\}$의 첫째항을 a라 하면 $a_4 = \dfrac{4}{9}$에서

$a \times \left(\dfrac{1}{3}\right)^3 = \dfrac{4}{9}$ $\therefore a = 12$

따라서 첫째항이 12, 공비가 $\dfrac{1}{3}$인 등비수열의 일반항 a_n은

$a_n = 12 \times \left(\dfrac{1}{3}\right)^{n-1}$

(2) 등비수열 $\{a_n\}$의 첫째항을 a, 공비를 r라 하면

$a_3 = 2$에서 $ar^2 = 2$ $\cdots\cdots$ ㉠

$a_6 = -128$에서 $ar^5 = -128$ $\cdots\cdots$ ㉡

㉡$\div$㉠을 하면

$r^3 = -64$ $\therefore r = -4$

$r = -4$를 ㉠에 대입하면 $16a = 2$

$\therefore a = \dfrac{1}{8}$

따라서 첫째항이 $\dfrac{1}{8}$, 공비가 -4인 등비수열의 일반항 a_n은

$a_n = \dfrac{1}{8} \times (-4)^{n-1}$

1-2 답 $a_n = 4 \times (-2)^{n-1}$

등비수열 $\{a_n\}$의 첫째항을 a, 공비를 r라 하면

$a_1 + a_3 = 20$에서 $a + ar^2 = 20$

$\therefore a(1+r^2) = 20$ $\cdots\cdots$ ㉠

$a_4 + a_6 = -160$에서 $ar^3 + ar^5 = -160$

$\therefore ar^3(1+r^2) = -160$ $\cdots\cdots$ ㉡

㉡$\div$㉠을 하면

$r^3 = -8$ $\therefore r = -2$

$r = -2$를 ㉠에 대입하면

$5a = 20$ $\therefore a = 4$

따라서 첫째항이 4, 공비가 -2인 등비수열의 일반항 a_n은

$a_n = 4 \times (-2)^{n-1}$

1-3 답 $a_n = 5 \times 3^{n-1}$

등비수열 $\{a_n\}$의 첫째항을 a, 공비를 r라 하면

$a_3 = 45$에서 $ar^2 = 45$ $\cdots\cdots$ ㉠

$a_5 : a_7 = 1 : 9$에서 $a_7 = 9a_5$이므로

$ar^6 = 9 \times ar^4$, $r^2 = 9$

$\therefore r = 3 \ (\because r > 0)$

$r = 3$을 ㉠에 대입하면

$9a = 45$ $\therefore a = 5$

따라서 첫째항이 5, 공비가 3인 등비수열의 일반항 a_n은

$a_n = 5 \times 3^{n-1}$

필수 예제 2 답 (1) 제8항 (2) 제11항

등비수열 $\{a_n\}$의 첫째항을 a, 공비를 r라 하면

$a_3 = 28$에서 $ar^2 = 28$ $\cdots\cdots$ ㉠

$a_5 = 112$에서 $ar^4 = 112$ $\cdots\cdots$ ㉡

㉡$\div$㉠을 하면

$r^2 = 4$ $\therefore r = 2 \ (\because r > 0)$

$r = 2$를 ㉠에 대입하면

$4a = 28$ $\therefore a = 7$

따라서 첫째항이 7, 공비가 2인 등비수열의 일반항 a_n은
$a_n = 7 \times 2^{n-1}$
(1) 896을 제n항이라 하면
　　$7 \times 2^{n-1} = 896$, $2^{n-1} = 128$　∴ $n = 8$
　　따라서 896은 제8항이다.
(2) 구하는 항은 $a_n > 7000$을 만족시키는 최초의 항이므로
　　$7 \times 2^{n-1} > 7000$에서 $2^{n-1} > 1000$
　　이때 $2^9 = 512$, $2^{10} = 1024$이므로
　　$n - 1 \geq 10$　∴ $n \geq 11$
　　따라서 처음으로 7000보다 커지는 항은 제11항이다.

2-1 답 (1) 제9항　(2) 제13항
등비수열 $\{a_n\}$의 첫째항을 a, 공비를 r라 하면
$a_4 = 48$에서 $ar^3 = 48$　……㉠
$a_7 = 6$에서 $ar^6 = 6$　……㉡
㉡÷㉠을 하면 $r^3 = \dfrac{1}{8}$　∴ $r = \dfrac{1}{2}$
$r = \dfrac{1}{2}$을 ㉠에 대입하면
$\dfrac{1}{8}a = 48$　∴ $a = 384$
따라서 첫째항이 384, 공비가 $\dfrac{1}{2}$인 등비수열의 일반항 a_n은
$a_n = 384 \times \left(\dfrac{1}{2}\right)^{n-1}$
(1) $\dfrac{3}{2}$을 제n항이라 하면
　　$384 \times \left(\dfrac{1}{2}\right)^{n-1} = \dfrac{3}{2}$, $\left(\dfrac{1}{2}\right)^{n-1} = \dfrac{1}{256}$　∴ $n = 9$
　　따라서 $\dfrac{3}{2}$은 제9항이다.
(2) 구하는 항은 $a_n < \dfrac{1}{10}$을 만족시키는 최초의 항이므로
　　$384 \times \left(\dfrac{1}{2}\right)^{n-1} < \dfrac{1}{10}$에서 $\left(\dfrac{1}{2}\right)^{n-1} < \dfrac{1}{3840}$
　　이때 $\left(\dfrac{1}{2}\right)^{11} = \dfrac{1}{2048}$, $\left(\dfrac{1}{2}\right)^{12} = \dfrac{1}{4096}$이므로
　　$n - 1 \geq 12$　∴ $n \geq 13$
　　따라서 처음으로 $\dfrac{1}{10}$보다 작아지는 항은 제13항이다.

2-2 답 6
등비수열 $\{a_n\}$의 첫째항을 a, 공비를 r라 하면
$a_3 = 6$에서 $ar^2 = 6$　……㉠
$a_5 = 18$에서 $ar^4 = 18$　……㉡
㉡÷㉠을 하면 $r^2 = 3$　∴ $r = \sqrt{3}$ ($\because r > 0$)
$r = \sqrt{3}$을 ㉠에 대입하면
$3a = 6$　∴ $a = 2$
즉, 첫째항이 2, 공비가 $\sqrt{3}$인 등비수열의 일반항 a_n은
$a_n = 2 \times (\sqrt{3})^{n-1}$
구하는 항은 ${a_n}^2 > 800$을 만족시키는 최초의 항이므로
$4 \times 3^{n-1} > 800$에서 $3^{n-1} > 200$
이때 $3^4 = 81$, $3^5 = 243$이므로
$n - 1 \geq 5$　∴ $n \geq 6$
따라서 자연수 n의 최솟값은 6이다.

필수 예제 3 답 3
주어진 등비수열의 공비를 r라 하면 첫째항 4, 제5항이 324
이므로
$4 \times r^4 = 324$, $r^4 = 81$
∴ $r = 3$ ($\because r > 0$)

3-1 답 $\dfrac{1}{4}$
주어진 등비수열의 공비를 r라 하면 첫째항이 64, 제6항이 $\dfrac{1}{16}$
이므로
$64 \times r^5 = \dfrac{1}{16}$, $r^5 = \dfrac{1}{1024}$
∴ $r = \dfrac{1}{4}$

3-2 답 8
주어진 등비수열의 첫째항이 $\dfrac{1}{4}$, 제$(n+2)$항이 128이므로
$\dfrac{1}{4} \times 2^{n+1} = 128$, $2^{n+1} = 512$
∴ $n = 8$

필수 예제 4 답 5
세 수 a, $a+5$, $4a$이 이 순서대로 등비수열을 이루므로
$(a+5)^2 = a \times 4a$
$a^2 + 10a + 25 = 4a^2$, $3a^2 - 10a - 25 = 0$
$(3a+5)(a-5) = 0$　∴ $a = 5$ ($\because a > 0$)

4-1 답 9
세 수 $a+3$, $2a$, $4a-9$가 이 순서대로 등비수열을 이루므로
$(2a)^2 = (a+3)(4a-9)$
$4a^2 = 4a^2 + 3a - 27$, $3a = 27$
∴ $a = 9$

4-2 답 15
세 수 -6, a, b가 이 순서대로 등차수열을 이루므로
$a = \dfrac{-6+b}{2}$, $2a = -6+b$
∴ $b = 2a + 6$　……㉠
세 수 a, b, 48이 이 순서대로 등비수열을 이루므로
$b^2 = 48 \times a$
㉠을 위의 식에 대입하면
$(2a+6)^2 = 48a$, $4a^2 + 24a + 36 = 48a$
$4a^2 - 24a + 36 = 0$, $a^2 - 6a + 9 = 0$
$(a-3)^2 = 0$　∴ $a = 3$
$a = 3$을 ㉠에 대입하면
$b = 2 \times 3 + 6 = 12$
∴ $a + b = 3 + 12 = 15$

필수 예제 5 답 1, -2, 4
등비수열을 이루는 세 수를 각각 a, ar, ar^2이라 하면
$a + ar + ar^2 = 3$에서 $a(1 + r + r^2) = 3$　……㉠
$a \times ar \times ar^2 = -8$에서 $(ar)^3 = -8$　……㉡
㉡에서 $ar = -2$　∴ $a = -\dfrac{2}{r}$

$a=-\dfrac{2}{r}$를 ㉠에 대입하면

$-\dfrac{2}{r}(1+r+r^2)=3$

양변에 r를 곱하여 정리하면

$2r^2+5r+2=0$, $(r+2)(2r+1)=0$

$\therefore r=-2$ 또는 $r=-\dfrac{1}{2}$

$r=-2$일 때 $a=1$, $r=-\dfrac{1}{2}$일 때 $a=4$이므로 구하는 세 수는

1, -2, 4이다.

5-1 답 18

등비수열을 이루는 세 수를 각각 a, ar, ar^2이라 하면

$a+ar+ar^2=26$에서 $a(1+r+r^2)=26$ ······ ㉠

$a\times ar\times ar^2=216$에서 $(ar)^3=216$ ······ ㉡

㉡에서 $ar=6$ $\therefore a=\dfrac{6}{r}$

$a=\dfrac{6}{r}$을 ㉠에 대입하면

$\dfrac{6}{r}(1+r+r^2)=26$

양변에 r를 곱하여 정리하면

$3r^2-10r+3=0$, $(3r-1)(r-3)=0$

$\therefore r=\dfrac{1}{3}$ 또는 $r=3$

$r=\dfrac{1}{3}$일 때 $a=18$, $r=3$일 때 $a=2$이므로

주어진 세 수는 2, 6, 18이다.

따라서 가장 큰 수는 18이다.

5-2 답 7

주어진 삼차방정식의 세 실근을 a, ar, ar^2이라 하면 삼차방정식의 근과 계수의 관계에 의하여

$a+ar+ar^2=k$ ······ ㉠

$a\times ar+ar\times ar^2+ar^2\times a=-21$ ······ ㉡

$a\times ar\times ar^2=-27$ ······ ㉢

㉢에서 $(ar)^3=-27$

$\therefore ar=-3$

㉡에서 $ar(a+ar+ar^2)=-21$이므로

$-3k=-21$ ($\because$ ㉠)

$\therefore k=7$

필수 예제 6 답 171

등비수열 $\{a_n\}$의 첫째항을 a, 공비를 r라 하면

$a_3=4$에서 $ar^2=4$ ······ ㉠

$a_6=-32$에서 $ar^5=-32$ ······ ㉡

㉡÷㉠을 하면

$r^3=-8$ $\therefore r=-2$

$r=-2$를 ㉠에 대입하면

$4a=4$ $\therefore a=1$

따라서 첫째항이 1, 공비가 -2인 등비수열 $\{a_n\}$의 첫째항부터 제9항까지의 합 S_9는

$S_9=\dfrac{1\times\{1-(-2)^9\}}{1-(-2)}=171$

6-1 답 $\dfrac{364}{9}$

등비수열 $\{a_n\}$의 첫째항을 a, 공비를 r라 하면

$a_2=9$에서 $ar=9$ ······ ㉠

$a_5=\dfrac{1}{3}$에서 $ar^4=\dfrac{1}{3}$ ······ ㉡

㉡÷㉠을 하면

$r^3=\dfrac{1}{27}$ $\therefore r=\dfrac{1}{3}$

$r=\dfrac{1}{3}$을 ㉠에 대입하면

$\dfrac{1}{3}a=9$ $\therefore a=27$

따라서 첫째항이 27, 공비가 $\dfrac{1}{3}$인 등비수열 $\{a_n\}$의 첫째항부터 제6항까지의 합 S_6은

$S_6=\dfrac{27\left\{1-\left(\dfrac{1}{3}\right)^6\right\}}{1-\dfrac{1}{3}}=\dfrac{364}{9}$

6-2 답 (1) 381 (2) 182

(1) 3, 6, 12, $\cdots$, 192는 첫째항이 3, 공비가 $\dfrac{6}{3}=2$인 등비수열 이므로 일반항 a_n은 $a_n=3\times 2^{n-1}$

192를 제n항이라 하면 $3\times 2^{n-1}=192$

$2^{n-1}=64$ $\therefore n=7$

따라서 구하는 합은 첫째항이 3, 공비가 2인 등비수열의 첫째항부터 제7항까지의 합이므로

$\dfrac{3(2^7-1)}{2-1}=381$

(2) 243, -81, 27, $\cdots$, -1은 첫째항이 243, 공비가 $\dfrac{-81}{243}=-\dfrac{1}{3}$인 등비수열이므로 일반항 a_n은

$a_n=243\times\left(-\dfrac{1}{3}\right)^{n-1}$

-1을 제n항이라 하면 $243\times\left(-\dfrac{1}{3}\right)^{n-1}=-1$

$\left(-\dfrac{1}{3}\right)^{n-1}=-\dfrac{1}{243}$ $\therefore n=6$

따라서 구하는 합은 첫째항이 243, 공비가 $-\dfrac{1}{3}$인 등비수열의 첫째항부터 제6항까지의 합이므로

$\dfrac{243\left\{1-\left(-\dfrac{1}{3}\right)^6\right\}}{1-\left(-\dfrac{1}{3}\right)}=182$

6-3 답 155

등비수열 $\{a_n\}$의 첫째항을 a, 공비를 r라 하면

$S_3=5$에서 $\dfrac{a(r^3-1)}{r-1}=5$ ······ ㉠

$S_6=30$에서 $\dfrac{a(r^6-1)}{r-1}=30$

$\therefore \dfrac{a(r^3-1)(r^3+1)}{r-1}=30$ ······ ㉡

㉠을 ㉡에 대입하면 $5(r^3+1)=30$

$r^3+1=6$ $\therefore r^3=5$

$$\therefore S_9 = \frac{a(r^9-1)}{r-1} = \frac{a(r^3-1)}{r-1} \times (r^6+r^3+1)$$
$$= 5(5^2+5+1) = 155$$

필수 예제 7 답 18

$S_n = 2^{n+1}-2$에서
$a_1 = S_1 = 2^{1+1}-2 = 2$
$a_4 = S_4 - S_3 = (2^{4+1}-2) - (2^{3+1}-2) = 16$
$\therefore a_1 + a_4 = 2 + 16 = 18$

다른 풀이

$S_n = 2^{n+1}-2$에서
(i) $n=1$일 때
$\quad a_1 = S_1 = 2^{1+1}-2 = 2$
(ii) $n \geq 2$일 때
$\quad a_n = S_n - S_{n-1}$
$\quad\quad = 2^{n+1}-2 - (2^n-2)$
$\quad\quad = 2^n$ ...... ㉠
(i), (ii)에서 $a_1=2$는 ㉠에 $n=1$을 대입한 것과 같으므로
$a_n = 2^n$
$\therefore a_1 + a_4 = 2 + 2^4 = 18$

7-1 답 55

$S_n = 4^n+3$에서
$a_1 = S_1 = 4^1+3 = 7$
$a_3 = S_3 - S_2 = 4^3+3 - (4^2+3) = 48$
$\therefore a_1 + a_3 = 7 + 48 = 55$

다른 풀이

$S_n = 4^n+3$에서
(i) $n=1$일 때
$\quad a_1 = S_1 = 4^1+3 = 7$
(ii) $n \geq 2$일 때
$\quad a_n = S_n - S_{n-1}$
$\quad\quad = 4^n+3 - (4^{n-1}+3)$
$\quad\quad = 3 \times 4^{n-1}$ ...... ㉠
(i), (ii)에서 $a_1=7$은 ㉠에 $n=1$을 대입한 것과 같지 않으므로
$a_1=7$, $a_n = 3 \times 4^{n-1}$ $(n \geq 2)$
$\therefore a_1 + a_3 = 7 + (3 \times 4^2) = 55$

7-2 답 5

$S_n = 5^n-1$에서
(i) $n=1$일 때
$\quad a_1 = S_1 = 5^1-1 = 4$
(ii) $n \geq 2$일 때
$\quad a_n = S_n - S_{n-1}$
$\quad\quad = 5^n-1 - (5^{n-1}-1)$
$\quad\quad = 4 \times 5^{n-1}$ ...... ㉠
(i), (ii)에서 $a_1=4$는 ㉠에 $n=1$을 대입한 것과 같으므로
$a_n = 4 \times 5^{n-1}$
$a_k > 1000$에서 $4 \times 5^{k-1} > 1000$, $5^{k-1} > 250$
이때 $5^3=125$, $5^4=625$이므로 $k-1 \geq 4$ $\therefore k \geq 5$
따라서 자연수 k의 최솟값은 5이다.

7-3 답 -12

$S_n = 4 \times 3^{n+1} + k$에서
(i) $n=1$일 때
$\quad a_1 = S_1 = 4 \times 3^{1+1} + k = 36+k$
(ii) $n \geq 2$일 때
$\quad a_n = S_n - S_{n-1}$
$\quad\quad = 4 \times 3^{n+1} + k - (4 \times 3^n + k)$
$\quad\quad = 8 \times 3^n$ ...... ㉠
(i), (ii)에서 수열 $\{a_n\}$이 첫째항부터 등비수열을 이루려면
$a_1 = 36+k$는 ㉠에 $n=1$을 대입한 것과 같아야 하므로
$36+k = 24$ $\therefore k = -12$

실전 문제로 단원 마무리 • 본문 104~105쪽

01 327	**02** 50	**03** 제11항	**04** 28
05 ⑤	**06** 16	**07** 6	**08** 341
09 36	**10** 64		

01

주어진 등비수열의 첫째항은 $\frac{4}{27}$, 공비는 $\frac{\frac{4}{9}}{\frac{4}{27}} = 3$이므로

$a_n = \frac{4}{27} \times 3^{n-1}$

$\therefore a_8 = \frac{4}{27} \times 3^7 = 324$

따라서 구하는 합은
$3 + 324 = 327$

02

첫 번째 시행 후 남아 있는 종이의 넓이는
$1 \times \frac{8}{9} = \frac{8}{9}$

두 번째 시행 후 남아 있는 종이의 넓이는
$1 \times \frac{8}{9} \times \frac{8}{9} = \left(\frac{8}{9}\right)^2$

세 번째 시행 후 남아 있는 종이의 넓이는
$1 \times \frac{8}{9} \times \frac{8}{9} \times \frac{8}{9} = \left(\frac{8}{9}\right)^3$
$\quad\quad\quad\quad \vdots$

n번째 시행 후 남아 있는 종이의 넓이는 $\left(\frac{8}{9}\right)^n$

따라서 10번째 시행 후 남아 있는 종이의 넓이는
$\left(\frac{8}{9}\right)^{10} = \left(\frac{2^3}{3^2}\right)^{10} = \frac{2^{30}}{3^{20}}$

이므로 $p=30$, $q=20$
$\therefore p+q = 30+20 = 50$

03

등비수열 $\{a_n\}$의 첫째항을 a, 공비를 r라 하면
$a_3 = ar^2 = 12$ ...... ㉠
$a_7 = ar^6 = 192$ ...... ㉡

ⓛ÷ⓖ을 하면

$r^4=16$ $\therefore r=2 \ (\because r>0)$

$r=2$를 ⓖ에 대입하면

$4a=12$ $\therefore a=3$

즉, 첫째항이 3, 공비가 2인 등비수열의 일반항 a_n은

$a_n=3\times 2^{n-1}$

처음으로 2400보다 커지는 항은 $a_n>2400$을 만족시키는 최초의 항이므로

$3\times 2^{n-1}>2400$에서 $2^{n-1}>800$

이때 $2^9=512$, $2^{10}=1024$이므로

$n-1\geq 10$ $\therefore n\geq 11$

따라서 처음으로 2400보다 커지는 항은 제11항이다.

04

주어진 등비수열의 공비를 r라 하면 첫째항이 $\dfrac{1}{9}$, 제8항이 243

이므로

$\dfrac{1}{9}\times r^7=243$, $r^7=3^7$ $\therefore r=3$

이때 a_2는 주어진 등비수열의 제3항, a_5는 주어진 등비수열의 제6항이므로

$a_2+a_5=\dfrac{1}{9}\times 3^2+\dfrac{1}{9}\times 3^5=1+27=28$

05

세 수 2, a, 18이 이 순서대로 등비수열을 이루므로

$a^2=2\times 18=36$

이때 $a>0$이므로 $a=6$

또한, 세 수 a, 18, b가 이 순서대로 등비수열을 이루므로

$18^2=ab$, $6b=324$ $\therefore b=54$

$\therefore a+b=6+54=60$

06

등비수열을 이루는 세 수를 각각 a, ar, ar^2이라 하면

$a+ar+ar^2=28$에서 $a(1+r+r^2)=28$ ……ⓖ

$a\times ar\times ar^2=512$에서 $(ar)^3=512$ ……ⓛ

ⓛ에서 $ar=8$ $\therefore a=\dfrac{8}{r}$

$a=\dfrac{8}{r}$을 ⓖ에 대입하면

$\dfrac{8}{r}(1+r+r^2)=28$

양변에 r를 곱하여 정리하면

$2r^2-5r+2=0$, $(2r-1)(r-2)=0$

$\therefore r=\dfrac{1}{2}$ 또는 $r=2$

$r=\dfrac{1}{2}$일 때 $a=16$, $r=2$일 때 $a=4$이므로 세 실수는 4, 8, 16

이다.

따라서 가장 큰 수는 16이다.

07

주어진 등비수열의 첫째항이 2, 공비가 $\dfrac{6}{2}=3$이므로

$S_n=\dfrac{2(3^n-1)}{3-1}=3^n-1$

$S_k=728$에서 $3^k-1=728$

$3^k=729$ $\therefore k=6$

08

$S_n=2^n-1$에서

(i) $n=1$일 때

$a_1=S_1=2^1-1=1$

(ii) $n\geq 2$일 때

$a_n=S_n-S_{n-1}$

$=2^n-1-(2^{n-1}-1)$

$=2^{n-1}$ ……ⓖ

(i), (ii)에서 $a_1=1$은 ⓖ에 $n=1$을 대입한 것과 같으므로

$a_n=2^{n-1}$

$\therefore a_1+a_3+a_5+a_7+a_9=2^0+2^2+2^4+2^6+2^8$

$=1+4+4^2+4^3+4^4$

$=\dfrac{1\times(4^5-1)}{4-1}=341$

09

등비수열 $\{a_n\}$의 공비를 r라 하면 $\dfrac{a_{16}}{a_{14}}+\dfrac{a_8}{a_7}=12$에서

$\dfrac{a_{14}\times r^2}{a_{14}}+\dfrac{a_7\times r}{a_7}=12$, $r^2+r=12$

$r^2+r-12=0$, $(r+4)(r-3)=0$

$\therefore r=3 \ (\because r>0)$

$\therefore \dfrac{a_3}{a_1}+\dfrac{a_6}{a_3}=\dfrac{a_1\times r^2}{a_1}+\dfrac{a_3\times r^3}{a_3}=r^2+r^3$

$=3^2+3^3=36$

10

등비수열 $\{a_n\}$의 공비를 r라 하면

(i) $r=1$일 때

$a_n=1$이므로

$S_6=1\times 6=6$, $S_3=1\times 3=3$,

$2a_4-7=2\times 1-7=-5$

즉, $\dfrac{S_6}{S_3}=\dfrac{6}{3}\neq -5=2a_4-7$이므로 주어진 조건을 만족시키지 않는다.

(ii) $r\neq 1$일 때

$S_6=\dfrac{1\times(r^6-1)}{r-1}=\dfrac{r^6-1}{r-1}$, $S_3=\dfrac{1\times(r^3-1)}{r-1}=\dfrac{r^3-1}{r-1}$

$\therefore \dfrac{S_6}{S_3}=\dfrac{\dfrac{r^6-1}{r-1}}{\dfrac{r^3-1}{r-1}}=\dfrac{r^6-1}{r^3-1}$

$=\dfrac{(r^3+1)(r^3-1)}{r^3-1}$

$=r^3+1$

한편, $a_n=1\times r^{n-1}=r^{n-1}$이므로

$2a_4-7=2r^3-7$

즉, $\dfrac{S_6}{S_3}=2a_4-7$에서

$r^3+1=2r^3-7$, $r^3-8=0$

$$(r-2)(r^2+2r+4)=0$$
$$\therefore r=2 \ (\because r^2+2r+4>0)$$
(i), (ii)에서 $r=2$이므로 $a_n=2^{n-1}$
$$\therefore a_7=2^6=64$$

개념으로 단원 마무리 ● 본문 106쪽

1 답 (1) 등비수열, 공비 (2) ar^{n-1} (3) 등비중항, ac
(4) $1-r^n$, $r-1$, na

2 답 (1) $\times$ (2) $\bigcirc$ (3) $\times$ (4) $\bigcirc$ (5) $\bigcirc$

(1) 수열 27, 18, 12, 8, $\cdots$은 첫째항이 27, 공비가 $\dfrac{18}{27}=\dfrac{2}{3}$인
등비수열이다.
(3) 두 수 a, b 사이에 n개의 수를 넣어서 등비수열을 만들면 첫
째항이 a, 제$(n+2)$항이 b이므로
$b=ar^{n+1}$ (단, r는 공비)

● 10 수열의 합

교과서 개념 확인하기 ──────○ 본문 109쪽

1 답 (1) $\displaystyle\sum_{k=1}^{10} 5k$ (2) $\displaystyle\sum_{k=1}^{8} 3^k$ (3) $\displaystyle\sum_{k=1}^{10} \dfrac{1}{2k}$ (4) $\displaystyle\sum_{k=1}^{14} k(k+1)$

(1) 수열 5, 10, 15, $\cdots$, 50의 제k항을 a_k라 하면 $a_k=5k$이고,
항의 개수는 10이므로
$$5+10+15+\cdots+50=\sum_{k=1}^{10}a_k=\sum_{k=1}^{10}5k$$

(2) 수열 3, 3^2, 3^3, $\cdots$, 3^8의 제k항을 a_k라 하면 $a_k=3^k$이고, 항
의 개수는 8이므로
$$3+3^2+3^3+\cdots+3^8=\sum_{k=1}^{8}a_k=\sum_{k=1}^{8}3^k$$

(3) 수열 $\dfrac{1}{2}$, $\dfrac{1}{4}$, $\dfrac{1}{6}$, $\cdots$, $\dfrac{1}{20}$의 제k항을 a_k라 하면 $a_k=\dfrac{1}{2k}$이
고, 항의 개수는 10이므로
$$\dfrac{1}{2}+\dfrac{1}{4}+\dfrac{1}{6}+\cdots+\dfrac{1}{20}=\sum_{k=1}^{10}a_k=\sum_{k=1}^{10}\dfrac{1}{2k}$$

(4) 수열 1×2, 2×3, 3×4, $\cdots$, 14×15의 제k항을 a_k라 하면
$a_k=k(k+1)$이고, 항의 개수는 14이므로
$$1\times2+2\times3+3\times4+\cdots+14\times15=\sum_{k=1}^{14}a_k=\sum_{k=1}^{14}k(k+1)$$

2 답 (1) $4+8+12+16+20$ (2) $1^2+2^2+3^2+\cdots+20^2$
(3) $\dfrac{1}{2}+\dfrac{1}{3}+\dfrac{1}{4}+\cdots+\dfrac{1}{16}$
(4) $-5+25-125+\cdots+5^{10}$

(1) $4k$의 k에 1부터 5까지 대입하여 더한 것이므로
$$\sum_{k=1}^{5}4k=4\times1+4\times2+4\times3+4\times4+4\times5$$
$$=4+8+12+16+20$$

(2) k^2의 k에 1부터 20까지 대입하여 더한 것이므로
$$\sum_{k=1}^{20}k^2=1^2+2^2+3^2+\cdots+20^2$$

(3) $\dfrac{1}{k+1}$의 k에 1부터 15까지 대입하여 더한 것이므로
$$\sum_{k=1}^{15}\dfrac{1}{k+1}=\dfrac{1}{2}+\dfrac{1}{3}+\dfrac{1}{4}+\cdots+\dfrac{1}{16}$$

(4) $(-5)^k$의 k에 1부터 10까지 대입하여 더한 것이므로
$$\sum_{k=1}^{10}(-5)^k=-5+(-5)^2+(-5)^3+\cdots+(-5)^{10}$$
$$=-5+25-125+\cdots+5^{10}$$

3 답 (1) 8 (2) 4 (3) 18 (4) 34

(1) $\displaystyle\sum_{k=1}^{10}(a_k+b_k)=\sum_{k=1}^{10}a_k+\sum_{k=1}^{10}b_k=6+2=8$

(2) $\displaystyle\sum_{k=1}^{10}(a_k-b_k)=\sum_{k=1}^{10}a_k-\sum_{k=1}^{10}b_k=6-2=4$

(3) $\displaystyle\sum_{k=1}^{10}3a_k=3\sum_{k=1}^{10}a_k=3\times6=18$

(4) $\displaystyle\sum_{k=1}^{10}(a_k+4b_k+2)=\sum_{k=1}^{10}a_k+4\sum_{k=1}^{10}b_k+\sum_{k=1}^{10}2$
$$=6+4\times2+2\times10=34$$

4 **답** (1) 36　(2) 204　(3) 1296

(1) $1+2+3+\cdots+8=\sum\limits_{k=1}^{8}k=\dfrac{8\times 9}{2}=36$

(2) $1^2+2^2+3^2+\cdots+8^2=\sum\limits_{k=1}^{8}k^2=\dfrac{8\times 9\times 17}{6}=204$

(3) $1^3+2^3+3^3+\cdots+8^3=\sum\limits_{k=1}^{8}k^3=\left(\dfrac{8\times 9}{2}\right)^2=1296$

5 **답** (1) $\dfrac{10}{11}$　(2) $\dfrac{4}{9}$

(1) $\sum\limits_{k=1}^{10}\dfrac{1}{k(k+1)}$

$=\sum\limits_{k=1}^{10}\left(\dfrac{1}{k}-\dfrac{1}{k+1}\right)$

$=\left(1-\dfrac{1}{2}\right)+\left(\dfrac{1}{2}-\dfrac{1}{3}\right)+\left(\dfrac{1}{3}-\dfrac{1}{4}\right)+\cdots+\left(\dfrac{1}{10}-\dfrac{1}{11}\right)$

$=1-\dfrac{1}{11}=\dfrac{10}{11}$

(2) $\sum\limits_{k=1}^{16}\dfrac{1}{(k+1)(k+2)}$

$=\sum\limits_{k=1}^{16}\left(\dfrac{1}{k+1}-\dfrac{1}{k+2}\right)$

$=\left(\dfrac{1}{2}-\dfrac{1}{3}\right)+\left(\dfrac{1}{3}-\dfrac{1}{4}\right)+\left(\dfrac{1}{4}-\dfrac{1}{5}\right)+\cdots+\left(\dfrac{1}{17}-\dfrac{1}{18}\right)$

$=\dfrac{1}{2}-\dfrac{1}{18}=\dfrac{4}{9}$

6 **답** (1) 2　(2) $2\sqrt{2}$

(1) $\sum\limits_{k=1}^{8}\dfrac{1}{\sqrt{k}+\sqrt{k+1}}$

$=\sum\limits_{k=1}^{8}\dfrac{\sqrt{k}-\sqrt{k+1}}{(\sqrt{k}+\sqrt{k+1})(\sqrt{k}-\sqrt{k+1})}$

$=\sum\limits_{k=1}^{8}(\sqrt{k+1}-\sqrt{k})$

$=(\sqrt{2}-\sqrt{1})+(\sqrt{3}-\sqrt{2})+(\sqrt{4}-\sqrt{3})+\cdots+(\sqrt{9}-\sqrt{8})$

$=-1+\sqrt{9}=2$

(2) $\sum\limits_{k=1}^{16}\dfrac{1}{\sqrt{k+1}+\sqrt{k+2}}$

$=\sum\limits_{k=1}^{16}\dfrac{\sqrt{k+1}-\sqrt{k+2}}{(\sqrt{k+1}+\sqrt{k+2})(\sqrt{k+1}-\sqrt{k+2})}$

$=\sum\limits_{k=1}^{16}(\sqrt{k+2}-\sqrt{k+1})$

$=(\sqrt{3}-\sqrt{2})+(\sqrt{4}-\sqrt{3})+(\sqrt{5}-\sqrt{4})+\cdots$
$\qquad\qquad\qquad\qquad +(\sqrt{18}-\sqrt{17})$

$=-\sqrt{2}+\sqrt{18}=2\sqrt{2}$

교과서 예제로 개념 익히기　　　　• 본문 110~115쪽

필수 예제 1 **답** 27

$\sum\limits_{k=2}^{20}a_k-\sum\limits_{k=1}^{19}a_k=(a_2+a_3+a_4+\cdots+a_{20})$
$\qquad\qquad\qquad\qquad -(a_1+a_2+a_3+\cdots+a_{19})$

$\qquad\qquad =a_{20}-a_1$

$\qquad\qquad =30-3=27$

1-1 **답** 45

$\sum\limits_{k=2}^{100}a_k=55$에서

$a_2+a_3+a_4+\cdots+a_{100}=55$　　……㉠

$\sum\limits_{k=1}^{99}a_k=10$에서

$a_1+a_2+a_3+\cdots+a_{99}=10$　　……㉡

㉠−㉡을 하면

$a_{100}-a_1=55-10=45$

1-2 **답** 46

$\sum\limits_{k=1}^{9}f(k+1)-\sum\limits_{k=2}^{10}f(k-1)$

$=\{f(2)+f(3)+f(4)+\cdots+f(10)\}$
$\qquad\qquad -\{f(1)+f(2)+f(3)+\cdots+f(9)\}$

$=f(10)-f(1)=48-2=46$

플러스 강의

합의 기호 $\sum$를 이용하여 다음과 같이 식을 변형할 수 있다.

① $\sum\limits_{k=m}^{n}a_k=a_m+a_{m+1}+a_{m+2}+\cdots+a_n=\sum\limits_{k=1}^{n}a_k-\sum\limits_{k=1}^{m-1}a_k$ (단, $m\leq n$)

② $\sum\limits_{k=1}^{n}a_k=\sum\limits_{k=1}^{m}a_k+\sum\limits_{k=m+1}^{n}a_k=\sum\limits_{k=1}^{l}a_k-\sum\limits_{k=n+1}^{l}a_k$ (단, $m<n<l$)

1-3 **답** 31

$\sum\limits_{k=1}^{n}(a_{2k-1}+a_{2k})$

$=(a_1+a_2)+(a_3+a_4)+(a_5+a_6)+\cdots+(a_{2n-1}+a_{2n})$

$=\sum\limits_{k=1}^{2n}a_k$

이므로 $\sum\limits_{k=1}^{2n}a_k=3n+1$

위의 식의 양변에 $n=10$을 대입하면

$\sum\limits_{k=1}^{20}a_k=3\times 10+1=31$

필수 예제 2 **답** 134

$\sum\limits_{k=1}^{10}(2a_k+3)^2=\sum\limits_{k=1}^{10}(4a_k^2+12a_k+9)$

$\qquad\qquad =4\sum\limits_{k=1}^{10}a_k^2+12\sum\limits_{k=1}^{10}a_k+\sum\limits_{k=1}^{10}9$

$\qquad\qquad =4\times 5+12\times 2+9\times 10$

$\qquad\qquad =134$

2-1 **답** 86

$\sum\limits_{k=1}^{20}(3a_k-1)^2=\sum\limits_{k=1}^{20}(9a_k^2-6a_k+1)$

$\qquad\qquad =9\sum\limits_{k=1}^{20}a_k^2-6\sum\limits_{k=1}^{20}a_k+\sum\limits_{k=1}^{20}1$

$\qquad\qquad =9\times 10-6\times 4+1\times 20$

$\qquad\qquad =86$

2-2 **답** 228

$\sum\limits_{k=1}^{n}a_k=n^2+4$, $\sum\limits_{k=1}^{n}b_k=7n$의 양변에 각각 $n=8$을 대입하면

$\sum\limits_{k=1}^{8}a_k=8^2+4=68$, $\sum\limits_{k=1}^{8}b_k=7\times 8=56$

$$\therefore \sum_{k=1}^{8}(5a_k-2b_k)=5\sum_{k=1}^{8}a_k-2\sum_{k=1}^{8}b_k$$
$$=5\times68-2\times56$$
$$=228$$

2-3 답 63

$\sum_{k=1}^{15}a_k=\alpha$, $\sum_{k=1}^{15}b_k=\beta$라 하면

$\sum_{k=1}^{15}(a_k+b_k)=24$에서 $\sum_{k=1}^{15}a_k+\sum_{k=1}^{15}b_k=24$

$\therefore \alpha+\beta=24$ ……㉠

$\sum_{k=1}^{15}(a_k-b_k)=6$에서 $\sum_{k=1}^{15}a_k-\sum_{k=1}^{15}b_k=6$

$\therefore \alpha-\beta=6$ ……㉡

㉠, ㉡을 연립하여 풀면 $\alpha=15$, $\beta=9$

따라서 $\sum_{k=1}^{15}a_k=15$, $\sum_{k=1}^{15}b_k=9$이므로

$$\sum_{k=1}^{15}(a_k-3b_k+5)=\sum_{k=1}^{15}a_k-3\sum_{k=1}^{15}b_k+\sum_{k=1}^{15}5$$
$$=15-3\times9+5\times15=63$$

필수 예제 3 답 (1) 373 (2) $\dfrac{127}{64}$

(1) $\sum_{k=1}^{5}(3^k+2)=\sum_{k=1}^{5}3^k+\sum_{k=1}^{5}2=\dfrac{3(3^5-1)}{3-1}+2\times5=373$

(2) $\sum_{k=1}^{7}\left(\dfrac{1}{2}\right)^{k-1}=\dfrac{1-\left(\dfrac{1}{2}\right)^7}{1-\dfrac{1}{2}}=\dfrac{127}{64}$

3-1 답 (1) 320 (2) $\dfrac{121}{81}$

(1) $\sum_{k=1}^{4}(4^k-5)=\sum_{k=1}^{4}4^k-\sum_{k=1}^{4}5=\dfrac{4(4^4-1)}{4-1}-4\times5=320$

(2) $\sum_{k=1}^{5}\left(\dfrac{1}{3}\right)^{k-1}=\dfrac{1-\left(\dfrac{1}{3}\right)^5}{1-\dfrac{1}{3}}=\dfrac{121}{81}$

3-2 답 -1

$$\sum_{k=1}^{10}\dfrac{3^k-2^k}{4^k}=\sum_{k=1}^{10}\left(\dfrac{3}{4}\right)^k-\sum_{k=1}^{10}\left(\dfrac{1}{2}\right)^k$$
$$=\dfrac{\dfrac{3}{4}\left\{1-\left(\dfrac{3}{4}\right)^{10}\right\}}{1-\dfrac{3}{4}}-\dfrac{\dfrac{1}{2}\left\{1-\left(\dfrac{1}{2}\right)^{10}\right\}}{1-\dfrac{1}{2}}$$
$$=3\left\{1-\left(\dfrac{3}{4}\right)^{10}\right\}-\left\{1-\left(\dfrac{1}{2}\right)^{10}\right\}$$
$$=-3\left(\dfrac{3}{4}\right)^{10}+\left(\dfrac{1}{2}\right)^{10}+2$$

따라서 $a=-3$, $b=2$이므로

$a+b=-3+2=-1$

3-3 답 $\dfrac{9}{32}$

$$1+3+3^2+\cdots+3^{k-1}=\dfrac{1\times(3^k-1)}{3-1}$$
$$=\dfrac{3^k-1}{2}$$

$$\therefore \sum_{k=1}^{n}(1+3+3^2+\cdots+3^{k-1})$$
$$=\sum_{k=1}^{n}\left(\dfrac{3^k-1}{2}\right)=\dfrac{1}{2}\sum_{k=1}^{n}3^k-\sum_{k=1}^{n}\dfrac{1}{2}$$
$$=\dfrac{1}{2}\times\dfrac{3(3^n-1)}{3-1}-\dfrac{1}{2}\times n$$
$$=\dfrac{3}{4}\times3^n-\dfrac{n}{2}-\dfrac{3}{4}$$

따라서 $a=\dfrac{3}{4}$, $b=-\dfrac{1}{2}$, $c=-\dfrac{3}{4}$이므로

$abc=\dfrac{3}{4}\times\left(-\dfrac{1}{2}\right)\times\left(-\dfrac{3}{4}\right)=\dfrac{9}{32}$

필수 예제 4 답 (1) 250 (2) 112

(1) $\sum_{k=1}^{10}(4k+3)=4\sum_{k=1}^{10}k+\sum_{k=1}^{10}3$
$$=4\times\dfrac{10\times11}{2}+3\times10$$
$$=250$$

(2) $\sum_{k=1}^{7}k(k-1)=\sum_{k=1}^{7}(k^2-k)$
$$=\sum_{k=1}^{7}k^2-\sum_{k=1}^{7}k$$
$$=\dfrac{7\times8\times15}{6}-\dfrac{7\times8}{2}$$
$$=112$$

4-1 답 (1) 360 (2) 335

(1) $\sum_{k=1}^{8}(3k^2-7k)=3\sum_{k=1}^{8}k^2-7\sum_{k=1}^{8}k$
$$=3\times\dfrac{8\times9\times17}{6}-7\times\dfrac{8\times9}{2}$$
$$=360$$

(2) $\sum_{k=1}^{5}k^2(k+2)=\sum_{k=1}^{5}(k^3+2k^2)=\sum_{k=1}^{5}k^3+2\sum_{k=1}^{5}k^2$
$$=\left(\dfrac{5\times6}{2}\right)^2+2\times\dfrac{5\times6\times11}{6}$$
$$=335$$

4-2 답 (1) 216 (2) 850

(1) $\sum_{k=1}^{6}(5k+1)^2-\sum_{k=1}^{6}(5k)^2$
$$=\sum_{k=1}^{6}\{(5k+1)^2-(5k)^2\}$$
$$=\sum_{k=1}^{6}(25k^2+10k+1-25k^2)$$
$$=\sum_{k=1}^{6}(10k+1)=10\sum_{k=1}^{6}k+\sum_{k=1}^{6}1$$
$$=10\times\dfrac{6\times7}{2}+1\times6=216$$

(2) $\sum_{k=1}^{10}(k+2)^2+\sum_{k=1}^{10}(k-2)^2$
$$=\sum_{k=1}^{10}\{(k+2)^2+(k-2)^2\}$$
$$=\sum_{k=1}^{10}(k^2+4k+4+k^2-4k+4)$$
$$=\sum_{k=1}^{10}(2k^2+8)=2\sum_{k=1}^{10}k^2+\sum_{k=1}^{10}8$$
$$=2\times\dfrac{10\times11\times21}{6}+8\times10=850$$

4-3 답 200

등차수열 $\{a_n\}$의 첫째항이 7, 공차가 3이므로

$a_n=7+(n-1)\times3=3n+4$

$\therefore \displaystyle\sum_{k=1}^{8}(2a_k-10)=\sum_{k=1}^{8}\{2(3k+4)-10\}$

$\qquad\qquad\qquad=\displaystyle\sum_{k=1}^{8}(6k-2)$

$\qquad\qquad\qquad=6\displaystyle\sum_{k=1}^{8}k-\sum_{k=1}^{8}2$

$\qquad\qquad\qquad=6\times\dfrac{8\times9}{2}-2\times8=200$

필수 예제 5 답 (1) $\dfrac{n(n+1)(2n+7)}{6}$ (2) $\dfrac{n(n+1)(n+2)}{6}$

(1) 주어진 수열의 일반항을 a_n이라 하면

$a_n=n(n+2)=n^2+2n$

따라서 수열 $\{a_n\}$의 첫째항부터 제n항까지의 합은

$\displaystyle\sum_{k=1}^{n}a_k=\sum_{k=1}^{n}(k^2+2k)=\sum_{k=1}^{n}k^2+2\sum_{k=1}^{n}k$

$\qquad\quad=\dfrac{n(n+1)(2n+1)}{6}+2\times\dfrac{n(n+1)}{2}$

$\qquad\quad=\dfrac{n(n+1)(2n+7)}{6}$

(2) 주어진 수열의 일반항을 a_n이라 하면

$a_n=1+2+3+\cdots+n=\dfrac{n(n+1)}{2}=\dfrac{n^2}{2}+\dfrac{n}{2}$

따라서 수열 $\{a_n\}$의 첫째항부터 제n항까지의 합은

$\displaystyle\sum_{k=1}^{n}a_k=\sum_{k=1}^{n}\left(\dfrac{k^2}{2}+\dfrac{k}{2}\right)$

$\qquad\quad=\dfrac{1}{2}\displaystyle\sum_{k=1}^{n}k^2+\dfrac{1}{2}\sum_{k=1}^{n}k$

$\qquad\quad=\dfrac{1}{2}\times\dfrac{n(n+1)(2n+1)}{6}+\dfrac{1}{2}\times\dfrac{n(n+1)}{2}$

$\qquad\quad=\dfrac{n(n+1)(n+2)}{6}$

5-1 답 (1) $\dfrac{3n(n+1)(2n+1)}{2}$ (2) $\dfrac{n(4n^2+6n-1)}{3}$

(1) 주어진 수열의 일반항을 a_n이라 하면

$a_n=(3n)^2=9n^2$

따라서 수열 $\{a_n\}$의 첫째항부터 제n항까지의 합은

$\displaystyle\sum_{k=1}^{n}a_k=\sum_{k=1}^{n}9k^2=9\sum_{k=1}^{n}k^2$

$\qquad\quad=9\times\dfrac{n(n+1)(2n+1)}{6}$

$\qquad\quad=\dfrac{3n(n+1)(2n+1)}{2}$

(2) 주어진 수열의 일반항을 a_n이라 하면

$a_n=(2n-1)(2n+1)=4n^2-1$

따라서 수열 $\{a_n\}$의 첫째항부터 제n항까지의 합은

$\displaystyle\sum_{k=1}^{n}a_k=\sum_{k=1}^{n}(4k^2-1)=4\sum_{k=1}^{n}k^2-\sum_{k=1}^{n}1$

$\qquad\quad=4\times\dfrac{n(n+1)(2n+1)}{6}-n$

$\qquad\quad=\dfrac{n(4n^2+6n-1)}{3}$

5-2 답 502

주어진 수열의 일반항을 a_n이라 하면

$a_n=1+2+2^2+\cdots+2^{n-1}$

$\qquad=\dfrac{1\times(2^n-1)}{2-1}=2^n-1$

따라서 수열 $\{a_n\}$의 첫째항부터 제8항까지의 합은

$\displaystyle\sum_{k=1}^{8}a_k=\sum_{k=1}^{8}(2^k-1)=\sum_{k=1}^{8}2^k-\sum_{k=1}^{8}1$

$\qquad\quad=\dfrac{2(2^8-1)}{2-1}-8=502$

필수 예제 6 답 (1) 330 (2) 210

(1) $\displaystyle\sum_{i=1}^{10}\left(\sum_{k=1}^{i}6\right)=\sum_{i=1}^{10}6i=6\sum_{i=1}^{10}i$

$\qquad\qquad\quad=6\times\dfrac{10\times11}{2}$

$\qquad\qquad\quad=330$

(2) $\displaystyle\sum_{n=1}^{6}\left(\sum_{k=1}^{4}nk\right)=\sum_{n=1}^{6}\left(n\sum_{k=1}^{4}k\right)=\sum_{n=1}^{6}\left(n\times\dfrac{4\times5}{2}\right)$

$\qquad\qquad\qquad=\displaystyle\sum_{n=1}^{6}10n=10\sum_{n=1}^{6}n$

$\qquad\qquad\qquad=10\times\dfrac{6\times7}{2}=210$

6-1 답 (1) 444 (2) 150

(1) $\displaystyle\sum_{m=1}^{8}\left\{\sum_{k=1}^{m}(4k-1)\right\}=\sum_{m=1}^{8}\left(4\sum_{k=1}^{m}k-\sum_{k=1}^{m}1\right)$

$\qquad\qquad\qquad=\displaystyle\sum_{m=1}^{8}\left\{4\times\dfrac{m(m+1)}{2}-m\right\}$

$\qquad\qquad\qquad=\displaystyle\sum_{m=1}^{8}(2m^2+m)$

$\qquad\qquad\qquad=2\displaystyle\sum_{m=1}^{8}m^2+\sum_{m=1}^{8}m$

$\qquad\qquad\qquad=2\times\dfrac{8\times9\times17}{6}+\dfrac{8\times9}{2}$

$\qquad\qquad\qquad=444$

(2) $\displaystyle\sum_{m=1}^{5}\left\{\sum_{n=1}^{5}(m+n)\right\}=\sum_{m=1}^{5}\left(\sum_{n=1}^{5}m+\sum_{n=1}^{5}n\right)$

$\qquad\qquad\qquad=\displaystyle\sum_{m=1}^{5}\left(5m+\dfrac{5\times6}{2}\right)$

$\qquad\qquad\qquad=\displaystyle\sum_{m=1}^{5}(5m+15)$

$\qquad\qquad\qquad=5\displaystyle\sum_{m=1}^{5}m+\sum_{m=1}^{5}15$

$\qquad\qquad\qquad=5\times\dfrac{5\times6}{2}+5\times15$

$\qquad\qquad\qquad=150$

6-2 답 6

$\displaystyle\sum_{m=1}^{n}\left(\sum_{l=1}^{m}l\right)=\sum_{m=1}^{n}\dfrac{m(m+1)}{2}$

$\qquad\qquad=\dfrac{1}{2}\left(\displaystyle\sum_{m=1}^{n}m^2+\sum_{m=1}^{n}m\right)$

$\qquad\qquad=\dfrac{1}{2}\left\{\dfrac{n(n+1)(2n+1)}{6}+\dfrac{n(n+1)}{2}\right\}$

$\qquad\qquad=\dfrac{n(n+1)(n+2)}{6}$

따라서 $\dfrac{n(n+1)(n+2)}{6}=56$이므로

$n(n+1)(n+2)=6\times56=6\times7\times8$

$\therefore n=6$

필수 예제 7 답 $\dfrac{n}{2n+1}$

주어진 수열의 일반항을 a_n이라 하면

$a_n=\dfrac{1}{(2n-1)(2n+1)}=\dfrac12\left(\dfrac{1}{2n-1}-\dfrac{1}{2n+1}\right)$

따라서 수열 $\{a_n\}$의 첫째항부터 제n항까지의 합은

$\displaystyle\sum_{k=1}^{n}a_k=\sum_{k=1}^{n}\dfrac12\left(\dfrac{1}{2k-1}-\dfrac{1}{2k+1}\right)$

$\quad=\dfrac12\left\{\left(1-\dfrac13\right)+\left(\dfrac13-\dfrac15\right)+\left(\dfrac15-\dfrac17\right)+\cdots\right.$

$\qquad\qquad\qquad\qquad\left.+\left(\dfrac{1}{2n-1}-\dfrac{1}{2n+1}\right)\right\}$

$\quad=\dfrac12\left(1-\dfrac{1}{2n+1}\right)$

$\quad=\dfrac{n}{2n+1}$

7-1 답 $\dfrac{n}{2(3n+2)}$

주어진 수열의 일반항을 a_n이라 하면

$a_n=\dfrac{1}{(3n-1)(3n+2)}=\dfrac13\left(\dfrac{1}{3n-1}-\dfrac{1}{3n+2}\right)$

따라서 수열 $\{a_n\}$의 첫째항부터 제n항까지의 합은

$\displaystyle\sum_{k=1}^{n}a_k=\sum_{k=1}^{n}\dfrac13\left(\dfrac{1}{3k-1}-\dfrac{1}{3k+2}\right)$

$\quad=\dfrac13\left\{\left(\dfrac12-\dfrac15\right)+\left(\dfrac15-\dfrac18\right)+\left(\dfrac18-\dfrac{1}{11}\right)+\cdots\right.$

$\qquad\qquad\qquad\qquad\left.+\left(\dfrac{1}{3n-1}-\dfrac{1}{3n+2}\right)\right\}$

$\quad=\dfrac13\left(\dfrac12-\dfrac{1}{3n+2}\right)$

$\quad=\dfrac{n}{2(3n+2)}$

7-2 답 $\dfrac{40}{21}$

수열 $1,\ \dfrac{1}{1+2},\ \dfrac{1}{1+2+3},\ \cdots$의 일반항을 a_n이라 하면

$a_n=\dfrac{1}{1+2+3+\cdots+n}=\dfrac{1}{\dfrac{n(n+1)}{2}}$

$\quad=\dfrac{2}{n(n+1)}=2\left(\dfrac1n-\dfrac{1}{n+1}\right)$

따라서 주어진 식은 수열 $\{a_n\}$의 첫째항부터 제20항까지의 합과 같으므로

$1+\dfrac{1}{1+2}+\dfrac{1}{1+2+3}+\cdots+\dfrac{1}{1+2+3+\cdots+20}$

$=\displaystyle\sum_{k=1}^{20}a_k=\sum_{k=1}^{20}2\left(\dfrac1k-\dfrac{1}{k+1}\right)$

$=2\left\{\left(1-\dfrac12\right)+\left(\dfrac12-\dfrac13\right)+\left(\dfrac13-\dfrac14\right)+\cdots+\left(\dfrac{1}{20}-\dfrac{1}{21}\right)\right\}$

$=2\left(1-\dfrac{1}{21}\right)=\dfrac{40}{21}$

필수 예제 8 답 $\sqrt{n+2}-\sqrt2$

주어진 수열의 일반항을 a_n이라 하면

$a_n=\dfrac{1}{\sqrt{n+1}+\sqrt{n+2}}$

$\quad=\dfrac{\sqrt{n+1}-\sqrt{n+2}}{(\sqrt{n+1}+\sqrt{n+2})(\sqrt{n+1}-\sqrt{n+2})}$

$\quad=\sqrt{n+2}-\sqrt{n+1}$

따라서 수열 $\{a_n\}$의 첫째항부터 제n항까지의 합은

$\displaystyle\sum_{k=1}^{n}a_k=\sum_{k=1}^{n}(\sqrt{k+2}-\sqrt{k+1})$

$\quad=(\sqrt3-\sqrt2)+(\sqrt4-\sqrt3)+(\sqrt5-\sqrt4)+\cdots$

$\qquad\qquad\qquad\qquad+(\sqrt{n+2}-\sqrt{n+1})$

$\quad=\sqrt{n+2}-\sqrt2$

8-1 답 $\sqrt{2n+1}-1$

주어진 수열의 일반항을 a_n이라 하면

$a_n=\dfrac{2}{\sqrt{2n-1}+\sqrt{2n+1}}$

$\quad=\dfrac{2(\sqrt{2n-1}-\sqrt{2n+1})}{(\sqrt{2n-1}+\sqrt{2n+1})(\sqrt{2n-1}-\sqrt{2n+1})}$

$\quad=\sqrt{2n+1}-\sqrt{2n-1}$

따라서 수열 $\{a_n\}$의 첫째항부터 제n항까지의 합은

$\displaystyle\sum_{k=1}^{n}a_k=\sum_{k=1}^{n}(\sqrt{2k+1}-\sqrt{2k-1})$

$\quad=(\sqrt3-1)+(\sqrt5-\sqrt3)+(\sqrt7-\sqrt5)+\cdots$

$\qquad\qquad\qquad\qquad+(\sqrt{2n+1}-\sqrt{2n-1})$

$\quad=\sqrt{2n+1}-1$

8-2 답 $4\sqrt2$

수열 $\dfrac{3}{\sqrt2+\sqrt5},\ \dfrac{3}{\sqrt5+\sqrt8},\ \dfrac{3}{\sqrt8+\sqrt{11}},\ \cdots$의 일반항을 a_n이라 하면

$a_n=\dfrac{3}{\sqrt{3n-1}+\sqrt{3n+2}}$

$\quad=\dfrac{3(\sqrt{3n-1}-\sqrt{3n+2})}{(\sqrt{3n-1}+\sqrt{3n+2})(\sqrt{3n-1}-\sqrt{3n+2})}$

$\quad=\sqrt{3n+2}-\sqrt{3n-1}$

$a_k=\dfrac{3}{\sqrt{47}+\sqrt{50}}$이라 하면

$\dfrac{3}{\sqrt{3k-1}+\sqrt{3k+2}}=\dfrac{3}{\sqrt{47}+\sqrt{50}}$

$3k-1=47$

$\therefore k=16$

따라서 주어진 식은 수열 $\{a_n\}$의 첫째항부터 제16항까지의 합과 같으므로

$\dfrac{3}{\sqrt2+\sqrt5}+\dfrac{3}{\sqrt5+\sqrt8}+\dfrac{3}{\sqrt8+\sqrt{11}}+\cdots+\dfrac{3}{\sqrt{47}+\sqrt{50}}$

$=\displaystyle\sum_{k=1}^{16}a_k$

$=\displaystyle\sum_{k=1}^{16}(\sqrt{3k+2}-\sqrt{3k-1})$

$=(\sqrt5-\sqrt2)+(\sqrt8-\sqrt5)+(\sqrt{11}-\sqrt8)+\cdots+(\sqrt{50}-\sqrt{47})$

$=\sqrt{50}-\sqrt2$

$=4\sqrt2$

01 ④	**02** 37	**03** 179	**04** ③
05 1330	**06** 150	**07** $\frac{36}{55}$	**08** 2
09 12	**10** ①		

01

$$\sum_{k=1}^{n}(2k-1)-\sum_{k=3}^{n}(2k-1)=\sum_{k=1}^{2}(2k-1)$$
$$=(2\times1-1)+(2\times2-1)$$
$$=1+3=4$$

02

$$\sum_{k=1}^{10}(a_k+1)^2=\sum_{k=1}^{10}(a_k^2+2a_k+1)$$
$$=\sum_{k=1}^{10}a_k^2+2\sum_{k=1}^{10}a_k+\sum_{k=1}^{10}1$$
$$=\sum_{k=1}^{10}a_k^2+2\times(-8)+1\times10$$
$$=\sum_{k=1}^{10}a_k^2-6$$

따라서 $\sum_{k=1}^{10}a_k^2-6=31$이므로

$$\sum_{k=1}^{10}a_k^2=37$$

03

$S_n=\dfrac{3^n-1}{3-1}=\dfrac{3^n-1}{2}$이므로

$$\sum_{k=1}^{5}S_k=\sum_{k=1}^{5}\frac{3^k-1}{2}=\frac{1}{2}\sum_{k=1}^{5}3^k-\sum_{k=1}^{5}\frac{1}{2}$$
$$=\frac{1}{2}\times\frac{3(3^5-1)}{3-1}-\frac{1}{2}\times5$$
$$=\frac{3^6-3}{4}-\frac{5}{2}$$
$$=\frac{363}{2}-\frac{5}{2}=179$$

04

$$\sum_{k=1}^{n-1}(4k-3)=4\sum_{k=1}^{n-1}k-\sum_{k=1}^{n-1}3$$
$$=4\times\frac{(n-1)n}{2}-3(n-1)$$
$$=2n^2-5n+3$$

따라서 $2n^2-5n+3=28$이므로

$2n^2-5n-25=0$, $(2n+5)(n-5)=0$

$\therefore n=5$ ($\because n$은 자연수)

05

수열 1×19, 2×18, 3×17, $\cdots$의 일반항을 a_n이라 하면

$a_n=n(20-n)$

따라서 주어진 식은 수열 $\{a_n\}$의 첫째항부터 제19항까지의 합과 같으므로

$$\sum_{k=1}^{19}a_k=\sum_{k=1}^{19}k(20-k)=\sum_{k=1}^{19}(20k-k^2)$$
$$=20\sum_{k=1}^{19}k-\sum_{k=1}^{19}k^2$$
$$=20\times\frac{19\times20}{2}-\frac{19\times20\times39}{6}$$
$$=3800-2470=1330$$

06

$$\sum_{m=1}^{i}\left(\sum_{n=1}^{j}mn\right)=\sum_{m=1}^{i}\left(m\sum_{n=1}^{j}n\right)=\sum_{m=1}^{i}\left\{m\times\frac{j(j+1)}{2}\right\}$$
$$=\frac{j(j+1)}{2}\sum_{m=1}^{i}m=\frac{j(j+1)}{2}\times\frac{i(i+1)}{2}$$
$$=\frac{ij(ij+i+j+1)}{4}$$
$$=\frac{20(20+9+1)}{4}=150$$

07

수열 $\dfrac{1}{2^2-1}$, $\dfrac{1}{3^2-1}$, $\dfrac{1}{4^2-1}$, $\cdots$의 일반항을 a_n이라 하면

$$a_n=\frac{1}{(n+1)^2-1}=\frac{1}{n(n+2)}=\frac{1}{2}\left(\frac{1}{n}-\frac{1}{n+2}\right)$$

따라서 주어진 식은 수열 $\{a_n\}$의 첫째항부터 제9항까지의 합과 같으므로

$$\sum_{k=1}^{9}a_k=\sum_{k=1}^{9}\frac{1}{2}\left(\frac{1}{k}-\frac{1}{k+2}\right)$$
$$=\frac{1}{2}\sum_{k=1}^{9}\left(\frac{1}{k}-\frac{1}{k+2}\right)$$
$$=\frac{1}{2}\left\{\left(1-\frac{1}{3}\right)+\left(\frac{1}{2}-\frac{1}{4}\right)+\left(\frac{1}{3}-\frac{1}{5}\right)+\cdots\right.$$
$$\left.+\left(\frac{1}{8}-\frac{1}{10}\right)+\left(\frac{1}{9}-\frac{1}{11}\right)\right\}$$
$$=\frac{1}{2}\left(1+\frac{1}{2}-\frac{1}{10}-\frac{1}{11}\right)=\frac{36}{55}$$

08

수열 $\{a_n\}$은 첫째항이 1, 공차가 3인 등차수열이므로

$a_n=1+(n-1)\times3=3n-2$

따라서

$$\frac{1}{\sqrt{a_k}+\sqrt{a_{k+1}}}$$
$$=\frac{1}{\sqrt{3k-2}+\sqrt{3k+1}}$$
$$=\frac{\sqrt{3k-2}-\sqrt{3k+1}}{(\sqrt{3k-2}+\sqrt{3k+1})(\sqrt{3k-2}-\sqrt{3k+1})}$$
$$=\frac{1}{3}(\sqrt{3k+1}-\sqrt{3k-2})$$

이므로

$$\sum_{k=1}^{16}\frac{1}{\sqrt{a_k}+\sqrt{a_{k+1}}}$$
$$=\frac{1}{3}\sum_{k=1}^{16}(\sqrt{3k+1}-\sqrt{3k-2})$$
$$=\frac{1}{3}\{(\sqrt{4}-1)+(\sqrt{7}-\sqrt{4})+(\sqrt{10}-\sqrt{7})+\cdots$$
$$+(\sqrt{49}-\sqrt{46})\}$$
$$=\frac{1}{3}(\sqrt{49}-1)=2$$

09

$\displaystyle\sum_{k=1}^{10} a_k - \sum_{k=1}^{7} \frac{a_k}{2} = 56$의 양변에 2를 곱하면

$2\displaystyle\sum_{k=1}^{10} a_k - 2\sum_{k=1}^{7} \frac{a_k}{2} = 112$

$\therefore \displaystyle\sum_{k=1}^{10} 2a_k - \sum_{k=1}^{7} a_k = 112$ ...... ㉠

이때 주어진 조건에서

$\displaystyle\sum_{k=1}^{10} 2a_k - \sum_{k=1}^{8} a_k = 100$ ...... ㉡

㉠－㉡을 하면 $\displaystyle\sum_{k=1}^{8} a_k - \sum_{k=1}^{7} a_k = 112 - 100 = 12$

$\therefore a_8 = 12$

10

x에 대한 이차방정식 $(n^2+6n+5)x^2-(n+5)x-1=0$의 두 근의 합이 a_n이므로 이차방정식의 근과 계수의 관계에 의하여

$a_n = \dfrac{n+5}{n^2+6n+5} = \dfrac{n+5}{(n+1)(n+5)} = \dfrac{1}{n+1}$

$\therefore \displaystyle\sum_{k=1}^{10} \frac{1}{a_k} = \sum_{k=1}^{10} (k+1) = \sum_{k=1}^{10} k + \sum_{k=1}^{10} 1$

$\qquad\qquad = \dfrac{10 \times 11}{2} + 1 \times 10 = 65$

개념으로 단원 마무리 • 본문 118쪽

1 답 (1) $\displaystyle\sum_{k=1}^{n} a_k$　(2) $\displaystyle\sum_{k=1}^{n} a_k - \sum_{k=1}^{n} b_k,\ cn$

(3) $\dfrac{n(n+1)(2n+1)}{6},\ \left\{ \dfrac{n(n+1)}{2} \right\}^2$

2 답 (1) ○ (2) × (3) × (4) ○ (5) ×

(2) $\displaystyle\sum_{k=1}^{n} a_k b_k = a_1 b_1 + a_2 b_2 + \cdots + a_n b_n,$

$\displaystyle\sum_{k=1}^{n} a_k \sum_{k=1}^{n} b_k = (a_1 + a_2 + \cdots + a_n)(b_1 + b_2 + \cdots + b_n)$

이므로

$\displaystyle\sum_{k=1}^{n} a_k b_k \neq \sum_{k=1}^{n} a_k \sum_{k=1}^{n} b_k$

(3) $\displaystyle\sum_{k=1}^{n} (pa_k + qb_k + r) = \sum_{k=1}^{n} pa_k + \sum_{k=1}^{n} qb_k + \sum_{k=1}^{n} r$

$\qquad\qquad = p\displaystyle\sum_{k=1}^{n} a_k + q\sum_{k=1}^{n} b_k + rn$

(5) $\dfrac{1}{\sqrt{k+a} + \sqrt{k+b}}$

$= \dfrac{\sqrt{k+a} - \sqrt{k+b}}{(\sqrt{k+a} + \sqrt{k+b})(\sqrt{k+a} - \sqrt{k+b})}$

$= \dfrac{\sqrt{k+a} - \sqrt{k+b}}{a-b}$

이므로

$\displaystyle\sum_{k=1}^{n} \frac{1}{\sqrt{k+a} + \sqrt{k+b}} = \frac{1}{a-b} \sum_{k=1}^{n} (\sqrt{k+a} - \sqrt{k+b})$

---

11 수학적 귀납법

교과서 개념 확인하기 ━━━━━● 본문 121쪽

1 답 (1) 17　(2) 3　(3) 13　(4) 24

(1) $a_{n+1} = a_n + 5$에서 $a_1 = 2$이므로

$a_2 = a_1 + 5 = 2 + 5 = 7$

$a_3 = a_2 + 5 = 7 + 5 = 12$

$\therefore a_4 = a_3 + 5 = 12 + 5 = 17$

(2) $a_{n+1} = 3a_n$에서 $a_1 = \dfrac{1}{9}$이므로

$a_2 = 3a_1 = 3 \times \dfrac{1}{9} = \dfrac{1}{3}$

$a_3 = 3a_2 = 3 \times \dfrac{1}{3} = 1$

$\therefore a_4 = 3a_3 = 3 \times 1 = 3$

(3) $a_{n+1} = 2a_n + 3$에서 $a_1 = -1$이므로

$a_2 = 2a_1 + 3 = 2 \times (-1) + 3 = 1$

$a_3 = 2a_2 + 3 = 2 \times 1 + 3 = 5$

$\therefore a_4 = 2a_3 + 3 = 2 \times 5 + 3 = 13$

(4) $a_{n+1} = na_n$에서 $a_1 = 4$이므로

$a_2 = a_1 = 4$

$a_3 = 2a_2 = 2 \times 4 = 8$

$\therefore a_4 = 3a_3 = 3 \times 8 = 24$

2 답 (1) $a_1 = 1,\ a_{n+1} = a_n + 3\ (n=1, 2, 3, \cdots)$

(2) $a_1 = 11,\ a_{n+1} = a_n - 4\ (n=1, 2, 3, \cdots)$

(1) 주어진 수열은 첫째항이 1, 공차가 3인 등차수열이므로 귀납적으로 정의하면

$a_1 = 1,\ a_{n+1} = a_n + 3\ (n=1, 2, 3, \cdots)$

(2) 주어진 수열은 첫째항이 11, 공차가 -4인 등차수열이므로 귀납적으로 정의하면

$a_1 = 11,\ a_{n+1} = a_n - 4\ (n=1, 2, 3, \cdots)$

3 답 (1) $a_1 = 6,\ a_{n+1} = 2a_n\ (n=1, 2, 3, \cdots)$

(2) $a_1 = 32,\ a_{n+1} = \dfrac{1}{4} a_n\ (n=1, 2, 3, \cdots)$

(1) 주어진 수열은 첫째항이 6, 공비가 2인 등비수열이므로 귀납적으로 정의하면

$a_1 = 6,\ a_{n+1} = 2a_n\ (n=1, 2, 3, \cdots)$

(2) 주어진 수열은 첫째항이 32, 공비가 $\dfrac{1}{4}$인 등비수열이므로 귀납적으로 정의하면

$a_1 = 32,\ a_{n+1} = \dfrac{1}{4} a_n\ (n=1, 2, 3, \cdots)$

4 답 ㉮ 1　㉯ $2k+1$

(i) $n=1$일 때

(좌변)$=$㉮ 1, (우변)$=1^2=$㉮ 1

즉, $n=1$일 때 ㉠이 성립한다.

(ii) $n=k$일 때 ㉠이 성립한다고 가정하면

$1+3+5+\cdots+(2k-1)=k^2$

위의 식의 양변에 ㉯ $2k+1$을 더하면

$$1+3+5+\cdots+(2k-1)+(\boxed{^{(\text{나})} 2k+1})=k^2+\boxed{^{(\text{나})} 2k+1}$$
$$=(k+1)^2$$

즉, $n=k+1$일 때도 ㉠이 성립한다.

(i), (ii)에 의하여 모든 자연수 n에 대하여 ㉠이 성립한다.

교과서 예제로 개념 익히기   • 본문 122~125쪽

필수 예제 1 답 (1) 17 (2) $\dfrac{1}{60}$

(1) $a_{n+1}=a_n+n+1$에서 $a_1=3$이므로
$a_2=a_1+1+1=3+1+1=5$
$a_3=a_2+2+1=5+2+1=8$
$a_4=a_3+3+1=8+3+1=12$
$\therefore a_5=a_4+4+1=12+4+1=17$

(2) $a_{n+1}=\dfrac{a_n}{n+1}$에서 $a_1=2$이므로
$a_2=\dfrac{a_1}{1+1}=\dfrac{2}{1+1}=1$
$a_3=\dfrac{a_2}{2+1}=\dfrac{1}{2+1}=\dfrac{1}{3}$
$a_4=\dfrac{a_3}{3+1}=\dfrac{\dfrac{1}{3}}{3+1}=\dfrac{1}{12}$
$\therefore a_5=\dfrac{a_4}{4+1}=\dfrac{\dfrac{1}{12}}{4+1}=\dfrac{1}{60}$

1-1 답 (1) 43 (2) $\dfrac{1}{11}$

(1) $a_{n+1}=a_n+3n$에서 $a_1=-2$이므로
$a_2=a_1+3\times1=-2+3=1$
$a_3=a_2+3\times2=1+6=7$
$a_4=a_3+3\times3=7+9=16$
$a_5=a_4+3\times4=16+12=28$
$\therefore a_6=a_5+3\times5=28+15=43$

(2) $a_{n+1}=\dfrac{2n-1}{2n+1}a_n$에서 $a_1=1$이므로
$a_2=\dfrac{1}{3}a_1=\dfrac{1}{3}\times1=\dfrac{1}{3}$
$a_3=\dfrac{3}{5}a_2=\dfrac{3}{5}\times\dfrac{1}{3}=\dfrac{1}{5}$
$a_4=\dfrac{5}{7}a_3=\dfrac{5}{7}\times\dfrac{1}{5}=\dfrac{1}{7}$
$a_5=\dfrac{7}{9}a_4=\dfrac{7}{9}\times\dfrac{1}{7}=\dfrac{1}{9}$
$\therefore a_6=\dfrac{9}{11}a_5=\dfrac{9}{11}\times\dfrac{1}{9}=\dfrac{1}{11}$

1-2 답 47

$a_{n+2}=a_{n+1}+a_n\,(n=1,\,2,\,3,\,\cdots)$에서 $a_1=1$, $a_2=3$이므로
$a_3=a_2+a_1=3+1=4$
$a_4=a_3+a_2=4+3=7$
$a_5=a_4+a_3=7+4=11$
$a_6=a_5+a_4=11+7=18$
$a_7=a_6+a_5=18+11=29$
$\therefore a_8=a_7+a_6=29+18=47$

1-3 답 25

주어진 식에서 $a_1=4$이므로
$a_2=2a_1=2\times4=8$
$a_3=a_2-1=8-1=7$
$a_4=2a_3=2\times7=14$
$a_5=a_4-1=14-1=13$
$a_6=2a_5=2\times13=26$
$\therefore a_7=a_6-1=26-1=25$

필수 예제 2 답 41

수열 $\{a_n\}$은 첫째항이 5, 공차가 4인 등차수열이므로
$a_n=5+(n-1)\times4=4n+1$
$\therefore a_{10}=4\times10+1=41$

2-1 답 -23

수열 $\{a_n\}$은 첫째항이 19, 공차가 -3인 등차수열이므로
$a_n=19+(n-1)\times(-3)=-3n+22$
$\therefore a_{15}=-3\times15+22=-23$

2-2 답 98

$a_{n+2}-a_{n+1}=a_{n+1}-a_n$에서 수열 $\{a_n\}$은 등차수열이다.
수열 $\{a_n\}$의 첫째항을 a, 공차를 d라 하면
$a_2=8$에서 $a+d=8$ ······ ㉠
$a_5=23$에서 $a+4d=23$ ······ ㉡
㉠, ㉡을 연립하여 풀면
$a=3$, $d=5$
따라서 $a_n=3+(n-1)\times5=5n-2$이므로
$a_{20}=5\times20-2=98$

필수 예제 3 답 486

수열 $\{a_n\}$은 첫째항이 2, 공비가 3인 등비수열이므로
$a_n=2\times3^{n-1}$
$\therefore a_6=2\times3^5=486$

3-1 답 $\dfrac{1}{8}$

수열 $\{a_n\}$은 첫째항이 64, 공비가 $\dfrac{1}{2}$인 등비수열이므로
$a_n=64\times\left(\dfrac{1}{2}\right)^{n-1}$
$\therefore a_{10}=64\times\left(\dfrac{1}{2}\right)^9=\dfrac{1}{8}$

3-2 답 1024

$\dfrac{a_{n+2}}{a_{n+1}}=\dfrac{a_{n+1}}{a_n}$에서 수열 $\{a_n\}$은 등비수열이다.
수열 $\{a_n\}$의 첫째항을 a, 공비를 r라 하면
$a_2=\dfrac{1}{4}$에서 $ar=\dfrac{1}{4}$ ······ ㉠
$a_4=4$에서 $ar^3=4$ ······ ㉡
㉡$\div$㉠을 하면 $r^2=16$
$\therefore r=4\ (\because r>0)$
$r=4$를 ㉠에 대입하여 풀면 $a=\dfrac{1}{16}$

따라서 $a_n=\dfrac{1}{16}\times 4^{n-1}$이므로

$a_8=\dfrac{1}{16}\times 4^7=1024$

필수 예제 4 답 ㈎ 1 ㈏ $k+1$

(i) $n=1$일 때

(좌변)=$\boxed{㈎\ 1}$, (우변)=$\dfrac{1\times(1+1)}{2}=\boxed{㈎\ 1}$

즉, $n=1$일 때 ㉠이 성립한다.

(ii) $n=k$일 때 ㉠이 성립한다고 가정하면

$1+2+3+\cdots+k=\dfrac{k(k+1)}{2}$

위의 식의 양변에 $\boxed{㈏\ k+1}$을 더하면

$1+2+3+\cdots+k+\boxed{㈏\ k+1}=\dfrac{k(k+1)}{2}+\boxed{㈏\ k+1}$

$=\dfrac{k(k+1)+2(k+1)}{2}$

$=\dfrac{(k+1)(k+2)}{2}$

즉, $n=k+1$일 때도 ㉠이 성립한다.

(i), (ii)에 의하여 모든 자연수 n에 대하여 ㉠이 성립한다.

4-1 답 해설 참조

(i) $n=1$일 때

(좌변)=$1^2=1$, (우변)=$\dfrac{1\times(1+1)\times(2+1)}{6}=1$

즉, $n=1$일 때 주어진 등식이 성립한다.

(ii) $n=k$일 때 주어진 등식이 성립한다고 가정하면

$1^2+2^2+3^2+\cdots+k^2=\dfrac{k(k+1)(2k+1)}{6}$

위의 식의 양변에 $(k+1)^2$을 더하면

$1^2+2^2+3^2+\cdots+k^2+(k+1)^2$

$=\dfrac{k(k+1)(2k+1)}{6}+(k+1)^2$

$=\dfrac{k(k+1)(2k+1)+6(k+1)^2}{6}$

$=\dfrac{(k+1)\{k(2k+1)+6(k+1)\}}{6}$

$=\dfrac{(k+1)(2k^2+7k+6)}{6}$

$=\dfrac{(k+1)(k+2)(2k+3)}{6}$

$=\dfrac{(k+1)\{(k+1)+1\}\{2(k+1)+1\}}{6}$

즉, $n=k+1$일 때도 주어진 등식이 성립한다.

(i), (ii)에 의하여 모든 자연수 n에 대하여 주어진 등식이 성립한다.

4-2 답 해설 참조

(i) $n=1$일 때

(좌변)=$1\times 2=2$, (우변)=$\dfrac{1\times(1+1)\times(1+2)}{3}=2$

즉, $n=1$일 때 주어진 등식이 성립한다.

(ii) $n=k$일 때 주어진 등식이 성립한다고 가정하면

$1\times 2+2\times 3+3\times 4+\cdots+k(k+1)=\dfrac{k(k+1)(k+2)}{3}$

앞의 식의 양변에 $(k+1)(k+2)$를 더하면

$1\times 2+2\times 3+3\times 4+\cdots+k(k+1)+(k+1)(k+2)$

$=\dfrac{k(k+1)(k+2)}{3}+(k+1)(k+2)$

$=\dfrac{k(k+1)(k+2)+3(k+1)(k+2)}{3}$

$=\dfrac{(k+1)(k+2)(k+3)}{3}$

$=\dfrac{(k+1)\{(k+1)+1\}\{(k+1)+2\}}{3}$

즉, $n=k+1$일 때도 주어진 등식이 성립한다.

(i), (ii)에 의하여 모든 자연수 n에 대하여 주어진 등식이 성립한다.

필수 예제 5 답 ㈎ $1+h$ ㈏ $(k+1)h$

(i) $n=2$일 때

(좌변)=$(1+h)^2=1+2h+h^2$, (우변)=$1+2h$

이때 $h^2>0$이므로 $1+2h+h^2>1+2h$

즉, $n=2$일 때 ㉠이 성립한다.

(ii) $n=k\,(k\geq 2)$일 때 ㉠이 성립한다고 가정하면

$(1+h)^k>1+kh$

위의 식의 양변에 $\boxed{㈎\ 1+h}$를 곱하면

$(1+h)^{k+1}>(1+kh)(\boxed{㈎\ 1+h})$

$=1+\boxed{㈏\ (k+1)h}+kh^2$ $\cdots\cdots$ ㉡

이때 $kh^2>0$이므로

$1+(k+1)h+kh^2>1+\boxed{㈏\ (k+1)h}$ $\cdots\cdots$ ㉢

㉡, ㉢에서 $(1+h)^{k+1}>1+\boxed{㈏\ (k+1)h}$

즉, $n=k+1$일 때도 ㉠이 성립한다.

(i), (ii)에 의하여 $n\geq 2$인 모든 자연수 n에 대하여 ㉠이 성립한다.

5-1 답 해설 참조

(i) $n=5$일 때

(좌변)=$2^5=32$, (우변)=$5^2=25$

즉, $n=5$일 때 주어진 부등식이 성립한다.

(ii) $n=k\,(k\geq 5)$일 때 주어진 부등식이 성립한다고 가정하면

$2^k>k^2$

위의 식의 양변에 2를 곱하면

$2^{k+1}>2k^2$ $\cdots\cdots$ ㉠

그런데 $k\geq 5$이면

$k^2-2k-1=(k-1)^2-2>0$이므로

$k^2-2k-1>0$, 즉 $k^2>2k+1$ $\cdots\cdots$ ㉡

㉠, ㉡에서

$2^{k+1}>2k^2=k^2+k^2>k^2+2k+1=(k+1)^2$

즉, $n=k+1$일 때도 주어진 부등식이 성립한다.

(i), (ii)에 의하여 $n\geq 5$인 모든 자연수 n에 대하여 주어진 부등식이 성립한다.

5-2 답 해설 참조

(i) $n=2$일 때

(좌변)=$1+\dfrac{1}{2}=\dfrac{3}{2}$, (우변)=$\dfrac{2\times 2}{2+1}=\dfrac{4}{3}$

즉, $\dfrac{3}{2}>\dfrac{4}{3}$이므로 $n=2$일 때 주어진 부등식이 성립한다.

(ii) $n=k\,(k\geq2)$일 때 주어진 부등식이 성립한다고 가정하면

$$1+\frac{1}{2}+\frac{1}{3}+\cdots+\frac{1}{k}>\frac{2k}{k+1}$$

위의 식의 양변에 $\frac{1}{k+1}$을 더하면

$$1+\frac{1}{2}+\frac{1}{3}+\cdots+\frac{1}{k}+\frac{1}{k+1}>\frac{2k}{k+1}+\frac{1}{k+1}$$
$$=\frac{2k+1}{k+1}\quad\cdots\cdots\ \textcircled{\scriptsize ㄱ}$$

이때

$$\frac{2k+1}{k+1}-\frac{2(k+1)}{k+2}=\frac{(2k+1)(k+2)-2(k+1)^2}{(k+1)(k+2)}$$
$$=\frac{k}{(k+1)(k+2)}>0$$

이므로

$$\frac{2k+1}{k+1}>\frac{2(k+1)}{k+2}\quad\cdots\cdots\ \textcircled{\scriptsize ㄴ}$$

$\textcircled{\scriptsize ㄱ}$, $\textcircled{\scriptsize ㄴ}$에서

$$1+\frac{1}{2}+\frac{1}{3}+\cdots+\frac{1}{k}+\frac{1}{k+1}>\frac{2(k+1)}{k+2}$$

즉, $n=k+1$일 때도 주어진 부등식이 성립한다.

(i), (ii)에 의하여 $n\geq2$인 모든 자연수 n에 대하여 주어진 부등식이 성립한다.

실전 문제로 단원 마무리
• 본문 126~127쪽

01 $\frac{2}{3}$	**02** 70	**03** 5	**04** 50
05 6	**06** ②	**07** ②	**08** ④

01

$a_{n+1}=a_n-\dfrac{1}{(n+1)(n+2)}$에서 $a_1=1$이므로

$a_2=a_1-\dfrac{1}{2\times3}=1-\dfrac{1}{6}=\dfrac{5}{6}$

$a_3=a_2-\dfrac{1}{3\times4}=\dfrac{5}{6}-\dfrac{1}{12}=\dfrac{3}{4}$

$a_4=a_3-\dfrac{1}{4\times5}=\dfrac{3}{4}-\dfrac{1}{20}=\dfrac{7}{10}$

$\therefore a_5=a_4-\dfrac{1}{5\times6}=\dfrac{7}{10}-\dfrac{1}{30}=\dfrac{2}{3}$

02

a_1은 1일째 되는 날 수족관에 남아 있는 물의 양이므로 $100\,\text{L}$의 물에서 반을 퍼내고 $10\,\text{L}$의 물을 새로 넣은 양은

$a_1=\dfrac{1}{2}\times100+10=\boxed{^{(\text{가})}\ 60}$

n일째 되는 날 수족관에 남아 있는 물의 양은 $a_n\,\text{L}$이고, $(n+1)$일째 되는 날 수족관에 남아 있는 물의 양은 n일째 되는 날 수족관에 남아 있는 물의 반을 퍼내고 $10\,\text{L}$의 물을 새로 넣은 양이므로

$a_{n+1}=\dfrac{1}{2}a_n+\boxed{^{(\text{나})}\ 10}\ (n=1,\ 2,\ 3,\ \cdots)$

따라서 $a=60$, $b=10$이므로

$a+b=60+10=70$

03

수열 $\{a_n\}$은 첫째항이 1, 공차가 k인 등차수열이므로

$a_n=1+(n-1)\times k=kn-k+1$

이때 $a_{10}=46$이므로

$10k-k+1=46$, $9k=45$

$\therefore k=5$

04

$a_{n+2}-2a_{n+1}+a_n=0$, 즉 $2a_{n+1}=a_n+a_{n+2}$에서 수열 $\{a_n\}$은 등차수열이고

$a_1=14$, $a_2-a_1=12-14=-2$

이므로 첫째항이 14, 공차가 -2이다.

따라서 $a_n=14+(n-1)\times(-2)=-2n+16$이므로

$$\sum_{k=1}^{10}a_k=\sum_{k=1}^{10}(-2k+16)=-2\sum_{k=1}^{10}k+\sum_{k=1}^{10}16$$
$$=-2\times\frac{10\times11}{2}+16\times10$$
$$=-110+160=50$$

다른 풀이

$\displaystyle\sum_{k=1}^{10}a_k$는 첫째항이 14, 공차가 -2인 등차수열 $\{a_n\}$의 첫째항부터 제10항까지의 합이므로

$$\sum_{k=1}^{10}a_k=\frac{10\{2\times14+(10-1)\times(-2)\}}{2}=50$$

05

$\dfrac{a_{n+2}}{a_{n+1}}=\dfrac{a_{n+1}}{a_n}$에서 수열 $\{a_n\}$은 등비수열이고

$a_1=2$, $\dfrac{a_2}{a_1}=\dfrac{4}{2}=2$

이므로 첫째항이 2, 공비가 2이다.

따라서 $a_n=2\times2^{n-1}=2^n$이므로 $a_k=64$에서

$2^k=64=2^6$

$\therefore k=6$

06

조건 ㈎에서 $p(1)$이 참이므로 조건 ㈏에서 $p(2)$가 참이다.

$p(2)$가 참이므로 조건 ㈏에서 $p(4)$, 즉 $p(2^2)$이 참이다.

$p(4)$가 참이므로 조건 ㈏에서 $p(8)$, 즉 $p(2^3)$이 참이다.

$\qquad\vdots$

따라서 $p(2^n)$이 모두 참이므로 반드시 참인 명제는

② $p(32)=p(2^5)$이다.

07

$a_na_{n+1}=2n\quad\cdots\cdots\ \textcircled{\scriptsize ㄱ}$

이고 $a_3=1$이므로

$\textcircled{\scriptsize ㄱ}$에 $n=2$를 대입하면

$a_2a_3=4$에서 $a_2\times1=4$ $\quad\therefore a_2=4$

$\textcircled{\scriptsize ㄱ}$에 $n=3$을 대입하면

$a_3a_4=6$에서 $1\times a_4=6$ $\quad\therefore a_4=6$

$\textcircled{\scriptsize ㄱ}$에 $n=4$를 대입하면

$a_4a_5=8$에서 $6\times a_5=8$ $\quad\therefore a_5=\dfrac{4}{3}$

$\therefore a_2+a_5=4+\dfrac{4}{3}=\dfrac{16}{3}$

08

(ⅰ) $n=1$일 때

$$\text{(좌변)}=\sum_{k=1}^{1}a_k=a_1$$
$$=(2^{2\times1}-1)\times2^{1\times(1-1)}+(1-1)\times2^{-1}$$
$$=(2^2-1)\times2^0+0=3$$

$$\text{(우변)}=2^{1\times(1+1)}-(1+1)\times2^{-1}$$
$$=2^2-2\times\frac{1}{2}=3$$

이므로 $(*)$이 성립한다.

(ⅱ) $n=m$일 때 $(*)$이 성립한다고 가정하면

$$\sum_{k=1}^{m}a_k=2^{m(m+1)}-(m+1)\times2^{-m}$$

이다.

$n=m+1$일 때

$$\sum_{k=1}^{m+1}a_k=\sum_{k=1}^{m}a_k+a_{m+1}$$
$$=2^{m(m+1)}-(m+1)\times2^{-m}$$
$$\qquad+(2^{2m+2}-1)\times\boxed{^{㉮}\,2^{m(m+1)}}+m\times2^{-m-1}$$
$$=2^{m(m+1)}\times(1+2^{2m+2}-1)$$
$$\qquad\qquad\qquad-(m+1)\times2^{-m}+\frac{m}{2}\times2^{-m}$$
$$=\boxed{^{㉮}\,2^{m(m+1)}}\times\boxed{^{㉯}\,2^{2m+2}}-\frac{m+2}{2}\times2^{-m}$$
$$=2^{m^2+m}\times2^{2m+2}-(m+2)\times2^{-m-1}$$
$$=2^{m^2+3m+2}-(m+2)\times2^{-(m+1)}$$
$$=2^{(m+1)(m+2)}-(m+2)\times2^{-(m+1)}$$

이다. 즉, $n=m+1$일 때도 $(*)$이 성립한다.

따라서 $f(m)=2^{m(m+1)}$, $g(m)=2^{2m+2}$이므로

$$\frac{g(7)}{f(3)}=\frac{2^{2\times7+2}}{2^{3(3+1)}}=\frac{2^{16}}{2^{12}}=2^4=16$$

개념으로 **단원 마무리**　　　•본문 128쪽

1 답 ⑴ 귀납적 정의　⑵ a_n+d　⑶ ra_n
　　　⑷ 1, $k+1$, 수학적 귀납법

2 답 ⑴ ×　⑵ ○　⑶ ×　⑷ ○

⑴ $a_{n+1}=a_n+n$에서 $a_1=1$이므로
　$a_2=a_1+1=1+1=2$
　$a_3=a_2+2=2+2=4$
　$a_4=a_3+3=4+3=7$
　　　⋮
　따라서 수열 $\{a_n\}$은 1, 2, 4, 7, ⋯이다.

⑶ 수열 $\{a_n\}$은 첫째항이 6, 공비가 $\dfrac{3}{6}=\dfrac{1}{2}$인 등비수열이다.

수학이 쉬워지는
완벽한 솔루션

완쏠

개념 라이트

대수

메가스터디BOOKS

내용 문의 02-6984-6901 | 구입 문의 02-6984-6868,9 | www.megastudybooks.com